高等学校数据结构课程系列教材

U0320683

数据结构简明教程

（第2版）学习与上机实验指导

◎ 李春葆　主编

蒋林　方颖　喻丹丹　曾平　编著

清华大学出版社

北京

内 容 简 介

本书是《数据结构简明教程》(第2版,李春葆等编著,清华大学出版社,2018)的配套学习和上机实验指导书。书中练习题和实验题不仅涵盖数据结构课程的基本知识点,还融合了各个知识点的运用和扩展。学习、理解和借鉴这些参考答案是掌握和提高数据结构知识的最佳捷径。本书自成一体,可以脱离主教材单独使用,适合高等院校计算机及相关专业本、专科生使用。

图书在版编目(CIP)数据

数据结构简明教程(第2版)学习与上机实验指导/李春葆主编.—北京:清华大学出版社,2019
(2021.6重印)
(高等学校数据结构课程系列教材)
ISBN 978-7-302-51629-3

Ⅰ. ①数… Ⅱ. ①李… Ⅲ. ①数据结构—高等学校—教学参考资料 Ⅳ. ①TP311.12

中国版本图书馆 CIP 数据核字(2018)第 257384 号

责任编辑:魏江江 薛 阳
封面设计:刘 键
责任校对:李建庄
责任印制:杨 艳

出版发行:清华大学出版社
　　　　网　　　址:http://www.tup.com.cn,http://www.wqbook.com
　　　　地　　　址:北京清华大学学研大厦 A 座　　　　　　邮　　编:100084
　　　　社 总 机:010-62770175　　　　　　　　　　　　　邮　　购:010-83470235
　　　　投稿与读者服务:010-62776969,c-service@tup.tsinghua.edu.cn
　　　　质量反馈:010-62772015,zhiliang@tup.tsinghua.edu.cn
　　　　课件下载:http://www.tup.com.cn,010-83470236
印 装 者:三河市铭诚印务有限公司
经　　销:全国新华书店
开　　本:185mm×260mm　　　　印　张:17.5　　　　字　数:423 千字
版　　次:2019 年 2 月第 1 版　　　　　　　　　　　印　次:2021 年 6 月第 4 次印刷
印　　数:3501～4500
定　　价:49.00 元

产品编号:080398-01

出版说明

随着国家信息化步伐的加快和高等教育规模的扩大,社会对计算机专业人才的需求不仅体现在数量的增加上,而且体现在质量要求的提高上,培养具有研究和实践能力的高层次的计算机专业人才已成为许多重点大学计算机专业教育的主要目标。目前,我国共有 16 个国家重点学科、20 个博士点一级学科、28 个博士点二级学科集中在教育部部属重点大学,这些高校在计算机教学和科研方面具有一定优势,并且大多以国际著名大学计算机教育为参照系,具有系统完善的教学课程体系、教学实验体系、教学质量保证体系和人才培养评估体系等综合体系,形成了培养一流人才的教学和科研环境。

重点大学计算机学科的教学与科研氛围是培养一流计算机人才的基础,其中专业教材的使用和建设则是这种氛围的重要组成部分,一批具有学科方向特色优势的计算机专业教材作为各重点大学的重点建设项目成果得到肯定。为了展示和发扬各重点大学在计算机专业教育上的优势,特别是专业教材建设上的优势,同时配合各重点大学的计算机学科建设和专业课程教学需要,在教育部相关教学指导委员会专家的建议和各重点大学的大力支持下,清华大学出版社规划并出版本系列教材。本系列教材的建设旨在"汇聚学科精英、引领学科建设、培育专业英才",同时以教材示范各重点大学的优秀教学理念、教学方法、教学手段和教学内容等。

本系列教材在规划过程中体现了如下一些基本组织原则和特点。

1. 面向学科发展的前沿,适应当前社会对计算机专业高级人才的培养需求。教材内容以基本理论为基础,反映基本理论和原理的综合应用,重视实践和应用环节。

2. 反映教学需要,促进教学发展。教材要能适应多样化的教学需要,正确把握教学内容和课程体系的改革方向。在选择教材内容和编写体系时注意体现素质教育、创新能力与实践能力的培养,为学生知识、能力、素质协调发展创造条件。

3. 实施精品战略,突出重点,保证质量。规划教材建设的重点依然是专业基础课和专业主干课;特别注意选择并安排了一部分原来基础比较好的优秀教材或讲义修订再版,逐步形成精品教材;提倡并鼓励编写体现重点大学计算机专业教学内容和课程体系改革成果的教材。

4. 主张一纲多本,合理配套。专业基础课和专业主干课教材要配套,同一门课程可以有多本具有不同内容特点的教材。处理好教材统一性与多样化的关系;基本教材与辅助教材以及教学参考书的关系;文字教材与软件教材的关系,实现教材系列资源配套。

5. 依靠专家,择优落实。在制订教材规划时要依靠各课程专家在调查研究本课程教材建设现状的基础上提出规划选题。在落实主编人选时,要引入竞争机制,通过申报、评审确定主编。书稿完成后要认真实行审稿程序,确保出书质量。

繁荣教材出版事业,提高教材质量的关键是教师。建立一支高水平的以老带新的教材编写队伍才能保证教材的编写质量,希望有志于教材建设的教师能够加入到我们的编写队伍中来。

教材编委会

F O R E W O R D

前言

本书是《数据结构简明教程》(第2版,李春葆等编著,清华大学出版社,以下简称为《教程》)的配套学习与上机实验指导书。全书共分为9章,章次安排与《教程》相对应。

书中练习题共401道(含单项选择题170道,填空题112道,简答题62道,算法设计题57道),上机实验题共118道(含基础实验题37道,应用实验题81道)。

所有练习题均给出了参考答案,算法设计题包含算法设计思路和完整的C/C++语言描述代码。所有上机实验题均上机调试通过。考虑向下的兼容性,所有程序调试执行采用低版本的Visual C++ 6.0作为编程环境,稍加修改,可以在Dev C++或者其他更高版本的编程环境中执行。全部上机实验题的源程序代码可以从清华大学出版社网站 http://www.tup.edu.cn 免费下载。

书中同时列出了全部练习题和上机实验题,因此自成一体,可以脱离《教程》单独使用。

由于水平所限,尽管编者不遗余力,书中仍可能存在疏漏和不足之处,敬请教师和同学们批评指正。

编　者

2018 年 12 月

CONTENTS

目录

概　　论　　第 1 章

1.1　练习题 1 及参考答案

1.1.1　练习题 1

1. 单项选择题

(1) 线性结构中数据元素之间是(　　)关系。

　　A. 一对多　　　　B. 多对多　　　　C. 多对一　　　　D. 一对一

(2) 数据结构中与计算机无关的是数据的(　　)结构。

　　A. 存储　　　　B. 物理　　　　C. 逻辑　　　　D. 物理和存储

(3) 在计算机中存储数据时,通常不仅要存储各数据元素的值,而且要存储(　　)。

　　A. 数据的处理方法　　　　　　B. 数据元素的类型

　　C. 数据元素之间的关系　　　　D. 数据的存储方法

(4) 数据采用链式存储结构时,要求(　　)。

　　A. 每个结点占用一片连续的存储区域

　　B. 所有结点占用一片连续的存储区域

　　C. 结点的最后一个域必须是指针域

　　D. 每个结点有多少后继结点,就必须设多少个指针域

(5) 计算机算法是指(　　)。

　　A. 计算方法　　　　　　　　B. 排序方法

　　C. 求解问题的有限运算序列　　D. 调度方法

(6) 计算机算法必须具备输入、输出和(　　)等 5 个特性。

　　A. 可行性、可移植性和可扩充性

　　B. 可行性、确定性和有穷性

　　C. 确定性、有穷性和稳定性

　　D. 易读性、稳定性和安全性

(7) 算法分析的目的是( )。

    A. 找出数据结构的合理性   B. 研究算法中的输入和输出的关系

    C. 分析算法的效率以求改进   D. 分析算法的易懂性和文档性

(8) 算法分析的两个主要方面是( )。

    A. 空间复杂性和时间复杂性   B. 正确性和简明性

    C. 可读性和文档性   D. 数据复杂性和程序复杂性

(9) 某算法的时间复杂度为 $O(n^2)$,表明该算法的( )。

    A. 问题规模是 n^2 B. 执行时间等于 n^2

    C. 执行时间与 n^2 成正比   D. 问题规模与 n^2 成正比

(10) 某算法的空间复杂度为 $O(1)$,表明执行该算法时( )。

    A. 不需要存储空间   B. 需要的临时存储空间为常量

    C. 需要的存储空间恰好为 1   D. 需要的临时存储空间为 1

2. 填空题

(1) 数据结构包括数据的(①)、数据的(②)和数据的(③)三个方面的内容。

(2) 数据结构按逻辑结构可分为两大类,它们分别是(①)和(②)。

(3) 数据结构被形式地定义为 (D,R),其中,D 是(①)的有限集合,R 是 D 上的(②)的有限集合。

(4) 在线性结构中,开始元素(①)前驱元素,其余每个元素有且只有一个前驱元素;最后一个元素(②)后继元素,其余每个元素有且只有一个后继元素。

(5) 在树状结构中,树根结点没有(①)结点,其余每个结点有且只有(②)个前驱结点;叶子结点没有(③)结点,其余每个结点的后继结点数可以是(④)。

(6) 在图形结构中,每个结点的前驱结点个数和后继结点个数可以是( )。

(7) 数据的存储结构主要有 4 种,它们分别是(①)、(②)、(③)和(④)存储结构。

(8) 一个算法的效率可分为(①)效率和(②)效率。

(9) 在分析算法时,其时间复杂度是( )的函数。

(10) 在分析算法时,其空间复杂度是指执行该算法时所需( )的大小。

3. 简答题

(1) 简述数据结构中运算描述和运算实现的异同。

(2) 以下各函数是算法中语句的执行频度,n 为问题规模,给出对应的时间复杂度。

$$T_1(n) = n\log_2 n - 1000\log_2 n$$

$$T_2(n) = n^{\log_2 3} - 1000\log_2 n$$

$$T_3(n) = n^2 - 1000\log_2 n$$

$$T_4(n) = 2n - 1000\log_2 n$$

(3) 分析下面程序段中循环语句的执行次数。

```
int j=0,s=0,n=100;
do
```

```
{   j=j+1;
    s=s+10*j;
} while (j<n && s<n);
```

（4）执行下面的语句时，语句 $s++$ 的执行次数为多少？

```
int s=0;
for (i=1;i<n-1;i++)
    for (j=n;j>=i;j--)
            s++;
```

（5）设 n 为问题规模，求以下算法的时间复杂度。

```
void fun1(int n)
{   int x=0,i;
    for (i=1;i<=n;i++)
        for (j=i+1;j<=n;j++)
            x++;
}
```

（6）设 n 为问题规模，是一个正偶数，试计算以下算法结束时 m 的值，并给出该算法的时间复杂度。

```
void fun2(int n)
{   int m=0;
    for (i=1;i<=n;i++)
        for (j=2*i;j<=n;j++)
            m++;
}
```

1.1.2　练习题 1 参考答案

1. 单项选择题

（1）D　　（2）C　　（3）C　　（4）A　　（5）C
（6）B　　（7）C　　（8）A　　（9）C　　（10）B

2. 填空题

（1）① 逻辑结构　② 存储结构　③ 运算（不限制顺序）

（2）① 线性结构　② 非线性结构（不限制顺序）

（3）① 数据元素　② 关系

（4）① 没有　② 没有

（5）① 前驱　② 一　③ 后继　④ 任意多个

（6）任意多个

（7）① 顺序　② 链式　③ 索引　④ 哈希（不限制顺序）

（8）① 时间　② 空间（不限制顺序）

（9）问题规模（通常用 n 表示）

（10）辅助或临时空间

3. 简答题

(1) 答：运算描述是指逻辑结构施加的操作，而运算实现是指一个完成该运算功能的算法。它们的相同点是，运算描述和运算实现都能完成对数据的"处理"或某种特定的操作。不同点是，运算描述只是描述处理功能，不包括处理步骤和方法，而运算实现的核心则是处理步骤。

(2) 答：$T_1(n)=O(n\log_2 n)$，$T_2(n)=O(n^{\log_2 3})$，$T_3(n)=O(n^2)$，$T_4(n)=O(n)$。

(3) 答：$j=0$，第1次循环：$j=1$，$s=10$。第2次循环：$j=2$，$s=30$。第3次循环：$j=3$，$s=60$。第4次循环：$j=4$，$s=100$。while条件不再满足。所以，其中循环语句的执行次数为4。

(4) 答：语句$s++$的执行次数：$\sum_{i=1}^{n-2}\sum_{j=n}^{i}1=\sum_{i=1}^{n-2}(n-i+1)=n+(n-1)+\cdots+3=\frac{(n+3)(n-2)}{2}$。

(5) 答：其中$x++$语句为基本运算语句，$T(n)=\sum_{i=1}^{n}\sum_{j=i+1}^{n}1=\sum_{i=1}^{n}(n-i)=\frac{n(n-1)}{2}=O(n^2)$。

(6) 答：由于内循环j的取值范围，所以$i\leqslant n/2$，则$m=\sum_{i=1}^{n/2}\sum_{j=2i}^{n}=\sum_{i=1}^{n/2}(n-(2i-1))=n^2/4$，该程序段的时间复杂度为$O(n^2)$。

1.2 上机实验题1及参考答案

1.2.1 上机实验题1

1. 基础实验题

(1) 有以下两个求$1+2+\cdots+n$的算法：

```
long Sum1(long n)            //算法1
{    long s=0;
     for (long i=1;i<=n;i++)
         s+=i;
     return s;
}
long Sum2(long n)            //算法2
{    long s=n*(n+1)/2;
     return s;
}
```

现在需要计算$1+(1+2)+(1+2+3)+\cdots+(1+2+3+\cdots+n)$。编写一个程序分别调用上述两个算法求解，给出$n=100000$时两个算法的执行时间。

(2) 编写一个程序求$1!+2!+3!+\cdots+n!$，其中，n为正整数。请给出直接累计$i!(1\leqslant i\leqslant n)$的算法和改进算法。并采用相关数据测试(在上机实验时n比较大时结果会溢出，不必考虑结果溢出情况)。分析两个算法的时间复杂度。

2. 应用实验题

(1) 有一个整型数组 a,其中含有 n 个元素,设计尽可能好的算法求其中的最大元素和次大元素,并采用相关数据测试。

(2) 定义单个复数的抽象数据类型为 AComplex,其中,复数的实部和虚部均为整数,包含创建一个复数和输出一个复数的基本运算。在此基础上再定义两个复数运算的抽象数据类型 BComplex,包含两个复数的加法、减法和乘法运算。编写程序实现这两个抽象数据类型,并采用相关数据测试。

1.2.2　上机实验题 1 参考答案

1. 基础实验题

(1) **解**：对应的实验程序如下。

```
# include < stdio.h >
# include < time.h >                      //含 clock_t, clock, CLOCKS_PER_SEC
long Sum1(long n)                         //算法 1
{    long s=0;
     for (long i=1;i<=n;i++)
         s+=i;
     return s;
}
long Sum2(long n)                         //算法 2
{    long s=n*(n+1)/2;
     return s;
}
void display(long n)                      //输出测试结果
{    long sum=0,i;
     clock_t t;
     printf("算法 1: ");
     t=clock();                           //求调用前的时刻
     for (i=1;i<=n;i++)
         sum+=Sum1(i);
     t=clock()-t;                         //求所有调用 Sum1 花费的时间
     printf("结果=%ld ",sum);
     printf("时间=%lf 秒\n",((float)t)/CLOCKS_PER_SEC);
     sum=0;
     printf("算法 2: ");
     t=clock();                           //求调用前的时刻
     for (i=1;i<=n;i++)
         sum+=Sum2(i);
     t=clock()-t;                         //求所有调用 Sum2 花费的时间
     printf("结果=%ld ",sum);
     printf("时间=%lf 秒\n",((float)t)/CLOCKS_PER_SEC);
}
void main()
{
     display(100000);
}
```

数据结构简明教程(第2版)学习与上机实验指导

上述程序的一次执行结果如图 1.1 所示。

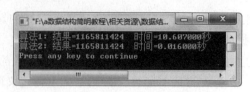

图 1.1　实验程序执行结果

（2）**解**：改进算法的思路是：当$(i-1)!$求出后，其结果为$p1$，在求$i!$时不必从 1 开始累乘，而是为$p1*i$即可。对应的实验程序如下。

```c
#include <stdio.h>
#include <time.h>                        //含 clock_t, clock, CLOCKS_PER_SEC
#define MAX 999
long Product1(long n)                    //算法1：求所有 i! 并累加
{    long p=0,p1;
     for (long i=1;i<=n;i++)
     {      p1=1;
          for (long j=1;j<=i;j++)        //求 j!
               p1*=j;
          p+=p1;
     }
     return p;
}
long Product2(long n)                    //算法2：改进算法
{    long p=0,p1=1;
     for (long i=1;i<=n;i++)
     {    p1*=i;                         //i!=(i-1)! * i
          p+=p1;
     }
     return p;
}
void display(long n)                     //输出测试结果
{    long p;
     clock_t t;
     printf("算法1: ");
     t=clock();
     p=Product1(n);
     t=clock()-t;
     printf("结果=%ld ",p);
     printf("时间=%lf 秒\n",((float)t)/CLOCKS_PER_SEC);
     printf("算法2: ");
     t=clock();
     p=Product2(n);
     t=clock()-t;
     printf("结果=%ld ",p);
     printf("时间=%lf 秒\n",((float)t)/CLOCKS_PER_SEC);
}
void main()
{
```

```
        display(100000);
}
```

上述程序的一次执行结果如图 1.2 所示(结果发生了溢出)。其中,算法 1 的时间复杂度为 $O(n^2)$,算法 2 的时间复杂度为 $O(n)$。

图 1.2　实验程序执行结果

2. 应用实验题

(1)**解**:maxs 算法用于返回数组 $a[0..n-1]$ 中的最大元素值 max1 和次大元素值 max2,max1 和 max2 设计为引用类型。对应的实验程序如下。

```
#include <stdio.h>
void maxs(int a[],int n,int &max1,int &max2)
{   int i;
    max1=max2=a[0];
    for (i=1;i<n;i++)                    //扫描 a[1..n-1]
        if (a[i]>max1)                   //当 a[i]>max1
        {   max2=max1;
            max1=a[i];
        }
        else if (a[i]>max2)              //当 a[i]≤max1 且 a[i]>max2
            max2=a[i];
}
void main()
{   int a[]={1,4,10,6,8,3,5,7,9,2};
    int n=sizeof(a)/sizeof(a[0]);
    int max1,max2;
    printf("a 中的元素:");
    for (int i=0;i<n;i++)
        printf("%d ",a[i]);
    printf("\n");
    printf("求最大元素 max1,次大元素 max2\n");
    maxs(a,n,max1,max2);
    printf("max1=%d, max2=%d\n",max1,max2);
}
```

上述程序的执行结果如图 1.3 所示。

图 1.3　实验程序执行结果

(2) **解**：抽象数据类型 AComplex 的定义如下。

```
ADT AComplex
{
    数据对象：D＝{<a,b> | a、b 均为一个整数}
    运算的定义：
        void CreateComplex(&c,i,j)：由整数 i、j 创建一个复数 c
        void dispComplex(c)：输出复数 c
}
```

抽象数据类型 BComplex 的定义如下。

```
ADT BComplex
{   数据对象：D＝{c_i ∈ AComplex | 0≤i≤n,n 为一个正整数}
    运算的定义：
        void add(c1,c2,c3)：c3＝c1＋c2        //复数加法运算
        void sub(c1,c2,c3)：c3＝c1－c2        //复数减法运算
        void mult(c1,c2,c3)：c3＝c1 * c2       //复数乘法运算
}
```

对应的实验程序如下。

```c
# include <stdio.h>
typedef struct
{   int a;                              //实部
    int b;                              //虚部
} Complex;                              //声明复数类型
void CreateComplex(Complex &c,int i,int j)
{   c.a=i;
    c.b=j;
}
void dispComplex(Complex c)
{   printf("%d",c.a);
    if (c.b>=0)
        printf("+%di\n",c.b);
    else
        printf("-%di\n",-c.b);
}
void add(Complex c1,Complex c2,Complex &c3)
{   c3.a=c1.a+c2.a;
    c3.b=c1.b+c2.b;
}
void sub(Complex c1,Complex c2,Complex &c3)
{   c3.a=c1.a-c2.a;
    c3.b=c1.b-c2.b;
}
void mult(Complex c1,Complex c2,Complex &c3)
{   c3.a=c1.a * c2.a-c1.b * c2.b;
    c3.b=c1.a * c2.b-c1.b * c2.a;
}
void main()
{   Complex c1,c2,c3;
```

```
    CreateComplex(c1,1,2);
    CreateComplex(c2,5,-3);
    printf("c1: "); dispComplex(c1);
    printf("c2: "); dispComplex(c2);
    add(c1,c2,c3);
    printf("c1+c2: "); dispComplex(c3);
    sub(c1,c2,c3);
    printf("c1-c2: "); dispComplex(c3);
    mult(c1,c2,c3);
    printf("c1 * c2: "); dispComplex(c3);
}
```

上述程序的执行结果如图 1.4 所示。

图 1.4　实验程序执行结果

第2章　　　线　性　表

2.1　练习题2及参考答案

2.1.1　练习题2

1. 单项选择题

（1）线性表是（　　）。

    A. 一个有限序列,可以为空

    B. 一个有限序列,不可以为空

    C. 一个无限序列,可以为空

    D. 一个无限序列,不可以为空

（2）顺序表具有随机存取特性,是指（　　）。

    A. 查找值为 x 的元素的时间与顺序表中元素个数 n 无关

    B. 查找值为 x 的元素的时间与顺序表中元素个数 n 有关

    C. 查找序号为 i 的元素的时间与顺序表中元素个数 n 无关

    D. 查找序号为 i 的元素的时间与顺序表中元素个数 n 有关

（3）在 n 个元素的顺序表中,算法的时间复杂度是 $O(1)$ 的操作是（　　）。

    A. 访问第 i 个元素（$2 \leqslant i \leqslant n$）及其前驱元素

    B. 在第 i（$1 \leqslant i \leqslant n$）个元素后插入一个新元素

    C. 删除第 i 个元素（$1 \leqslant i \leqslant n$）

    D. 将 n 个元素从小到大排序

（4）在含有127个元素的顺序表中插入一个新元素,平均移动元素的次数是（　　）。

    A. 8   B. 63.5   C. 63   D. 7

（5）将两个分别含有 m、n 个元素的有序顺序表归并成一个有序顺序表,对应算法的时间复杂度是（　　）。这里 MIN 表示取最小值。

    A. $O(n)$ B. $O(m)$

C. $O(m+n)$ D. $O(\text{MIN}(m,n))$

(6) 线性表采用链表存储结构时,其存放各个元素的单元地址(　　)。

    A. 必须是连续的   B. 一定是不连续的

    C. 部分地址必须是连续的   D. 连续与否均可以

(7) 线性表的链式存储结构和顺序存储结构相比,其优点是(　　)。

    A. 所有的操作算法实现简单   B. 便于随机存取

    C. 便于插入和删除元素   D. 节省存储空间

(8) 关于线性表的顺序存储结构和链式存储结构的描述中,正确的是(　　)。

Ⅰ. 线性表的顺序存储结构优于链式存储结构

Ⅱ. 顺序存储结构比链式存储结构的存储密度高

Ⅲ. 如需要频繁插入和删除元素,最好采用顺序存储结构

Ⅳ. 如需要频繁插入和删除元素,最好采用链式存储结构

    A. Ⅰ、Ⅱ、Ⅲ   B. Ⅱ、Ⅳ   C. Ⅱ、Ⅲ   D. Ⅲ、Ⅳ

(9) 设线性表中有 n 个元素,以下运算中,(　　)在单链表上实现要比在顺序表上实现效率更高。

    A. 删除指定位置元素的后一个元素

    B. 在尾元素的后面插入一个新元素

    C. 顺序输出前 $k(k<n)$ 个元素

    D. 交换第 i 个元素和第 $n-i+1$ 个元素的值

(10) 以下关于单链表的叙述中,不正确的是(　　)。

    A. 结点除自身信息外还包括指针域,因此存储密度小于顺序存储结构

    B. 逻辑上相邻的元素物理上不必相邻

    C. 可以通过头结点直接计算第 i 个结点的存储地址

    D. 插入、删除运算操作方便,不必移动结点

(11) 通过含有 $n(n\geqslant1)$ 个元素的数组 a,采用头插法建立一个单链表 L,则 L 中结点值的次序(　　)。

    A. 与数组 a 的元素次序相同   B. 与数组 a 的元素次序相反

    C. 与数组 a 的元素次序无关   D. 以上都不对

(12) 在含有 $n(n\geqslant1)$ 个结点的单链表中,实现(　　)运算的时间复杂度为 $O(n)$。

    A. 遍历单链表来求第 i 个结点值

    B. 在地址为 p 的结点之后插入一个新结点

    C. 删除链表的首结点

    D. 删除地址为 p 的结点的后继结点

(13) 已知两个长度分别为 m 和 n 的升序单链表,若将它们合并为一个长度为 $m+n$ 的升序单链表,则最好情况下的时间复杂度是(　　)。

    A. $O(n)$ B. $O(m\times n)$

    C. $O(\text{MIN}(m,n))$ D. $O(\text{MAX}(m,n))$

(14) 与非循环单链表相比,循环单链表的主要优点是(　　)。

    A. 不再需要头指针

  B. 已知某个结点的位置后,能够容易找到它的前驱结点

  C. 在进行插入、删除操作时,能更好地保证链表不断开

  D. 从表中任意结点出发都能扫描到整个链表

(15) 与单链表相比,双链表的优点之一是( )。

  A. 插入、删除操作更简单   B. 可以进行随机访问

  C. 可以省略表头指针或表尾指针   D. 访问前后相邻结点更方便

(16) 在长度为 $n(n \geqslant 1)$ 的双链表中插入一个结点(非尾结点)要修改( )个指针域。

  A. 1   B. 2   C. 3   D. 4

(17) 在长度为 $n(n \geqslant 1)$ 的双链表 L 中,在 p 所指结点之前插入一个新结点的时间复杂度为( )。

  A. $O(1)$ B. $O(n)$ C. $O(n^2)$ D. $O(n\log_2 n)$

(18) 非空的循环单链表 L 的尾结点(由 p 所指向)满足( )。

  A. $p{-}{>}\,\text{next}{=}{=}\text{NULL}$ B. $p{=}{=}\text{NULL}$

  C. $p{-}{>}\,\text{next}{=}{=}L$ D. $p{=}{=}L$

(19) 在长度为 $n(n \geqslant 1)$ 的循环双链表 L 中,删除尾结点的时间复杂度为( )。

  A. $O(1)$ B. $O(n)$ C. $O(n^2)$ D. $O(n\log_2 n)$

(20) 某线性表最常用的操作是在尾元素之后插入一个元素和删除尾元素,则采用以下( )存储方式最节省运算时间。

  A. 单链表   B. 循环单链表   C. 双链表   D. 循环双链表

2. 填空题

(1) 为了设置一个空的顺序表 L,采用的操作是( )。

(2) 在长度为 n 的顺序表 L 中查找第 i 个元素,其时间复杂度为( )。

(3) 在长度为 n 的顺序表 L 中查找值为 x 的元素,其时间复杂度为( )。

(4) 在一个长度为 $n(n \geqslant 1)$ 的顺序表中删除第 i 个元素($1 \leqslant i \leqslant n$)时,需向前移动( )个元素。

(5) 在线性表的顺序存储结构中,元素之间的逻辑关系是通过元素的(①)表示的;在线性表的链式存储结构中,元素之间的逻辑关系是通过结点的(②)表示的。

(6) 在含有 $n(n{>}1)$ 个结点的单链表中,要删除某一指定的结点,必须找到该结点的(①)结点,其时间复杂度为(②)。

(7) 删除单链表 L 中 p 结点(非尾结点)的后继结点并释放其空间,对应的语句是( )。

(8) 在单链表 L 中 p 结点之后插入 s 结点,对应的语句是( )。

(9) 在含有 n 个结点的双链表中,要删除 p 所指结点(非首结点)的前驱结点,其时间复杂度为( )。

(10) 带头结点的循环单链表 L 为空的条件是( )。

3. 简答题

(1) 比较线性表的顺序存储结构和链式存储结构的优缺点。在什么情况下用顺序表比链表好?

(2) 对于表长为 n 的顺序表,在任何位置上插入或删除一个元素的概率相等时,插入一个

元素所需要移动的元素的平均次数为多少？删除一个元素所需要移动的元素的平均次数为多少？

（3）在链表中设置头结点的作用是什么？

（4）对于双链表和单链表,在两个结点之间插入一个新结点时需修改的指针各为多少个？

（5）某含有 $n(n>1)$ 结点的线性表中,最常用的操作是在尾元素之后插入一个元素和删除第一个元素,则采用以下哪种存储方式最节省运算时间？

① 单链表;

② 仅有头指针不带头结点的循环单链表;

③ 双链表;

④ 仅有尾指针的循环单链表。

4. 算法设计题

（1）设计一个算法,判断顺序表 L 中所有元素是否是递增有序的。

（2）设计一个算法,将顺序表 L 的所有元素逆置,要求算法空间复杂度为 $O(1)$。

（3）有一个非空整数顺序表 L,其中元素值可能重复出现,设计一个算法,在最后一个最大值元素之后插入一个值为 x 的元素。

（4）设计一个算法,通过相邻两个元素交换的方法将非空顺序表 L 中最大元素移到最后面(假设最大元素唯一)。

（5）设计一个算法删除单链表 L 中第一个值为 x 的结点。

（6）设计一个算法判定单链表 L 的所有结点值是否是递增的。

（7）有一个整数单链表 A,设计一个算法,将其拆分成两个单链表 A 和 B,使得 A 单链表中含有所有的偶数结点,B 单链表中含有所有的奇数结点,且保持原来的相对次序。

（8）有一个递增有序单链表 L,设计一个算法向该单链表中插入一个元素为 x 的结点,使插入后该链表仍然有序。

（9）有一个带头结点的非空单链表 L,设计一个算法由 L 复制产生另外一个结点值及其顺序完全相同的带头结点单链表 L_1。

（10）设计一个算法,将一个带头结点的非空循环单链表 L 中最后一个最小结点移到表头。

（11）对于有 $n(n \geqslant 1)$ 个数据结点的循环单链表 L,设计一个算法将所有结点逆置。

（12）有一个双链表 L,设计一个算法查找第一个元素值为 x 的结点,将其与前驱结点进行交换。

（13）设有一个含两个以上结点的双链表 L,设计一个算法将最后两个结点进行交换。设 L 中数据结点个数为 n,分析你所设计算法的时间复杂度。

（14）有一个非空循环双链表 L,设计一个算法删除所有值为 x 的结点。

（15）设有一个含两个以上结点的循环双链表 L,设计一个算法将最后两个结点进行交换。设 L 中数据结点个数为 n,分析你所设计算法的时间复杂度。

2.1.2 练习题 2 参考答案

1. 单项选择题

（1）A   （2）C   （3）A   （4）B   （5）C

(6) D　　(7) C　　(8) B　　(9) A　　(10) C

(11) B　　(12) A　　(13) C　　(14) D　　(15) D

(16) D　　(17) A　　(18) C　　(19) A　　(20) D

2. 填空题

(1) $L.\text{length}=0$

(2) $O(1)$

(3) $O(n)$

(4) $n-i$

(5) ① 物理存储位置　② 指针域

(6) ① 前驱　② $O(n)$

(7) $q=p->\text{next}$；$p->\text{next}=q->\text{next}$；$\text{free}(q)$；

(8) $s->\text{next}=p->\text{next}$；$p->\text{next}=s$；

(9) $O(1)$

(10) $L->\text{next}==L$

3. 简答题

(1) 答：顺序存储结构中,逻辑上相邻元素的存储空间也是相邻的,无须额外空间表示逻辑关系,所以存储密度大,同时具有随机存取特性。缺点是插入或删除元素时平均需要移动一半的元素,同时顺序存储结构的初始分配空间大小难以事先确定。

链式存储结构中,逻辑上相邻元素的存储空间不一定是相邻的,需要通过指针域表示逻辑关系,所以存储密度较小,同时不具有随机存取特性。优点是插入或删除时不需要结点的移动,仅修改相关指针域,由于每个结点都是动态分配的,所以空间分配适应性好。

顺序表适宜于做查找这样的静态操作；链表宜于做插入、删除这样的动态操作。若线性表的长度变化不大,且其主要操作是查找,则采用顺序表；若线性表的长度变化较大,且其主要操作是插入、删除操作,则采用链表。

(2) 答：对于表长为 n 的顺序表,在等概率的情况下,插入一个元素所需要移动元素的平均次数为 $n/2$,删除一个元素所需要移动元素的平均次数为 $(n-1)/2$。

(3) 答：在链表中设置头结点后,不管链表是否为空表,头结点指针均不空；另外使得链表的操作(如插入和删除)在各种情况下得到统一,从而简化了算法的实现过程。

(4) 答：对于双链表,在两个结点之间插入一个新结点时,需修改前驱结点的 next 域、后继结点的 prior 域和新插入结点的 next、prior 域。所以共修改 4 个指针。

对于单链表,在两个结点之间插入一个新结点时,需修改前一结点的 next 域,新插入结点的 next 域。所以共修改两个指针。

(5) 答：在单链表中,删除第一个结点的时间复杂度为 $O(1)$。插入结点需找到前驱结点,所以在尾结点之后插入一个结点,需找到尾结点,对应的时间复杂度为 $O(n)$。

在仅有头指针不带头结点的循环单链表中,删除第一个结点的时间复杂度为 $O(n)$,因为删除第一个结点后还要将其改为循环单链表；在尾结点之后插入一个结点的时间复杂度也为 $O(n)$。

在双链表中,删除第一个结点的时间复杂度为 $O(1)$；在尾结点之后插入一个结点,也需找到尾结点,对应的时间复杂度为 $O(n)$。

在仅有尾指针的循环单链表中,通过该尾指针可以直接找到第一个结点,所以删除第一个结点的时间复杂度为 $O(1)$;在尾结点之后插入一个结点也就是在尾指针所指结点之后插入一个结点,时间复杂度也为 $O(1)$。因此④最节省运算时间。

4. 算法设计题

(1) **解**:设顺序表 L 中元素个数为 n。i 从 $0 \sim n-2$ 扫描顺序表 L:若 $L.\mathrm{data}[i]$ 大于后面的元素 $L.\mathrm{data}[i+1]$,则返回 false。循环结束后返回 true。对应的算法如下。

```
int Increase(SqList L)
{   int i;
    for (i=0;i<L.length−1;i++)
        if (L.data[i]>L.data[i+1])
            return 0;
    return 1;
}
```

(2) **解**:遍历顺序表 L 的前半部分元素,对于元素 $L.\mathrm{data}[i]$ $(0 \leqslant i < L.\mathrm{length}/2)$,将其与后半部分对应元素 $L.\mathrm{data}[L.\mathrm{length}-i-1]$ 进行交换。对应的算法如下。

```
void Reverse(SqList &L)
{   int i;
    ElemType x;
    for (i=0;i<L.length/2;i++)
    {   x=L.data[i];                        //L.data[i]与L.data[L.length−i−1]交换
        L.data[i]=L.data[L.length−i−1];
        L.data[L.length−i−1]=x;
    }
}
```

本算法的时间复杂度为 $O(n)$。

(3) **解**:通过扫描顺序表 L 求出最后一个最大元素的下标 maxi。将 $L->\mathrm{data}[\mathrm{maxi}+1]$ 元素及之后的所有元素均后移一个位置,将 x 放在 $L->\mathrm{data}[\mathrm{mai}+1]$ 处,顺序表长度增 1。对应的算法如下。

```
void Insertx(SqList &L,ElemType x)
{   int i,maxi=0;
    for (i=1;i<L.length;i++)
        if (L.data[i]>=L.data[maxi])
            maxi=i;
    for (i=L.length;i>maxi+1;i−−)          //将 data[maxi+1..n−1]后移
        L.data[i]=L.data[i−1];
    L.data[maxi+1]=x;                       //插入元素 x
    L.length++;                             //顺序表长度增1
}
```

(4) **解**:设顺序表 L 中元素个数为 n。i 从 $1 \sim n-1$ 扫描顺序表 L:如果 $L.\mathrm{data}[i-1]$ 大于 $L.\mathrm{data}[i]$,将两者交换,扫描结束后最大元素移到 L 的最后面。对应的算法如下。

```
void Movemax(SqList &L)
```

```
{   int i;
    ElemType tmp;
    for (i=1;i<L.length;i++)
        if (L.data[i−1]>L.data[i])
        {   tmp=L.data[i−1];                      //data[i−1]与 data[i]交换
            L.data[i−1]=L.data[i];
            L.data[i]=tmp;
        }
}
```

(5) **解**：用 p 指针遍历整个单链表，pre 总是指向 p 结点的前驱结点(初始时 pre 指向头结点，p 指向首结点)，当 p 指向第一个值为 x 的结点时，通过 pre 结点将其删除，返回 1；否则返回 0。对应的算法如下。

```
int Delx(SLinkNode * &L,ElemType x)
{   SLinkNode * pre=L, * p=L−>next;               //pre 指向 p 结点的前驱结点
    while (p!=NULL && p−>data!=x)
    {   pre=p;
        p=p−>next;                                //pre、p 同步后移
    }
    if (p!=NULL)                                  //找到值为 x 的结点
    {   pre−>next=p−>next;                        //删除 p 结点
        free(p);
        return 1;
    }
    else return 0;                                //未找到值为 x 的结点
}
```

(6) **解**：判定链表 L 从第 2 个结点开始的每个结点值是否比其前驱结点值大。若有一个不成立，则整个链表便不是递增的；否则是递增的。对应的算法如下。

```
int increase(SLinkNode * L)
{   SLinkNode * pre=L−>next, * p;                 //pre 指向第一个数据结点
    p=pre−>next;                                  //p 指向 pre 结点的后继结点
    while (p!=NULL)
    {   if (p−>data>=pre−>data)                   //若正序则继续判断下一个结点
        {   pre=p;                                //pre、p 同步后移
            p=p−>next;
        }
        else return 0;
    }
    return 1;
}
```

(7) **解**：采用重建单链表的方法，由于要保持相对次序，所以采用尾插法建立新表 A、B。用 p 遍历原单链表 A 的所有数据结点，若为偶数结点，将其链到 A 中，若为奇数结点，将其链到 B 中。对应的算法如下。

```
void Split(SLinkNode * &A,SLinkNode * &B)
{   SLinkNode * p=A−>next, * ta, * tb;
    ta=A;                                         //ta 总是指向 A 链表的尾结点
```

```
        B=(SLinkNode * )malloc(sizeof(SLinkNode));     //建立头结点 B
        tb=B;                                          //tb 总是指向 B 链表的尾结点
        while (p!=NULL)
        {   if (p-> data%2==0)                         //偶数结点
            {   ta-> next=p;                           //将 p 结点链到 A 中
                ta=p;
                p=p-> next;
            }
            else                                       //奇数结点
            {   tb-> next=p;                           //将 p 结点链到 B 中
                tb=p;
                p=p-> next;
            }
        }
        ta-> next=tb-> next=NULL;
}
```

本算法的时间复杂度为 $O(n)$，空间复杂度为 $O(1)$。

（8）**解**：用 p 指针遍历整个单链表，pre 总是指向 p 结点的前驱结点（初始时 pre 指向头结点，p 指向首结点），当 p 指向结点的结点值刚好大于 x 时查找结束。新创建一个结点 s 存放元素 x，将其插入 pre 结点之后。对应的算法如下。

```
void Insertorder(SLinkNode * &L, ElemType x)
{   SLinkNode * s, * pre, * p;
    pre=L; p=L-> next;
    while (p!=NULL && p-> data<=x)
    {   pre=p;
        p=p-> next;                                    //pre、p 同步后移
    }
    s=(SLinkNode * )malloc(sizeof(SLinkNode));
    s-> data=x;                                        //建立一个待插入的结点
    pre-> next=s;                                      //在结点 pre 之后插入 s 结点
    s-> next=p;
}
```

（9）**解**：扫描 L 的所有数据结点，复制产生 L_1 的结点，采用尾插法创建 L_1。对应的算法如下。

```
void Copy(SLinkNode * L, SLinkNode * &L1)
{   SLinkNode * p, * s, * tc;
    L1=(SLinkNode * )malloc(sizeof(SLinkNode)); //创建 L₁ 的头结点
    tc=L1;
    p=L-> next;
    while (p!=NULL)                                //扫描 L 的所有数据结点
    {   s=(SLinkNode * )malloc(sizeof(SLinkNode));
        s-> data=p-> data;                         //由 p 结点复制产生 s 结点
        tc-> next=s;                               //将 s 结点链接到 L₁ 末尾
        tc=s;
        p=p-> next;
    }
```

```
        tc-> next=NULL;                              //L₁的尾结点next域置为空
}
```

(10) **解**：用 p 扫描单链表 L，pre 指向 p 结点的前驱结点，minp 指向最小值结点，minpre 指向最小值结点的前驱结点。当 p 不为 L 时循环：若 p 所指结点值小于等于 minp 所指结点值，置 minpre＝pre，minp＝p，然后 pre、p 同步后移一个结点。循环结束后 minp 指向最后一个最小结点，通过 minpre 结点将 minp 结点从中删除，然后将其插入表头即头结点之后。对应的算法如下。

```
void Move(SLinkNode * &L)
{   SLinkNode * p=L-> next, * pre=L;
    SLinkNode * minp=p, * minpre=L;
    while (p!=L)
    {   if (p-> data<=minp-> data)
        {   minp=p;
            minpre=pre;
        }
        pre=p;                                       //pre、p同步后移
        p=p-> next;
    }
    minpre-> next=minp-> next;                       //删除minp结点
    minp-> next=L-> next;                            //将minp结点插入头结点之后
    L-> next=minp;
}
```

(11) **解**：采用头插法重建循环单链表 L 的思路，先建立一个空的循环单链表，用 p 遍历所有数据结点，每次将 p 结点插入前端。对应的算法如下。

```
void Reverse(SLinkNode * &L)
{   SLinkNode * p=L-> next, * q;
    L-> next=L;                                      //建立一个空循环单链表
    while (p!=L)                                     //扫描所有数据结点
    {   q=p-> next;                                  //临时保存p结点的后继结点
        p-> next=L-> next;                           //将p结点插入前端
        L-> next=p;
        p=q;
    }
}
```

(12) **解**：先找到第一个元素值为 x 的结点 p，pre 指向其前驱结点，本题是将 p 结点移到 pre 结点之前，实现过程是：删除 p 结点，再将其插入 pre 结点之前。对应的算法如下。

```
int Swap(DLinkNode * L, ElemType x)
{   DLinkNode * p=L-> next, * pre;
    while (p!=NULL && p-> data!=x)
        p=p-> next;
    if (p==NULL)                                     //未找到值为x的结点
        return 0;
    else
    {   pre=p-> prior;                               //pre指向结点p的前驱结点
```

```
        if (pre!=L)
        {   pre-> next=p-> next;                //先删除 p 结点
            if (p-> next!=NULL)
                p-> next-> prior=pre;
            pre-> prior-> next=p;               //将 p 结点插入 pre 结点之前
            p-> prior=pre-> prior;
            pre-> prior=p;
            p-> next=pre;
            return 1;
        }
        else
            return 0;                            //表示值为 x 的结点是首结点
    }
}
```

(13) **解**：首先找到双链表 L 的尾结点 p。pre 指向 p 结点的前驱结点，然后从链表中删除 p 结点，再将 p 结点插入 pre 结点之前。本算法需要遍历整个双链表才能找到尾结点，所以算法的时间复杂度为 $O(n)$。对应的算法如下。

```
void SwapLast(DLinkNode * &L)
{   DLinkNode * p=L, * pre;
    while (p-> next!=NULL)
        p=p-> next;
    pre=p-> prior;                      //pre 指向 p 结点的前驱结点
    pre-> next=p-> next;                //删除 p 结点
    if (p-> next!=NULL)
        p-> next-> prior=pre;
    pre-> prior-> next=p;              //将 p 结点插入 pre 结点之前
    p-> prior=pre-> prior;
    pre-> prior=p;
    p-> next=pre;
}
```

(14) **解**：p 从循环双链表 L 的首结点开始扫描，当 $p \neq L$ 时循环：若 p 结点值为 x，post$=p->$ next 临时保存其后继结点，通过 p 结点前后指针域删除 p 结点，并释放其空间，置 $p=$ post 继续查找；若 p 结点值不为 x，执行 $p=p->$ next。对应的算法如下。

```
void DeleteAllx(DLinkNode * &L, ElemType x)
{   DLinkNode * p=L-> next, * post;
    while (p!=L)                         //扫描数据结点 p
    {   if (p-> data==x)
        {   post=p-> next;
            p-> prior-> next=p-> next;  //删除 p 结点
            p-> next-> prior=p-> prior;
            free(p);                      //释放 p 结点
            p=post;
        }
        else p=p-> next;
    }
}
```

(15) **解**：通过 $L->$prior 找到尾结点 p。pre 指向 p 结点的前驱结点,然后从链表中删除 p 结点,再将 p 结点插入 pre 结点之前。本算法不含有循环语句,所以算法的时间复杂度为 $O(1)$。对应的算法如下。

```
void SwapLast(DLinkNode * &L)
{    DLinkNode * p=L->prior, * pre;
     pre=p->prior;                          //pre 指向 p 结点的前驱结点
     pre->next=p->next;                      //删除 p 结点
     p->next->prior=pre;
     pre->prior->next=p;                     //将 p 结点插入 pre 结点之前
     p->prior=pre->prior;
     pre->prior=p;
     p->next=pre;
}
```

2.2 上机实验题 2 及参考答案

2.2.1 上机实验题 2

1. 基础实验题

(1) 设计整数顺序表的基本运算程序,并用相关数据进行测试。

(2) 设计整数单链表的基本运算程序,并用相关数据进行测试。

(3) 设计整数循环单链表的基本运算程序,并用相关数据进行测试。

(4) 设计整数双链表的基本运算程序,并用相关数据进行测试。

(5) 设计整数循环双链表的基本运算程序,并用相关数据进行测试。

2. 应用实验题

(1) 假设一个顺序表 L 中所有元素为整数,设计一个算法调整该顺序表,使其中所有小于零的元素移动到所有大于等于零的元素的前面。并用相关数据进行测试。

(2) 有一个整数序列,采用顺序表 L 存储。设计尽可能高效的算法删除 L 中最大值的元素(假设这样的元素有多个)。并用相关数据进行测试。

(3) 设有一个顺序表 L,其元素均为正整数,设计一个算法将 L 中所有偶数删除并存入另一个顺序表 L_1 中,而顺序表 L 保留原来的所有奇数。并用相关数据进行测试。

(4) 设计一个算法从顺序表中删除重复的元素,多个值相同的元素仅保留第一个。并用相关数据进行测试。

(5) 设计一个算法从有序顺序表中删除重复的元素,多个值相同的元素仅保留第一个。并用相关数据进行测试。

(6) 采用顺序表来存储非空整数集合(同一个集合中没有相同的元素,两个集合中可能存在相同的元素),设计完成如下功能的算法并用相关数据进行测试。

① 求两个集合 A、B 的并集 C。

② 求两个集合 A、B 的差集 C。

③ 求两个集合 A、B 的交集 C。

(7) 采用递增有序的顺序表来存储非空整数集合(同一个集合中没有相同的元素,两个集合中可能存在相同的元素),设计完成如下功能的算法并用相关数据进行测试。

① 求两个集合 A、B 的并集 C。

② 求两个集合 A、B 的差集 C。

③ 求两个集合 A、B 的交集 C。

(8) 有两个递增有序的整数顺序表 A、B,设计一个算法将它们中的全部元素放到顺序表 C 中,要求 C 中元素是递减有序的。并用相关数据进行测试。

(9) 有一个非空整数单链表 L,其中可能出现值域重复的结点,设计一个算法删除值重复的结点,多个值相同的结点仅保留第一个。并用相关数据进行测试。

(10) 有一个递增有序单链表(可能有值重复的结点),设计一个算法删除值域重复的结点,多个相同值的结点仅保留第一个。并用相关数据进行测试。

(11) 有两个整数集合采用递增有序单链表存储,设计尽可能高效的算法求两个集合的并集、交集和差集。并用相关数据进行测试。

(12) 有一个整数序列采用带头结点的单链表 L 存储。设计一个算法,删除单链表 L 中 data 值大于等于 min 且小于等于 max 的结点(若表中有这样的结点),同时释放被删结点的空间,这里 min 和 max 是两个给定的参数。并用相关数据进行测试。

(13) 令 $L_1=(x_1,x_2,\cdots,x_n)$,$L_2=(y_1,y_2,\cdots,y_m)$ 是两个线性表,$n\geqslant 1,m\geqslant 1$,采用带头结点的单链表存储,设计一个算法合并 L_1、L_2,结果放在线性表 L_3 中。

$$L_3=(x_1,y_1,x_2,y_2,\cdots,x_m,y_m,x_{m+1},\cdots,x_n) \quad \text{当 } m\leqslant n$$
$$L_3=(x_1,y_1,x_2,y_2,\cdots,x_n,y_n,y_{n+1},\cdots,y_m) \quad \text{当 } m>n$$

L_3 仍采用单链表存储。要求不破坏原有的单链表 L_1 和 L_2。

(14) 有一个带头结点的整数单链表 L,设计一个算法实现这样的功能:将所有的负数结点移动到最前面(如果存在这样的结点),中间是为 0 的结点(如果存在这样的结点),最后是为正数的结点(如果存在这样的结点)。并用相关数据进行测试。

(15) 当正整数的位数较多时,采用 int 或者 long 变量存储时会发生溢出,可以用一个单链表存储,每一位作为一个结点。设计完成如下功能的算法并用相关数据进行测试。

① 由一个数字字符串创建对应的整数单链表。

② 输出一个整数单链表表示的正整数。

③ 实现两个这样的正整数的加法运算。

④ 实现两个这样的正整数的乘法运算。

(16) 有一个带头结点的非空双链表 L,假设所有结点值为整数,每个结点中除有 prior、data 和 next 三个域外,还有一个访问频度域 freq,在链表被使用之前,其值均初始化为零。每当进行 LocateNode(L,x) 运算时,令元素值为 x 的结点中 freq 域的值加 1,并调整表中结点的次序,使其按访问频度的递减序排列,以便使频繁访问的结点总是靠近表头。采用结点移动方式设计符合上述要求的 LocateNode 运算的算法。并用相关数据进行测试。

(17) 有一个含 $n(n>3)$ 个整数的数据序列 A,另外有一个查找元素的序列 S,含 m 次查找,每次查找都是按元素序号 i 进行的($1\leqslant i\leqslant n$,即每次查找都是成功的查找),如果采用顺序表存储数据序列 A,由于顺序表具有随机存取特性,完成 S 的所有查找恰好需要 m 次。

但由于 n 的大小难以事先确定,现在小张采用链表结构存储数据序列 A,这样完成 S 的所有查找需要多次移动结点,小张准备采用不带头结点的循环双链表 L 存储数据序列 A,假设 p 指针首先指向循环双链表 L 的首结点,请你编程求出完成 S 的所有查找 p 指针移动的总次数。并用相关数据进行测试。

2.2.2 上机实验题 2 参考答案

1. 基础实验题

(1) **解**:整数顺序表的基本运算算法设计原理参见《教程》的第 2.2.2 节。包含顺序表基本运算函数的文件 SqList.cpp 如下。

```
#include <stdio.h>
#define MaxSize 100
typedef int ElemType;                              //设置顺序表元素为 int 类型
typedef struct
{   ElemType data[MaxSize];                        //存放顺序表的元素
    int length;                                    //顺序表的实际长度
} SqList;                                           //顺序表类型声明
void InitList(SqList &L)                            //初始化顺序表 L
{
    L.length=0;
}
void DestroyList(SqList L)                          //销毁顺序表 L
{ }
int GetLength(SqList L)                             //求长度
{
    return L.length;
}
int GetElem(SqList L, int i, ElemType &e)          //求第 i 个元素值 e
{   if (i<1 || i>L.length)                         //无效的 i 值
        return 0;
    else
    {   e=L.data[i-1];
        return 1;
    }
}
int Locate(SqList L, ElemType x)                   //求第一个值为 x 的结点的逻辑序号
{   int i=0;
    while (i<L.length && L.data[i]!=x)
        i++;                                       //查找第一个值为 x 的元素
    if (i>=L.length) return(0);                    //未找到返回 0
    else return(i+1);                              //找到后返回其逻辑序号
}
int InsElem(SqList &L, ElemType x, int i)          //插入 x 作为第 i 个元素
{   int j;
    if (i<1 || i>L.length+1)                       //无效的参数 i
        return 0;
    for (j=L.length;j>i;j--)                       //将位置为 i 的元素及之后的元素后移
        L.data[j]=L.data[j-1];
    L.data[i-1]=x;                                 //在位置 i 处放入 x
```

```
    L.length++;                          //顺序表长度增1
    return 1;
}
int DelElem(SqList &L,int i)             //删除第i个元素
{   int j;
    if (i<1 || i>L.length)               //无效的参数i
        return 0;
    for (j=i;j<L.length;j++)             //将位置为i的元素之后的元素前移
        L.data[j-1]=L.data[j];
    L.length--;                          //顺序表长度减1
    return 1;
}
void DispList(SqList L)                  //输出顺序表
{   int i;
    for (i=0;i<L.length;i++)
        printf("%d ",L.data[i]);
    printf("\n");
}
void CreateList(SqList &L,ElemType a[],int n)  //整体创建顺序表L
{   int i,k=0;                           //k累计顺序表L中的元素个数
    for (i=0;i<n;i++)
    {   L.data[k]=a[i];                  //向L中添加一个元素
        k++;                             //L中元素个数增1
    }
    L.length=k;                          //设置L的长度
}
```

设计如下应用主函数。

```
#include "SqList.cpp"                    //包含顺序表基本运算函数
void main()
{   int i;
    ElemType e;
    SqList L,L1;
    InitList(L);                         //初始化顺序表L
    InsElem(L,1,1);                      //插入元素1
    InsElem(L,3,2);                      //插入元素3
    InsElem(L,1,3);                      //插入元素1
    InsElem(L,5,4);                      //插入元素5
    InsElem(L,4,5);                      //插入元素4
    InsElem(L,2,6);                      //插入元素2
    printf("测试1\n");
    printf("  L: ");DispList(L);
    printf("  长度:%d\n",GetLength(L));
    i=3;GetElem(L,i,e);
    printf("  第%d个元素:%d\n",i,e);
    e=1;
    printf("  元素%d是第%d个元素\n",e,Locate(L,e));
    i=4;printf("  删除第%d个元素\n",i);
    DelElem(L,i);
    printf("  L: ");DispList(L);
```

```
printf("测试2\n");
int a[]={2,5,4,5,6,5,3,1};
int n=sizeof(a)/sizeof(a[0]);
printf("  整体创建L1\n");
CreateList(L1,a,n);
printf("  L1: "); DispList(L1);
int x=5;
printf("  第一个值为%d元素的位置是%d\n",x,Locate(L1,x));
printf("销毁L和L1\n");
DestroyList(L);
DestroyList(L1);
}
```

上述程序的执行结果如图 2.1 所示。

图 2.1　实验程序的执行结果

(2) **解**：整数单链表的基本运算算法设计原理参见《教程》的第 2.3.2 节。包含单链表基本运算函数的文件 SLinkNode.cpp 如下。

```
#include <malloc.h>
#include <stdio.h>
typedef int ElemType;
typedef struct node
{   ElemType data;                              //数据域
    struct node * next;                         //指针域
} SLinkNode;                                    //单链表结点类型
void InitList(SLinkNode * &L)                   //初始化单链表 L
{   L=(SLinkNode *)malloc(sizeof(SLinkNode));
    L-> next=NULL;                              //创建头结点 L 并置 next 为空
}
void DestroyList(SLinkNode * &L)                //销毁单链表 L
{   SLinkNode * pre=L, * p=pre-> next;
    while (p!=NULL)
    {   free(pre);
        pre=p; p=p-> next;                      //pre、p 同步后移
    }
    free(pre);
```

```
}
int GetLength(SLinkNode * L)                        //求单链表 L 的长度
{    int i=0;
     SLinkNode * p=L−> next;
     while (p!=NULL)
     {    i++;
          p=p−> next;
     }
     return i;
}
int GetElem(SLinkNode * L, int i, ElemType &e)      //求第 i 个结点值 e
{    int j=0;
     SLinkNode * p=L;                               //p 指向头结点,计数器 j 置为 0
     if (i<=0) return 0;                            //参数 i 错误返回 0
     while (p!=NULL && j< i)
     {    j++;
          p=p−> next;
     }
     if (p==NULL)
          return 0;                                 //未找到返回 0
     else
     {    e=p−> data;
          return 1;                                 //找到后返回 1
     }
}

int Locate(SLinkNode * L, ElemType e)               //求第一个值为 e 的结点的逻辑序号
{    SLinkNode * p=L−> next;
     int j=1;                                       //p 指向第一个数据结点,j 置为其序号 1
     while (p!=NULL && p−> data!=e)
     {    p=p−> next;
          j++;
     }
     if (p==NULL) return(0);                        //未找到返回 0
     else return(j);                                //找到后返回其序号
}
int InsElem(SLinkNode * &L, ElemType x, int i)      //插入第 i 个结点(结点值为 x)
{    int j=0;
     SLinkNode * p=L, * s;
     if (i<=0) return 0;                            //参数 i 错误返回 0
     while (p!=NULL && j< i−1)                       //查找第 i−1 个结点 * p
     {    j++;
          p=p−> next;
     }
     if (p==NULL)
          return 0;                                 //未找到第 i−1 个结点时返回 0
     else                                           //找到第 i−1 个结点 p
     {    s=(SLinkNode * )malloc(sizeof(SLinkNode));
```

```
        s-> data=x;                              //创建存放元素 x 的新结点 s
        s-> next=p-> next;                       //将 s 结点插入 p 结点之后
        p-> next=s;
        return 1;                                //插入运算成功,返回 1
    }
}
int DelElem(SLinkNode * &L, int i)               //删除第 i 个结点
{   int j=0;
    SLinkNode * p=L, * q;
    if (i<=0) return 0;                          //参数 i 错误返回 0
    while (p!=NULL && j<i-1)                      //查找第 i-1 个结点
    {   j++;
        p=p-> next;
    }
    if (p==NULL)
        return 0;                                //未找到第 i-1 个结点时返回 0
    else                                         //找到第 i-1 个结点 p
    {   q=p-> next;                               //q 指向被删结点
        if (q==NULL)
            return 0;                            //没有第 i 个结点时返回 0
        else
        {   p-> next=q-> next;                    //从单链表中删除 q 结点
            free(q);                              //释放其空间
            return 1;
        }
    }
}
void DispList(SLinkNode * L)                      //输出单链表
{   SLinkNode * p=L-> next;
    while (p!=NULL)
    {   printf("%d ",p-> data);
        p=p-> next;
    }
    printf("\n");
}
void CreateListF(SLinkNode * &L, ElemType a[], int n)     //头插法创建单链表 L
{   SLinkNode * s; int i;
    L=(SLinkNode * )malloc(sizeof(SLinkNode));    //创建头结点
    L-> next=NULL;                                //头结点的 next 域置空
    for (i=0;i<n;i++)                             //遍历 a 数组所有元素
    {   s=(SLinkNode * )malloc(sizeof(SLinkNode));
        s-> data=a[i];                            //创建存放 a[i]元素的新结点 s
        s-> next=L-> next;                        //将 s 插在头结点之后
        L-> next=s;
    }
}
void CreateListR(SLinkNode * &L, ElemType a[], int n)     //尾插法创建单链表 L
{   SLinkNode * s, * tc; int i;
    L=(SLinkNode * )malloc(sizeof(SLinkNode));    //创建头结点
    tc=L;                                         //tc 为 L 的尾结点指针
```

```
    for (i=0;i<n;i++)
    {   s=(SLinkNode *)malloc(sizeof(SLinkNode));
        s->data=a[i];                         //创建存放 a[i]元素的新结点 s
        tc->next=s;                           //将 s 结点插入 tc 结点之后
        tc=s;
    }
    tc->next=NULL;                            //尾结点 next 域置为 NULL
}
```

设计如下应用主函数。

```
#include "SLinkNode.cpp"                      //包含单链表基本运算函数
void main()
{   int i;
    ElemType e;
    SLinkNode *L,*L1,*L2;
    printf("测试 1\n");
    InitList(L);                              //初始化单链表 L
    InsElem(L,1,1);                           //插入元素 1
    InsElem(L,3,2);                           //插入元素 3
    InsElem(L,1,3);                           //插入元素 1
    InsElem(L,5,4);                           //插入元素 5
    InsElem(L,4,5);                           //插入元素 4
    InsElem(L,2,6);                           //插入元素 2
    printf("  L: ");DispList(L);
    printf("  长度:%d\n",GetLength(L));
    i=3;GetElem(L,i,e);
    printf("  第%d 个元素:%d\n",i,e);
    e=1;
    printf("  元素%d 是第%d 个元素\n",e,Locate(L,e));
    i=4;printf("  删除第%d 个元素\n",i);
    DelElem(L,i);
    printf("  L: ");DispList(L);
    printf("测试 2\n");
    int a[]={1,2,3,4,5};
    int n=sizeof(a)/sizeof(a[0]);
    printf("  由 1~5 采用头插法创建 L1\n");
    CreateListF(L1,a,n);
    printf("  L1: ");DispList(L1);
    printf("测试 3\n");
    printf("  由 1~5 采用尾插法创建 L2\n");
    CreateListR(L2,a,n);
    printf("  L2: ");DispList(L2);
    printf("销毁 L、L1 和 L2\n");
    DestroyList(L);
    DestroyList(L1);
    DestroyList(L2);
}
```

上述程序的执行结果如图 2.2 所示。

图 2.2 实验程序的执行结果

（3）**解**：整数循环单链表的基本运算算法设计原理参见《教程》的第 2.3.4 节。包含循环单链表基本运算函数的文件 SLinkNode.cpp 如下。

```
#include <malloc.h>
#include <stdio.h>
typedef int ElemType;
typedef struct node
{   ElemType data;                              //数据域
    struct node * next;                         //指针域
} SLinkNode;                                    //单链表结点类型
void InitList(SLinkNode * &L)                   //初始化循环单链表 L
{   L=(SLinkNode *)malloc(sizeof(SLinkNode));
    L->next=NULL;                               //创建头结点 L 并置 next 为空
}
void DestroyList(SLinkNode * &L)                //销毁循环单链表 L
{   SLinkNode * pre=L, * p=pre->next;
    while (p!=NULL)
    {   free(pre);
        pre=p; p=p->next;                       //pre、p 同步后移
    }
    free(pre);
}
int GetLength(SLinkNode * L)                    //求循环单链表 L 的长度
{   int i=0;
    SLinkNode * p=L->next;
    while (p!=NULL)
    {   i++;
        p=p->next;
    }
    return i;
}
int GetElem(SLinkNode * L, int i, ElemType &e)  //求第 i 个结点值 e
{   int j=0;
    SLinkNode * p=L;                            //p 指向头结点,计数器 j 置为 0
    if (i<=0) return 0;                         //参数 i 错误返回 0
    while (p!=NULL && j<i)
```

```
    {   j++;
        p=p->next;
    }
    if (p==NULL)
        return 0;                              //未找到返回 0
    else
    {   e=p->data;
        return 1;                              //找到后返回 1
    }
}
int Locate(SLinkNode * L, ElemType e)          //求第一个值为 e 的结点的逻辑序号
{   SLinkNode * p=L->next;
    int j=1;                                   //p 指向首结点, j 置为其序号 1
    while (p!=NULL && p->data!=e)
    {   p=p->next;
        j++;
    }
    if (p==NULL) return(0);                     //未找到返回 0
    else return(j);                            //找到后返回其序号
}
int InsElem(SLinkNode * &L, ElemType x, int i) //插入第 i 个结点(结点值为 x)
{   int j=0;
    SLinkNode * p=L, * s;
    if (i<=0) return 0;                        //参数 i 错误返回 0
    while (p!=NULL && j<i-1)                    //查找第 i-1 个结点 p
    {   j++;
        p=p->next;
    }
    if (p==NULL)
        return 0;                              //未找到第 i-1 个结点时返回 0
    else                                       //找到第 i-1 个结点 p
    {   s=(SLinkNode * )malloc(sizeof(SLinkNode));
        s->data=x;                             //创建存放元素 x 的新结点 s
        s->next=p->next;                       //将 s 结点插入 p 结点之后
        p->next=s;
        return 1;                              //插入运算成功,返回 1
    }
}
int DelElem(SLinkNode * &L, int i)             //删除第 i 个结点
{   int j=0;
    SLinkNode * p=L, * q;
    if (i<=0) return 0;                        //参数 i 错误返回 0
    while (p!=NULL && j<i-1)                    //查找第 i-1 个结点
    {   j++;
        p=p->next;
    }
    if (p==NULL)
        return 0;                              //未找到第 i-1 个结点时返回 0
    else                                       //找到第 i-1 个结点 p
    {   q=p->next;                             //q 指向被删结点
        if (q==NULL)
```

```
                    return 0;                            //没有第 i 个结点时返回 0
               else
               {   p-> next=q-> next;                    //从循环单链表中删除 q 结点
                   free(q);                              //释放其空间
                   return 1;
               }
           }
      }
void DispList(SLinkNode * L)                             //输出循环单链表
{    SLinkNode * p=L-> next;
     while (p!=NULL)
     {    printf("%d ",p-> data);
          p=p-> next;
     }
     printf("\n");
}
void CreateListF(SLinkNode * &L,ElemType a[],int n)      //头插法创建循环单链表 L
{    SLinkNode * s; int i;
     L=(SLinkNode * )malloc(sizeof(SLinkNode));          //创建头结点
     L-> next=NULL;                                      //头结点的 next 域置空
     for (i=0;i<n;i++)                                   //遍历 a 数组所有元素
     {    s=(SLinkNode * )malloc(sizeof(SLinkNode));
          s-> data=a[i];                                 //创建存放 a[i]元素的新结点 s
          s-> next=L-> next;                             //将 s 插在头结点之后
          L-> next=s;
     }
}


void CreateListR(SLinkNode * &L,ElemType a[],int n)      //尾插法创建循环单链表 L
{    SLinkNode * s, * tc; int i;
     L=(SLinkNode * )malloc(sizeof(SLinkNode));          //创建头结点
     tc=L;                                               //tc 为 L 的尾结点指针
     for (i=0;i<n;i++)
     {    s=(SLinkNode * )malloc(sizeof(SLinkNode));
          s-> data=a[i];                                 //创建存放 a[i]元素的新结点 s
          tc-> next=s;                                   //将 s 结点插入 tc 结点之后
          tc=s;
     }
     tc-> next=NULL;                                     //尾结点 next 域置为 NULL
}
```

设计如下应用主函数。

```
# include "CSLinkNode.cpp"                               //包含循环单链表基本运算函数
void main()
{    int i;
     ElemType e;
     SLinkNode * L, * L1, * L2;
     printf("测试 1\n");
     InitList(L);                                        //初始化循环单链表 L
     InsElem(L,1,1);                                      //插入元素 1
```

```
    InsElem(L,3,2);                                  //插入元素 3
    InsElem(L,1,3);                                  //插入元素 1
    InsElem(L,5,4);                                  //插入元素 5
    InsElem(L,4,5);                                  //插入元素 4
    InsElem(L,2,6);                                  //插入元素 2
    printf("  L: ");DispList(L);
    printf("  长度:%d\n",GetLength(L));
    i=3;GetElem(L,i,e);
    printf("  第%d 个元素:%d\n",i,e);
    e=1;
    printf("  元素%d 是第%d 个元素\n",e,Locate(L,e));
    i=4;printf("  删除第%d 个元素\n",i);
    DelElem(L,i);
    printf("  L: ");DispList(L);
    printf("测试 2\n");
    int a[]={1,2,3,4,5};
    int n=sizeof(a)/sizeof(a[0]);
    printf("  由 1~5 采用头插法创建 L1\n");
    CreateListF(L1,a,n);
    printf("  L1: ");DispList(L1);
    printf("测试 3\n");
    printf("  由 1~5 采用尾插法创建 L2\n");
    CreateListR(L2,a,n);
    printf("  L2: ");DispList(L2);
    printf("销毁 L、L1 和 L2\n");
    DestroyList(L);
    DestroyList(L1);
    DestroyList(L2);
}
```

上述程序的执行结果如图 2.2 所示。

（4）**解**：整数双链表的基本运算算法设计原理参见《教程》的第 2.4.2 节。包含双链表基本运算函数的文件 DLinkNode.cpp 如下。

```
#include <stdio.h>
#include <malloc.h>
typedef int ElemType;
typedef struct node
{   ElemType data;                                   //数据域
    struct node * prior, * next;                     //前驱结点和后继结点的指针
} DLinkNode;                                          //双链表结点类型
void InitList(DLinkNode * &L)                         //初始化双链表 L
{   L=(DLinkNode * )malloc(sizeof(DLinkNode));
    L->prior=L->next=NULL;                            //创建头结点 L 并置 next 为空
}
void DestroyList(DLinkNode * &L)                      //销毁双链表 L
{   DLinkNode * pre=L, * p=pre->next;
    while (p!=NULL)
    {   free(pre);
        pre=p; p=p->next;                             //pre、p 同步后移
    }
```

```
        free(pre);
    }
    int GetLength(DLinkNode * L)                        //求双链表 L 的长度
    {   int i=0;
        DLinkNode * p=L->next;                          //p 指向第一个数据结点
        while (p!=NULL)
        {   i++;                                        //i 累加数据结点个数
            p=p->next;
        }
        return i;
    }
    int GetElem(DLinkNode * L, int i, ElemType &e)      //求第 i 个结点值 e
    {   int j=0;
        DLinkNode * p=L;                                //p 指向头结点,计数器 j 置为 0
        if (i<=0) return 0;                             //参数 i 错误返回 0
        while (p!=NULL && j<i)
        {   j++;
            p=p->next;
        }
        if (p==NULL) return 0;                          //未找到返回 0
        else
        {   e=p->data;
            return 1;                                   //找到后返回 1
        }
    }
    int Locate(DLinkNode * L, ElemType e)               //求第一个为 e 的结点的逻辑序号
    {   DLinkNode * p=L->next;
        int i=1;                                        //p 指向首结点,i 置为其序号 1
        while (p!=NULL && p->data!=e)
        {   p=p->next;
            i++;
        }
        if (p==NULL) return 0;                          //未找到返回 0
        else return i;                                  //找到后返回其序号
    }
    int InsElem(DLinkNode * &L, ElemType x, int i)      //插入第 i 个结点(结点值为 x)
    {   int j=0;
        DLinkNode * p=L, * s;
        if (i<=0) return 0;                             //参数 i 错误返回 0
        while (p!=NULL && j<i-1)                         //查找第 i-1 个结点 p
        {   j++;
            p=p->next;
        }
        if (p==NULL) return 0;                          //未找到返回 0
        else
        {   s=(DLinkNode * )malloc(sizeof(DLinkNode));
            s->data=x;                                  //创建一个存放元素 x 的新结点 s
            s->next=p->next;                            //插入结点 s
            if (p->next!=NULL)
                p->next->prior=s;
            s->prior=p;
```

```
            p—>next=s;
            return 1;                              //插入运算成功,返回 1
        }
    }
    int DelElem(DLinkNode * &L,int i)              //删除第 i 个结点
    {   int j=0;
        DLinkNode * p=L, * pre;
        if (i<=0) return 0;                        //参数 i 错误返回 0
        while (p!=NULL && j<i)                     //查找第 i 个结点 p
        {   j++;
            p=p—>next;
        }
        if (p==NULL) return 0;                     //未找到返回 0
        else
        {   pre=p—>prior;                          //pre 指向被删结点的前驱结点
            if (p—>next!=NULL)                     //从双链表 L 中删除 p 结点
                p—>next—>prior=pre;
            pre—>next=p—>next;
            free(p);                               //释放其空间
            return 1;
        }
    }
    void DispList(DLinkNode * L)                   //输出双链表 L
    {   DLinkNode * p=L—>next;
        while (p!=NULL)
        {   printf("%d ",p—>data);
            p=p—>next;
        }
        printf("\n");
    }
    void CreateListF(DLinkNode * &L,ElemType a[],int n)  //头插法创建双链表 L
    {   DLinkNode * s;int i;
        L=(DLinkNode * )malloc(sizeof(DLinkNode));       //创建头结点
        L—>next=NULL;
        for (i=0;i<n;i++)
        {   s=(DLinkNode * )malloc(sizeof(DLinkNode));   //创建新结点
            s—>data=a[i];
            s—>next=L—>next;                             //将结点 s 插在头结点之后
            s—>prior=L;
            if (s—>next!=NULL)
                s—>next—>prior=s;
            L—>next=s;
        }
    }
    void CreateListR(DLinkNode * &L,ElemType a[],int n)  //尾插法创建双链表 L
    {   DLinkNode * s, * tc;int i;
        L=(DLinkNode * )malloc(sizeof(DLinkNode));       //创建头结点
        tc=L;                                            //tc 始终指向尾结点,开始时指向头结点
        for (i=0;i<n;i++)
        {   s=(DLinkNode * )malloc(sizeof(DLinkNode));   //创建新结点
            s—>data=a[i];
```

```
        tc->next=s;                                    //将 s 插入 tc 之后
        s->prior=tc;
        tc=s;
    }
    tc->next=NULL;                                     //尾结点 next 域置为 NULL
}
```

设计如下应用主函数。

```
#include "DLinkNode.cpp"                               //包含双链表基本运算函数
void main()
{   int i;
    ElemType e;
    DLinkNode *L, *L1, *L2;
    printf("测试 1\n");
    InitList(L);                                       //初始化双链表 L
    InsElem(L,1,1);                                    //插入元素 1
    InsElem(L,3,2);                                    //插入元素 3
    InsElem(L,1,3);                                    //插入元素 1
    InsElem(L,5,4);                                    //插入元素 5
    InsElem(L,4,5);                                    //插入元素 4
    InsElem(L,2,6);                                    //插入元素 2
    printf("  L: ");DispList(L);
    printf("  长度:%d\n",GetLength(L));
    i=3;GetElem(L,i,e);
    printf("  第%d 个元素:%d\n",i,e);
    e=1;
    printf("  元素%d 是第%d 个元素\n",e,Locate(L,e));
    i=4;printf("  删除第%d 个元素\n",i);
    DelElem(L,i);
    printf("  L: ");DispList(L);
    printf("测试 2\n");
    int a[]={1,2,3,4,5};
    int n=sizeof(a)/sizeof(a[0]);
    printf("  由 1~5 采用头插法创建 L1\n");
    CreateListF(L1,a,n);
    printf("  L1: ");DispList(L1);
    printf("测试 3\n");
    printf("  由 1~5 采用尾插法创建 L2\n");
    CreateListR(L2,a,n);
    printf("  L2: ");DispList(L2);
    printf("销毁 L、L1 和 L2\n");
    DestroyList(L);
    DestroyList(L1);
    DestroyList(L2);
}
```

上述程序的执行结果如图 2.2 所示。

(5) **解**：整数循环双链表的基本运算算法设计原理参见《教程》的第 2.4.4 节。包含循环双链表基本运算函数的文件 CDLinkNode.cpp 如下。

```
# include < stdio. h >
# include < malloc. h >
typedef int ElemType;
typedef struct node
{   ElemType data;                              //数据域
    struct node * prior, * next;                //前驱结点和后继结点的指针
} DLinkNode;                                    //双链表结点类型
void InitList(DLinkNode * &L)                   //初始化循环双链表 L
{   L=(DLinkNode * )malloc(sizeof(DLinkNode));
    L-> prior=L-> next=L;
}
void DestroyList(DLinkNode * &L)                //销毁循环双链表 L
{   DLinkNode * pre=L, * p=pre-> next;
    while (p!=L)
    {   free(pre);
        pre=p; p=p-> next;                      //pre、p 同步后移
    }
    free(pre);
}
int GetLength(DLinkNode * L)                    //求循环双链表 L 的长度
{   int i=0;
    DLinkNode * p=L-> next;
    while (p!=L)
    {   i++;
        p=p-> next;
    }
    return i;
}
int GetElem(DLinkNode * L, int i, ElemType &e)  //求第 i 个结点值 e
{   int j=1;
    DLinkNode * p=L-> next;                     //p 指向首结点,计数器 j 置为 1
    if (i<=0) return 0;                         //参数 i 错误返回 0
    while (p!=L && j<i)
    {   j++;
        p=p-> next;
    }
    if (p==L) return 0;                         //未找到返回 0
    else
    {   e=p-> data;
        return 1;                               //找到后返回 1
    }
}
int Locate(DLinkNode * L, ElemType x)           //求第一个值为 x 结点的逻辑序号
{   int i=1;
    DLinkNode * p=L-> next;
    while (p!=L && p-> data!=x)                 //从第 1 个结点开始查找 data 域为 x 的结点
    {   p=p-> next;
        i++;
    }
    if (p==L) return 0;
    else return i;
```

```
    }
    int InsElem(DLinkNode * &L, ElemType x, int i)      //插入第 i 个结点(结点值为 x)
    {   int j=1;
        DLinkNode * p=L-> next, * pre, * s;             //p 从首结点开始
        if (i<=0) return 0;                             //参数 i 错误返回 0
        while (p!=L && j<i)                             //查找第 i 个结点 p
        {   j++;
            p=p-> next;
        }
        if (p==L && i>j+1) return 0;                    //参数 i 错误返回 0
        else                                            //成功查找到第 i 个结点 p
        {   s=(DLinkNode * )malloc(sizeof(DLinkNode));
            s-> data=x;                                 //创建新结点 s 用于存放元素 x
            pre=p-> prior;                              //将 s 结点插入 pre 结点之后
            s-> prior=pre;
            pre-> next=s;
            p-> prior=s;
            s-> next=p;
            return 1;                                   //插入运算成功,返回 1
        }
    }
    int DelElem(DLinkNode * &L, int i)                  //删除第 i 个结点
    {   int j=1;
        DLinkNode * p=L-> next, * pre;                  //p 从第一个数据结点开始
        if (i<=0) return 0;                             //参数 i 错误返回 0
        if (L-> next==L) return 0;                      //空表不能删除,返回 0
        while (p!=L && j<i)                             //查找第 i 个结点 p
        {   j++;
            p=p-> next;
        }
        if (p==L) return 0;                             //未找到第 i 个结点返回 0
        else
        {   pre=p-> prior;                              //pre 指向被删结点的前驱结点
            p-> next-> prior=pre;
            pre-> next=p-> next;
            free(p);                                    //释放其空间
            return 1;
        }
    }
    void DispList(DLinkNode * L)
    {   DLinkNode * p=L-> next;
        while (p!=L)
        {   printf("%d ", p-> data);
            p=p-> next;
        }
        printf("\n");
    }
    void CreateListF(DLinkNode * &L, ElemType a[], int n) //头插法创建循环双链表 L
    {   DLinkNode * s; int i;
        L=(DLinkNode * )malloc(sizeof(DLinkNode));      //创建头结点
        L-> next=L;
```

```
        L−>prior=L;
        for (i=0;i<n;i++)
        {   s=(DLinkNode *)malloc(sizeof(DLinkNode));   //创建新结点
            s−>data=a[i];
            s−>next=L−>next;                            //将结点 s 插在头结点之后
            L−>next−>prior=s;
            L−>next=s;
            s−>prior=L;
        }
}
void CreateListR(DLinkNode * &L,ElemType a[],int n) //尾插法创建循环双链表 L
{   DLinkNode * s, * tc;
    int i;
    L=(DLinkNode * )malloc(sizeof(DLinkNode));         //创建头结点
    tc=L;                                              //tc 始终指向尾结点
    for (i=0;i<n;i++)
    {   s=(DLinkNode *)malloc(sizeof(DLinkNode));       //创建新结点
        s−>data=a[i];
        tc−>next=s;                                    //将结点 s 插入 tc 之后
        s−>prior=tc;
        tc=s;
    }
    tc−>next=L;                                        //置为循环双链表
    L−>prior=tc;
}
```

设计如下应用主函数。

```
#include "CDLinkNode.cpp"                              //包含循环双链表基本运算函数
void main()
{   int i;
    ElemType e;
    DLinkNode * L, * L1, * L2;
    printf("测试 1\n");
    InitList(L);                                       //初始化循环双链表 L
    InsElem(L,1,1);                                    //插入元素 1
    InsElem(L,3,2);                                    //插入元素 3
    InsElem(L,1,3);                                    //插入元素 1
    InsElem(L,5,4);                                    //插入元素 5
    InsElem(L,4,5);                                    //插入元素 4
    InsElem(L,2,6);                                    //插入元素 2
    printf("   L: ");DispList(L);
    printf("   长度:%d\n",GetLength(L));
    i=3;GetElem(L,i,e);
    printf("   第%d 个元素:%d\n",i,e);
    e=1;
    printf("   元素%d 是第%d 个元素\n",e,Locate(L,e));
    i=4;printf("   删除第%d 个元素\n",i);
    DelElem(L,i);
    printf("   L: ");DispList(L);
    printf("测试 2\n");
```

```
int a[]={1,2,3,4,5};
int n=sizeof(a)/sizeof(a[0]);
printf("  由 1～5 采用头插法创建 L1\n");
CreateListF(L1,a,n);
printf("  L1: ");DispList(L1);
printf("测试 3\n");
printf("  由 1～5 采用尾插法创建 L2\n");
CreateListR(L2,a,n);
printf("  L2: ");DispList(L2);
printf("销毁 L、L1 和 L2\n");
DestroyList(L);
DestroyList(L1);
DestroyList(L2);
}
```

上述程序的执行结果如图 2.2 所示。

2. 应用实验题

(1) **解**：从顺序表 L 的两端查找，前端找大于等于 0 的元素(位置为 i)，后端找小于 0 的元素(位置为 j)，找到后将这两个位置的元素进行交换。对应的实验程序如下。

```
#include "SqList.cpp"                          //包含顺序表基本运算函数
void swap(int &x,int &y)                        //交换 x 和 y
{   int tmp=x;
    x=y; y=tmp;
}
void Move(SqList &L)                            //求解算法
{   int i=0,j=L.length-1;
    while (i<j)
    {   while (i<j && L.data[i]<0)
            i++;                               //从前向后找大于等于 0 的元素 L.data[i]
        while (i<j && L.data[j]>=0)
            j--;                               //从后向前找小于 0 的元素 L.data[j]
        if (i<j)                               //交换 L.data[i]和 L.data[j]
            swap(L.data[i],L.data[j]);
    }
}
void main()
{   SqList L;
    int a[]={2,-1,0,2,-2,3,-3};
    int n=sizeof(a)/sizeof(a[0]);
    CreateList(L,a,n);
    printf("L: "); DispList(L);
    printf("元素移动\n");
    Move(L);
    printf("L: "); DispList(L);
    DestroyList(L);
}
```

上述程序的执行结果如图 2.3 所示。

图 2.3　实验程序的执行结果

（2）**解**：先扫描 L 找到最大元素值 x，再通过扫描一下顺序表 L 从中删除所有值为 x 的元素。对应的实验程序如下。

```
# include "SqList.cpp"                      //包含顺序表基本运算函数
void Deletex(SqList &L, ElemType x)         //删除所有值为 x 的元素
{   int i, k=0;
    for (i=0;i<L.length;i++)
        if (L.data[i]!=x)                   //将不为 x 的元素插入 L 中
        {   L.data[k]=L.data[i];
            k++;
        }
    L.length=k;                             //重置 L 的长度
}
int Maxelem(SqList L)                       //查找最大元素值
{   int maxe=L.data[0];
    for (int i=1;i<L.length;i++)
        if (L.data[i]>maxe)
                maxe=L.data[i];
    return maxe;
}
void Delmaxe(SqList &L)                     //删除 L 中所有最大值的元素
{   int x;
    x=Maxelem(L);
    Deletex(L,x);
}
void main()
{   SqList L;
    int a[]={2,1,5,4,2,5,1,5,4};
    int n=sizeof(a)/sizeof(a[0]);
    CreateList(L,a,n);
    printf("L: "); DispList(L);
    printf("删除最大的元素\n");
    Delmaxe(L);
    printf("L: "); DispList(L);
    DestroyList(L);
}
```

上述程序的执行结果如图 2.4 所示。

（3）**解**：采用整体创建顺序表的算法思路。用 i 扫描顺序表 L 的所有元素，当 $L.data[i]$ 为奇数时将其插入原顺序表 L 中，当 $L.data[i]$ 为偶数时将其插入新顺序表 L_1 中，最后重

图 2.4　实验程序的执行结果

置 L、L_1 的长度。对应的实验程序如下。

```
#include "SqList.cpp"                          //包含顺序表基本运算函数
void Split(SqList &L,SqList &L1)
{   int i,j=0,k=0;
    for (i=0;i<L.length;i++)
    {   if (L.data[i]%2==1)                    //L当前元素为奇数
        {   L.data[j]=L.data[i];              //添加到L中
            j++;
        }
        else                                   //L当前元素为偶数
        {   L1.data[k]=L.data[i];             //添加到L1中
            k++;
        }
    }
    L.length=j;                                //设置L的长度
    L1.length=k;                               //设置L1的长度
}
void main()
{   SqList L,L1;
    int a[]={2,1,4,3,5,7,9,8};
    int n=sizeof(a)/sizeof(a[0]);
    CreateList(L,a,n);
    printf("L: "); DispList(L);
    printf("拆分\n");
    Split(L,L1);
    printf("L: "); DispList(L);
    printf("L1: "); DispList(L1);
    DestroyList(L);
    DestroyList(L1);
}
```

上述程序的执行结果如图 2.5 所示。

（4）**解**：对于顺序表 L，首先将 $L.data[0..k-1]$ 看成是没有重复元素的（初始时 $k=1$）。i 从 1 开始扫描剩余的元素，若 $L.data[i]$ 元素包含在 $L.data[0..k-1]$ 中，表示 $L.data[i]$ 是重复的元素，跳过；否则表示 $L.data[i]$ 是不重复的元素，将其插入 $L.data[0..k-1]$ 中，置 $k++$。最后设置 L 的长度为 k。对应的实验程序如下。

图 2.5　实验程序的执行结果

```
#include "SqList.cpp"                          //包含顺序表基本运算函数
```

```
void DelSame(SqList &L)                          //求解算法
{    int i=1,j,k=1;                              //L 中初始包含 L.data[0]元素
     while (i<L.length)                          //扫描 L 的所有元素
     {   j=0;
         while (j<k && L.data[j]!=L.data[i])
             j++;                                //在 L.data[0..k-1]中查找 L.data[i]
         if (j==k)                               //没有找到,表示不是重复元素
         {   L.data[k]=L.data[i];
             k++;
         }
         i++;                                    //继续扫描下一个元素
     }
     L.length=k;                                 //顺序表长度置新值
}
void main()
{    SqList L;
     int a[]={2,1,4,1,2,4,3,1};
     int n=sizeof(a)/sizeof(a[0]);
     CreateList(L,a,n);
     printf("L: "); DispList(L);
     printf("删除重复元素\n");
     DelSame(L);
     printf("L: "); DispList(L);
     DestroyList(L);
}
```

上述程序的执行结果如图 2.6 所示。其中,DelSame 算法的时间复杂度为 $O(n^2)$,空间复杂度为 $O(1)$。

（5）**解**：在有序顺序表 L 中,所有重复的元素应是相邻存放的,用 k 保存不重复出现的元素个数,先将不重复的有序区看成是 $L.data[0..0]$,置 $e=L.data[0]$,用 i 从 1 开始遍历 L 的所有元素；当 $L.data[i] \neq e$ 时,将它放在 $L.data[k]$ 中,k 增 1,置 $e=L.data[i]$,最后将 L 的 length 置为 k。对应的实验程序如下。

图 2.6 实验程序的执行结果

```
#include "SqList.cpp"                            //包含顺序表基本运算函数
void DelSame(SqList &L)                          //求解算法
{    int i,k=1;                                  //k 保存不重复的元素个数
     ElemType e;
     e=L.data[0];
     for (i=1;i<L.length;i++)
     {   if (L.data[i]!=e)                       //只保存不重复的第一个元素
         {   L.data[k]=L.data[i];
             k++;
             e=L.data[i];
         }
     }
     L.length=k;                                 //顺序表长度置新值
}
```

```
void main()
{   SqList L;
    int a[]={1,2,2,2,5,5,5};
    int n=sizeof(a)/sizeof(a[0]);
    CreateList(L,a,n);
    printf("L: "); DispList(L);
    printf("删除重复元素\n");
    DelSame(L);
    printf("L: "); DispList(L);
    DestroyList(L);
}
```

上述程序的执行结果如图 2.7 所示。

其中,DelSame 算法是一个高效算法,其时间复杂度为 $O(n)$,空间复杂度为 $O(1)$。如果每次遇到重复的元素,都通过移动其后所有元素来删除它,这样的算法时间复杂度会变成 $O(n^2)$。

图 2.7　实验程序的执行结果

(6) **解**:求 $C=A \cup B$,C 中元素为 A 和 B 中非重复出现的所有元素。先将 A 复制到 C 中。遍历 B 中的元素 $B.data[j]$,若它与 A 中所有元素均不相同,表示是并集元素,将其放到 C 中。最后重置 C 的长度。

求 $C=A-B$,C 中元素为 A 中所有不属于 B 的元素。遍历 A 中的元素 $A.data[i]$,若它与 B 中所有元素均不相同,表示是差集元素,将其放到 C 中。最后重置 C 的长度。

求 $C=A \cap B$,C 中元素是 A、B 中的公共元素。遍历 A 中的元素 $A.data[i]$,若它与 B 中的某个元素相同,表示是交集元素,将其复制并存放到 C 中。最后重置 C 的长度。

上述三个算法的时间复杂度均为 $O(m \times n)$,空间复杂度为 $O(1)$。对应的实验程序如下。

```
#include "SqList.cpp"                          //包含顺序表基本运算函数
void Union(SqList A, SqList B, SqList &C)       //求并集
{   int i,j,k;                                  //k记录C中的元素个数
    for (i=0;i<A.length;i++)                    //将A中元素复制到C中
        C.data[i]=A.data[i];
    k=A.length;
    for (j=0;j<B.length;j++)                    //遍历顺序表B
    {   i=0;
        while (i<A.length && A.data[i]!=B.data[j])
            i++;
        if (i==A.length)                        //表示B.data[j]不在A中,将其放到C中
            C.data[k++]=B.data[j];
    }
    C.length=k;                                 //修改集合长度
}
void Diffence(SqList A, SqList B, SqList &C)    //求差集
{   int i,j,k=0;                                //k记录C中的元素个数
    for (i=0;i<A.length;i++)                    //遍历顺序表A
    {   j=0;
```

```
        while (j<B.length && B.data[j]!=A.data[i])
            j++;
        if (j==B.length)                      //表示 A.data[i]不在 B 中,将其放到 C 中
            C.data[k++]=A.data[i];
    }
    C.length=k;                               //修改集合长度
}
void Intersection(SqList A,SqList B,SqList &C)  //求交集
{   int i,j,k=0;                              //k 记录 C 中的元素个数
    for (i=0;i<A.length;i++)                   //用 i 遍历顺序表 A
    {   j=0;
        while (j<B.length && B.data[j]!=A.data[i])
            j++;
        if (j<B.length)                       //表示 A.data[i]在 B 中,将其放到 C 中
            C.data[k++]=A.data[i];
    }
    C.length=k;                               //修改集合长度
}
void main()
{   SqList A,B,C;
    int a[]={1,3,5,8,4,2};
    int n=sizeof(a)/sizeof(a[0]);
    CreateList(A,a,n);
    printf(" A: "); DispList(A);
    int b[]={2,6,4,10,5};
    int m=sizeof(b)/sizeof(b[0]);
    CreateList(B,b,m);
    printf(" B: "); DispList(B);
    printf(" C=A∪B\n");
    Union(A,B,C);
    printf(" C: "); DispList(C);
    printf(" C=A-B\n");
    Diffence(A,B,C);
    printf(" C: "); DispList(C);
    printf(" C=A∩B\n");
    Intersection(A,B,C);
    printf(" C: "); DispList(C);
    DestroyList(A); DestroyList(B); DestroyList(C);
}
```

上述程序的执行结果如图 2.8 所示。

图 2.8 实验程序的执行结果

(7) **解**：求 $C=A \bigcup B$，C 中元素为 A 和 B 中非重复出现的所有元素。由于是递增有序的，可以采用二路归并的思路。用 i、j 分别扫描有序顺序表 A、B 的元素，当两个表都没有扫描完时，若扫描的两个元素值相等，只复制一个存放到 C 中，否则直接将较小的元素复制并存放到 C 中。当有一个表扫描完毕，将另一个表中所有元素复制并存放到 C 中，最后重置 C 的长度。

求 $C=A-B$，C 中元素为 A 中所有不属于 B 的元素。由于是递增有序的，可以采用二路归并的思路。用 i、j 分别扫描有序顺序表 A、B 的元素，当两者均没有扫描完时，若 A 中当前元素 $data[i]$ 小于 B 中当前元素 $data[j]$，则将 A 中 $data[i]$ 复制并存放到 C 中。当有一个表扫描完时，如果是表 A 没有扫描完，将 A 中余下元素复制并存放到 C 中。最后重置 C 的长度。

求 $C=A \bigcap B$，C 中元素是 A、B 中的公共元素。可以采用二路归并的思路。用 i、j 分别扫描顺序表 A、B 的元素，k 记录 C 中的元素个数，只有在 $A.data[i]$ 与 $B.data[j]$ 相等时才将该元素复制并放到 C 中，最后重置 C 的长度为 k。

上述三个算法的时间复杂度均为 $O(m+n)$，空间复杂度为 $O(1)$。对应的实验程序如下。

```
#include "SqList.cpp"                            //包含顺序表基本运算函数
void Union(SqList A,SqList B,SqList &C)          //求并集
{   int i=0,j=0,k=0;                             //k 记录 C 中的元素个数
    while (i<A.length && j<B.length)
    {   if (A.data[i]<B.data[j])                 //A 的当前元素较小
        {   C.data[k]=A.data[i];
            i++; k++;
        }
        else if (A.data[i]>B.data[j])            //B 的当前元素较小
        {   C.data[k]=B.data[j];
            j++; k++;
        }
        else                                     //公共元素只放一个
        {   C.data[k]=A.data[i];
            i++; j++; k++;
        }
    }
    while (i<A.length)                           //若 A 未遍历完,将余下的所有元素放入 C 中
    {   C.data[k]=A.data[i];
        i++; k++;
    }
    while (j<B.length)                           //若 B 未遍历完,将余下的所有元素放入 C 中
    {   C.data[k]=B.data[j];
        j++; k++;
    }
    C.length=k;                                  //修改集合长度
}
void Diffence(SqList A,SqList B,SqList &C)        //求差集
{   int i=0,j=0,k=0;                             //k 记录 C 中的元素个数
    while (i<A.length && j<B.length)
```

```
{    if (A.data[i]<B.data[j])                    //只将 A 中较小的元素放入 C 中
    {    C.data[k]=A.data[i];
         i++; k++;
    }
    else if (A.data[i]>B.data[j])
         j++;
    else                                          //公共元素不能放入 C 中
    {    i++;
         j++;
    }
}
while (i<A.length)                                //若 A 未遍历完,将余下的所有元素放入 C 中
{    C.data[k]=A.data[i];
     i++; k++;
}
C.length=k;                                       //修改集合长度
}
void Intersection(SqList A,SqList B,SqList &C)    //求交集
{    int i=0,j=0,k=0;                             //k 记录 C 中的元素个数
     while (i<A.length && j<B.length)
     {    if (A.data[i]==B.data[j])               //共同的元素放入 C 中
          {    C.data[k]=A.data[i];
               i++;j++;k++;
          }
          else if (A.data[i]<B.data[j]) i++;
          else j++;
     }
     C.length=k;                                  //修改集合长度
}
void main()
{    SqList A,B,C;
     int a[]={1,3,5,6,7,8,10};
     int n=sizeof(a)/sizeof(a[0]);
     CreateList(A,a,n);
     printf(" A: "); DispList(A);
     int b[]={1,2,4,5,7,12,15};
     int m=sizeof(b)/sizeof(b[0]);
     CreateList(B,b,m);
     printf(" B: "); DispList(B);
     printf(" C=A∪B\n");
     Union(A,B,C);
     printf(" C: "); DispList(C);
     printf(" C=A-B\n");
     Diffence(A,B,C);
     printf(" C: "); DispList(C);
     printf(" C=A∩B\n");
     Intersection(A,B,C);
     printf(" C: "); DispList(C);
     DestroyList(A); DestroyList(B); DestroyList(C);
}
```

程序的执行结果如图 2.9 所示。

图 2.9　实验程序的执行结果

(8) **解**: C 中元素个数为 $A.\text{length} + B.\text{length}$。采用二路归并思路,依次产生 A、B 中递增元素序列,仅改为从 C 的最后一个位置开始放置插入的元素,从而最终得到递减有序序列。对应的实验程序如下。

```
#include "SqList.cpp"                              //包含顺序表基本运算函数
void Merge(SqList A, SqList B, SqList &C)          //合并为递减序列 C
{   int i=0,j=0,k=A.length+B.length-1;
    while (i<A.length && j<B.length)
    {   if (A.data[i]<B.data[j])                   //A 的当前元素较小
        {   C.data[k]=A.data[i];
            i++; k--;
        }
        else                                       //B 的当前元素较小
        {   C.data[k]=B.data[j];
            j++; k--;
        }
    }
    while (i<A.length)                             //若 A 未遍历完,将余下的所有元素放入 C 中
    {   C.data[k]=A.data[i];
        i++; k--;
    }
    while (j<B.length)                             //若 B 未遍历完,将余下的所有元素放入 C 中
    {   C.data[k]=B.data[j];
        j++; k--;
    }
    C.length=A.length+B.length;                    //修改 C 的长度
}
void main()
{   SqList A,B,C;
    int a[]={1,3,5,6,7,8,10};
    int n=sizeof(a)/sizeof(a[0]);
    CreateList(A,a,n);
    printf(" A: "); DispList(A);
    int b[]={1,2,4,5,7,12};
    int m=sizeof(b)/sizeof(b[0]);
    CreateList(B,b,m);
    printf(" B: "); DispList(B);
```

```
printf(" 合并为递减序列 C\n");
Merge(A,B,C);
printf(" C: "); DispList(C);
DestroyList(A);
DestroyList(B);
DestroyList(C);
}
```

上述程序的执行结果如图 2.10 所示。

图 2.10　实验程序的执行结果

（9）**解**：用 p 遍历整数单链表 L，preq 和 q 遍历 p 结点之后的结点（初始时 preq $=p$，$q=p->$ next），若 $q->$ data $==p->$ data，通过 preq 删除 q 结点，$q=$ preq$->$ next；否则 preq、q 同步后移。对应的实验程序如下。

```
# include "SLinkNode.cpp"                    //包含单链表基本运算函数
void DelSame(SLinkNode * &L)
{    SLinkNode * p=L-> next, * q, * preq;
    while (p!=NULL)
    {    preq=p;                             //preq 指向 p 结点
        q=p-> next;                          //q 结点为 preq 的后继结点
        while (q!=NULL)                      //查找是否有与 p 结点值重复的结点
        {    if (q-> data==p-> data)         //q 结点是重复结点
            {    preq-> next=q-> next;        //通过 preq 删除 q 结点
                free(q);                     //释放空间
                q=preq-> next;               //q 继续指向 preq 的后继结点
            }
            else
            {    preq=q;                      //preq、q 同步后移
                q=q-> next;
            }
        }
        p=p-> next;                          //p 移向下一个结点
    }
}
void main()
{    SLinkNode * L;
    int a[]={1,4,1,2,2,1,3,4};
    int n=sizeof(a)/sizeof(a[0]);
    CreateListR(L,a,n);
    printf(" L: ");DispList(L);
    printf("  删除值重复的结点\n");
    DelSame(L);
```

```
      printf(" L: ");DispList(L);
      DestroyList(L);
}
```

上述程序的执行结果如图 2.11 所示。

(10) **解**：由于是有序单链表，所以相同值的结点都是相邻的。用 p 遍历递增单链表，若 p 结点值等于其后继结点值，则删除后者；否则 p 结点是非重复结点，让 p 指向下一个结点。对应的实验程序如下。

```
# include "SLinkNode.cpp"                    //包含单链表基本运算函数
void DelSame(SLinkNode * &L)
{   SLinkNode * p=L-> next, * q;
    while (p-> next!=NULL)
    {   if (p-> data==p-> next-> data)      //找到重复值的结点 p-> next
        {   q=p-> next;                       //q 指向这个重复值的结点
            p-> next=q-> next;                //删除 q 结点
            free(q);
        }
        else p=p-> next;
    }
}
void main()
{   SLinkNode * L;
    int a[]={1,2,2,3,3,3,4,5,5,6,6};
    int n=sizeof(a)/sizeof(a[0]);
    CreateListR(L,a,n);
    printf(" L: ");DispList(L);
    printf(" 删除值重复的结点\n");
    DelSame(L);
    printf(" L: ");DispList(L);
    DestroyList(L);
}
```

上述程序的执行结果如图 2.12 所示。

图 2.11　实验程序的执行结果

图 2.12　实验程序的执行结果

(11) **解**：算法设计原理与实验题(7)相同，也是采用二路归并思路，仅由顺序表改为单链表，结果单链表均采用尾插法创建，三个算法的时间复杂度均为 $O(m+n)$，属于高效算法。对应的算法如下。

```
# include "SLinkNode.cpp"                              //包含单链表基本运算函数
void Union(SLinkNode * L1,SLinkNode * L2,SLinkNode * &L3)   //求并集
{   SLinkNode * p, * q, * s, * tc;
```

```
        L3=(SLinkNode * )malloc(sizeof(SLinkNode));
        tc=L3;
        p=L1—> next; q=L2—> next;
        while (p!=NULL && q!=NULL)
        {    if (p—> data < q—> data)
            {    s=(SLinkNode * )malloc(sizeof(SLinkNode));
                s—> data=p—> data;
                tc—> next=s; tc=s;
                p=p—> next;
            }
            else if (p—> data > q—> data)
            {    s=(SLinkNode * )malloc(sizeof(SLinkNode));
                s—> data=q—> data;
                tc—> next=s; tc=s;
                q=q—> next;
            }
            else
            {    s=(SLinkNode * )malloc(sizeof(SLinkNode));
                s—> data=p—> data;
                tc—> next=s; tc=s;
                p=p—> next;
                q=q—> next;
            }
        }
        while (p!=NULL)
        {    s=(SLinkNode * )malloc(sizeof(SLinkNode));
            s—> data=p—> data;
            tc—> next=s; tc=s;
            p=p—> next;
        }
        while (q!=NULL)
        {    s=(SLinkNode * )malloc(sizeof(SLinkNode));
            s—> data=q—> data;
            tc—> next=s; tc=s;
            q=q—> next;
        }
        tc—> next=NULL;
}
void InterSection(SLinkNode * L1,SLinkNode * L2,SLinkNode * &L3)    //求交集
{    SLinkNode * p, * q, * s, * tc;
    L3=(SLinkNode * )malloc(sizeof(SLinkNode));
    tc=L3;
    p=L1—> next; q=L2—> next;
    while (p!=NULL && q!=NULL)
    {    if (p—> data < q—> data)
            p=p—> next;
        else if (p—> data > q—> data)
            q=q—> next;
        else                                        //p—> data=q—> data
        {    s=(SLinkNode * )malloc(sizeof(SLinkNode));
            s—> data=p—> data;
```

```
                tc-> next=s; tc=s;
                p=p-> next; q=q-> next;
            }
        }
        tc-> next=NULL;
    }
    void Subs(SLinkNode * L1,SLinkNode * L2,SLinkNode * &L3)   //求差集
    {   SLinkNode * p, * q, * s, * tc;
        L3=(SLinkNode * )malloc(sizeof(SLinkNode));
        tc=L3;
        p=L1-> next;
        q=L2-> next;
        while (p!=NULL && q!=NULL)
        {   if (p-> data< q-> data)
            {   s=(SLinkNode * )malloc(sizeof(SLinkNode));
                s-> data=p-> data;
                tc-> next=s; tc=s;
                p=p-> next;
            }
            else if (p-> data> q-> data)
                q=q-> next;
            else                                //p-> data=q-> data
            {   p=p-> next;
                q=q-> next;
            }
        }
        while (p!=NULL)
        {   s=(SLinkNode * )malloc(sizeof(SLinkNode));
            s-> data=p-> data;
            tc-> next=s; tc=s;
            p=p-> next;
        }
        tc-> next=NULL;
    }
    void main()
    {   SLinkNode * A, * B, * C, * D, * E;
        ElemType a[]={1,3,6,8,10,20};
        CreateListR(A,a,6);                         //尾插法建表
        printf("集合 A:");DispList(A);
        ElemType b[]={2,5,6,10,16,20,30};
        CreateListR(B,b,7);                         //尾插法建表
        printf("集合 B:");DispList(B);
        printf("求 A、B 并集 C\n");
        Union(A,B,C);                               //求 A、B 并集 C
        printf("集合 C:");DispList(C);
        printf("求 A、B 交集 C\n");
        InterSection(A,B,D);                        //求 A、B 并集 D
        printf("集合 D:");DispList(D);
        printf("求 A、B 差集 E\n");
        Subs(A,B,E);                                //求 A、B 差集 E
        printf("集合 E:");DispList(E);
```

```
        DestroyList(A); DestroyList(B);
        DestroyList(C); DestroyList(D);
        DestroyList(E);
}
```

上述程序的执行结果如图 2.13 所示。

（12）**解**：让 pre 和 p 同步扫描单链表 L 的所有结点（初始时 pre＝L，p＝pre—>next）。若 p 结点值属于 [min, max]，则通过 pre 结点删除它；否则同步后移。对应的实验程序如下。

```
#include "SLinkNode.cpp"                     //包含单链表基本运算函数
void Delnodes(SLinkNode * &L, int min, int max)
{   SLinkNode * pre＝L, * p＝pre—>next, * post;
    while (p!＝NULL)
    {   if (p—>data>＝min && p—>data<＝max)
        {   post＝p—>next;                    //p 结点为被删结点，pre 为前驱结点，post 为后继结点
            pre—>next＝p—>next;               //删除 p 结点
            free(p);                          //释放 p 结点的空间
            p＝post;                          //p 下移一个结点
        }
        else
        {   pre＝p;
            p＝p—>next;                        //pre、p 同步后移一个结点
        }
    }
}
void main()
{   SLinkNode * L;
    int a[]＝{5, 1, 3, 6, 8, 2, 4, 8, 1};
    int n＝sizeof(a)/sizeof(a[0]);
    CreateListR(L, a, n);                     //尾插法建表
    printf("L: ");DispList(L);
    int min＝3, max＝7;
    printf("删除%d～%d 的结点\n", min, max);
    Delnodes(L, min, max);
    printf("L: ");DispList(L);
    DestroyList(L);
}
```

上述程序的执行结果如图 2.14 所示。

图 2.13　实验程序的执行结果

图 2.14　实验程序的执行结果

（13）**解**：用 p、q 分别扫描两个单链表 $L1$、$L2$。当 p、q 均不空时循环：将 p 所指结点复制到 s 结点并链接到 $L3$ 末尾，将 q 所指结点复制到 s 结点并链接到 $L3$ 末尾。循环结束后若某个单链表没有扫描完，将余下的结点复制到 s 结点并链接到 $L3$ 末尾。最后置尾结点的 next 为空。对应的实验程序如下。

```
# include "SLinkNode.cpp"                          //包含单链表基本运算函数
void Merge(SLinkNode * L1,SLinkNode * L2,SLinkNode * &L3)
{    SLinkNode * p=L1-> next, * q=L2-> next, * s, * t;
     L3=(SLinkNode * )malloc(sizeof(SLinkNode));
     t=L3;
     while (p!=NULL && q!=NULL)
     {    s=(SLinkNode * )malloc(sizeof(SLinkNode));
          s-> data=p-> data;                        //复制产生 s 结点并链到 L3 的末尾
          t-> next=s;t=s;
          p=p-> next;
          s=(SLinkNode * )malloc(sizeof(SLinkNode));
          s-> data=q-> data;                        //复制产生 s 结点并链到 L3 的末尾
          t-> next=s;t=s;
          q=q-> next;
     }
     if (q!=NULL) p=q;                              //让 p 指向未遍历完的结点
     while (p!=NULL)
     {    s=(SLinkNode * )malloc(sizeof(SLinkNode));
          s-> data=p-> data;                        //复制产生 s 结点并链到 L3 的末尾
          p=p-> next;
     }
     t-> next=NULL;
}
void main()
{    SLinkNode * L1, * L2, * L3;
     int a[]={1,3,5,7,9};
     int n=sizeof(a)/sizeof(a[0]);
     CreateListR(L1,a,n);                           //尾插法建表
     printf("L1: ");DispList(L1);
     int b[]={2,4,6,8};
     int m=sizeof(b)/sizeof(b[0]);
     CreateListR(L2,b,m);                           //尾插法建表
     printf("L2: ");DispList(L2);
     printf("L1 和 L2 合并产生 L3\n");
     Merge(L1,L2,L3);
     printf("L3: ");DispList(L3);
     DestroyList(L1);
     DestroyList(L2);
     DestroyList(L3);
}
```

图 2.15　实验程序的执行结果

上述程序的执行结果如图 2.15 所示。

（14）**解**：先通过扫描带头结点的整数单链表 L，将所有数据结点拆分为三个不带头结点的整数单链表，它们的首结点指针为 $L1[i]$（$0 \leqslant i \leqslant 2$），尾结点指针为 $tc1[i]$（$0 \leqslant i \leqslant 2$），其

中，$L1[0]$ 单链表存放所有值为负数的结点，$L1[1]$ 单链表存放所有值为 0 的结点，$L1[2]$ 单链表存放所有值为正数的结点。再按 $L1[0]$、$L1[1]$、$L1[2]$ 的顺序将所有结点链表连起来构成带头结点的整数单链表 L。所有建表过程均采用尾插法。对应的实验程序如下。

```
# include "SLinkNode.cpp"                //包含单链表基本运算函数
void Move(SLinkNode * &L)
{    SLinkNode * L1[3], * tc1[3];
     SLinkNode * p=L->next, * tc;
     L1[0]=L1[1]=L1[2]=NULL;             //三个不带头结点的单链表
     while (p!=NULL)                     //扫描 L 的所有数据结点
     {    if (p->data<0)                 //p 结点值为负数
          {    if (L1[0]==NULL)          //L1[0]单链表为空时
               {    L1[0]=p;             //p 结点作为 L1[0]的首结点
                    tc1[0]=p;            //tc1[0]指向 L1[0]的尾结点
               }
               else                      //L1[0]单链表不为空时
               {    tc1[0]->next=p;      //将 p 结点链接到 L1[0]的末尾
                    tc1[0]=p;            //tc1[0]指向 L1[0]的尾结点
               }
          }
          else if (p->data==0)          //p 结点值为 0
          {    if (L1[1]==NULL)          //L1[1]单链表为空时
               {    L1[1]=p;             //p 结点作为 L1[1]的首结点
                    tc1[1]=p;            //tc1[1]指向 L1[1]的尾结点
               }
               else                      //L1[1]单链表不为空时
               {    tc1[1]->next=p;      //将 p 结点链接到 L1[1]的末尾
                    tc1[1]=p;            //tc1[1]指向 L1[1]的尾结点
               }
          }
          else                          //p 结点值为正数
          {    if (L1[2]==NULL)          //L1[2]单链表为空时
               {    L1[2]=p;             //p 结点作为 L1[2]的首结点
                    tc1[2]=p;            //tc1[2]指向 L1[2]的尾结点
               }
               else                      //L1[2]单链表不为空时
               {    tc1[2]->next=p;      //将 p 结点链接到 L1[2]的末尾
                    tc1[2]=p;            //tc1[2]指向 L1[2]的尾结点
               }
          }
          p=p->next;                     //p 移动到下一个结点
     }
     L->next=NULL;                       //L 置为空
     tc=L;                               //tc 作为 L 的尾结点指针
     for (int i=0;i<3;i++)
     {    if (L1[i]!=NULL)               //L1[i]为非空
          {    tc->next=L1[i];           //将 L1[i]链接到 L
               tc=tc1[i];                //tc 取 L1[i]的尾结点
```

数据结构简明教程(第 2 版)学习与上机实验指导

```
        }
    }
    tc->next=NULL;
}
void main()
{   SLinkNode *L;
    int a[]={6,4,-6,-4,0,1,0,-2,2,0,3,-3,-5};
    int n=sizeof(a)/sizeof(a[0]);
    CreateListR(L,a,n);                        //尾插法建表
    printf("L: ");DispList(L);
    printf("移动\n");
    Move(L);
    printf("L: ");DispList(L);
    DestroyList(L);
}
```

上述程序的执行结果如图 2.16 所示。

图 2.16   实验程序的执行结果

(15) **解**：采用带头结点的单链表存储正整数,整数中每个数字位用一个结点存储。为了使加法运算简单,按从整数的个位到高位顺序存放,例如,正整数 123,对应的整数单链表为 $(3,2,1)$。

实现 $L3=L1+L2$ 的加法运算时,采用尾插法创建 $L3$。用 p、q 两个指针分别扫描两个单链表的数据结点,直接从个位结点开始相加,假设进位数为 t(初始为 0),$d=p->\text{data}+q->\text{data}+t$,新进位改为 $t=d/10$,当前数字位值 $d=d\%10$。由 d 创建一个结点 s,将其链接到 $L3$ 末尾。当 $L1$、$L2$ 均扫描完,看 t 是否为 0,若不为 0 还需要创建一个放置该最高位的结点并链接到 $L3$ 末尾。

实现 $L3=L1*L2$ 的乘法运算时,也采用尾插法创建 $L3$。先设计 Mult1(int i,int d, DNode *L,DNode *&$L1$)函数,其功能是用数字 d 乘单链表 L 并在末尾添加 i 个 0 得到单链表 $L1$。在设计 Mult(DNode *$L1$,DNode *$L2$,DNode *&$L3$)实现乘法运算的算法中,用 p 扫描 $L1$ 的结点,首先调用 Mult1(0,$p->\text{data}$,$L2$,$L3$)由 $L1$ 的个位数字乘单链表 $L2$ 得到单链表 $L3$。当 p 不空时循环处理 $L1$ 的其他数字位:调用 Mult1(i,$p->\text{data}$,$L2$, tmpL1)用 $p->\text{data}$ 数字位乘 $L2$ 并末尾添加 i 个 0 得到 tmpL1,$L3$ 与 tmpL1 相加得到新的 $L3$。如此这样直到 p 为空。

对应的实验程序如下。

```
# include <stdio.h>
# include <string.h>
# include <malloc.h>
```

```
#define MaxSize 100
typedef struct node
{   int data;                                    //数字位
    struct node * next;
} DNode;                                         //单链表结点类型
void CreateDList(DNode * &L,char s[],int n)       //由 s[0..n-1]采用尾插法创建单链表 L
{   DNode * p, * tc;
    L=(DNode * )malloc(sizeof(DNode));
    tc=L;
    for (int i=n-1;i>=0;i--)
    {   p=(DNode * )malloc(sizeof(DNode));
        p->data=s[i]-'0';
        tc->next=p; tc=p;
    }
    tc->next=NULL;
}
void DispDList(DNode * L)                         //输出单链表对应的整数
{   int d[MaxSize],n=0,i;
    DNode * p=L->next;
    while (p!=NULL)
    {   d[n]=p->data;
        n++;
        p=p->next;
    }
    i=n-1;
    while (i>=0 && d[i]==0)                       //跳过高位的若干个 0
        i--;
    if (i<0) printf("0\n");                       //全部为 0 时仅输出一个 0
    else                                         //不是全为 0 的情况
    {   while (i>=0)
        {   printf("%d",d[i]);
            i--;
        }
        printf("\n");
    }
}
void DestroyDList(DNode * L)                      //销毁单链表 L
{   DNode * pre=L, * p=pre->next;
    while (p!=NULL)
    {   free(pre);
        pre=p; p=p->next;                         //pre、p 同步后移
    }
    free(pre);
}
void Add(DNode * L1,DNode * L2,DNode * &L3)       //实现加法运算
{   DNode * p=L1->next, * tc;
    DNode * q=L2->next, * s;
    int d,t=0;
```

```
        L3=(DNode * )malloc(sizeof(DNode));
        tc=L3;
        while (p!=NULL || q!=NULL)
        {   if (p!=NULL && q!=NULL)          //两个单链表均没有扫描完
            {   d=p->data+q->data+t;
                t=d/10;                       //求进位
                d=d%10;                       //求数字位值
                s=(DNode * )malloc(sizeof(DNode));
                s->data=d;
                tc->next=s; tc=s;
                p=p->next; q=q->next;
            }
            else if (p!=NULL)                 //L1 单链表没有扫描完
            {   d=p->data+t;
                t=d/10;                       //求进位
                d=d%10;                       //求数字位值
                s=(DNode * )malloc(sizeof(DNode));
                s->data=d;
                tc->next=s; tc=s;
                p=p->next;
            }
            else                              //L2 单链表没有扫描完
            {   d=q->data+t;
                t=d/10;                       //求进位
                d=d%10;                       //求数字位值
                s=(DNode * )malloc(sizeof(DNode));
                s->data=d;
                tc->next=s; tc=s;
                q=q->next;
            }
        }
        if (t>0)                              //最高位为 1 时
        {   s=(DNode * )malloc(sizeof(DNode));
            s->data=t;
            tc->next=s; tc=s;
        }
        tc->next=NULL;
    }
    void Mult1(int i,int d, DNode * L, DNode * &L1)
    //d 乘单链表 L 并在末尾添加 i 个 0 得到单链表 L1
    {   DNode * p, * tc, * s;
        int d1,t1;
        L1=(DNode * )malloc(sizeof(DNode));
        tc=L1;
        for (int j=0;j<i;j++)                 //个位添加 i 个 0
        {   s=(DNode * )malloc(sizeof(DNode));
            s->data=0;
            tc->next=s;
            tc=s;
        }
        p=L->next;
```

```
      t1=0;
      while (p!=NULL)
      {    d1=d * p-> data+t1;
           t1=d1/10;                                //取进位数
           d1=d1%10;                                //取个位数
           s=(DNode  * )malloc(sizeof(DNode));
           s-> data=d1;
           tc-> next=s; tc=s;
           p=p-> next;
      }
      if (t1>0)                                     //最高位有进位
      {    s=(DNode  * )malloc(sizeof(DNode));
           s-> data=t1;
           tc-> next=s; tc=s;
      }
      tc-> next=NULL;
}
void Mult(DNode  * L1, DNode  * L2, DNode  * &L3)  //实现乘法运算
{     int i=0;
      DNode  * p=L1-> next;
      DNode  * q=L2-> next;
      DNode  * tmpL1,  * tmpL2;
      Mult1(i, p-> data, L2, L3);                   //处理 L1 的个位
      i++;
      p=p-> next;
      while (p!=NULL)                               //处理 L1 的其他数字位
      {    Mult1(i, p-> data, L2, tmpL1);  //对 L1 的每个数字位乘 L2 并末尾添加 i 个 0 得到 tmpL1
           Add(L3, tmpL1, tmpL2);                    //tmpL2=L3+tmpL1
           DestroyDList(L3);                         //销毁 L3
           DestroyDList(tmpL1);                      //销毁 tmpL1
           L3=tmpL2;                                 //tmpL2 作为 L3
           i++;                                      //末尾添加 0 个数增 1
           p=p-> next;
      }
}
void display(char s[], char t[])                     //输出测试结果
{     DNode  * L1,  * L2,  * L3,  * L4;
      int n=strlen(s);
      CreateDList(L1, s, n);
      printf(" L1: "); DispDList(L1);
      int m=strlen(t);
      CreateDList(L2, t, m);
      printf(" L2: "); DispDList(L2);
      printf(" L3 = L1+L2\n");
      Add(L1, L2, L3);
      printf(" L3: "); DispDList(L3);
      printf(" L4 = L1 * L2\n");
      Mult(L1, L2, L4);
      printf(" L4: "); DispDList(L4);
      DestroyDList(L1); DestroyDList(L2);
      DestroyDList(L3); DestroyDList(L4);
```

```
    }
    void main()
    {   printf("测试 1\n");
        char s1[]="100009";
        char t1[]="900001";
        display(s1,t1);
        printf("测试 2\n");
        char s2[]="9999999999";
        char t2[]="888888888";
        display(s2,t2);
    }
```

上述程序的执行结果如图 2.17 所示。

图 2.17　实验程序的执行结果

(16) **解**：在双链表结点类型声明中添加 int freq 域，在创建双链表时将所有结点的 freq 域均初始化为 0。

设计查找算法 LocateNode(DLinkNode *L,ElemType x)，若在双链表 L 中找不到 data 域为 x 的结点 p，算法不做任何修改，返回 0；若找到了这样的结点 p，将其 freq 域增 1，再找到 p 结点的前驱结点 pre，若 pre 不是头结点，且满足 pre—>freq<p—>freq，则 pre 指针再向前移，直到找到一个结点 pre，满足 pre—>freq≥p—>freq，则将 p 结点移到 pre 结点之后，如图 2.18 所示，其移动过程是先删除 p 结点，再将其插入 pre 结点之后。

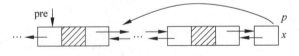

图 2.18　将 p 结点移动到 pre 结点之后

对应的实验程序如下。

```
#include<stdio.h>
#include<malloc.h>
typedef int ElemType;
typedef struct node
{   ElemType data;                              //数据域
    struct node *prior,*next;                    //前驱结点和后继结点的指针
```

```
    int freq;                                          //频度域
} DLinkNode;                                           //双链表结点类型
void CreateListR(DLinkNode * &L,ElemType a[],int n)    //尾插法建表
{   DLinkNode * s, * tc;int i;
    L=(DLinkNode * )malloc(sizeof(DLinkNode));         //创建头结点
    tc=L;                                              //tc 始终指向尾结点
    for (i=0;i<n;i++)
    {   s=(DLinkNode * )malloc(sizeof(DLinkNode));     //创建新结点
        s-> data=a[i];
        s-> freq=0;
        tc-> next=s;                                   //将 s 插入 tc 之后
        s-> prior=tc;
        tc=s;
    }
    tc-> next=NULL;                                    //尾结点 next 域置为 NULL
}
void DispList(DLinkNode * L)                            //输出双链表 L
{   DLinkNode * p=L-> next;
    while (p!=NULL)
    {   printf("%d[%d] ",p-> data,p-> freq);
        p=p-> next;
    }
    printf("\n");
}
void DestroyList(DLinkNode * &L)                        //销毁双链表 L
{   DLinkNode * pre=L, * p=pre-> next;
    while (p!=NULL)
    {   free(pre);
        pre=p; p=p-> next;                             //pre、p 同步后移
    }
    free(pre);
}
int LocateNode(DLinkNode * L,ElemType x)               //本实验题算法
{   DLinkNode * p=L-> next, * pre;
    while (p!=NULL && p-> data!=x)
        p=p-> next;                                    //找 data 域值为 x 的结点 p
    if (p==NULL)                                        //未找到这样的结点
        return 0;
    else                                               //找到这样的结点 p
    {   p-> freq++;                                     //频度增 1
        pre=p-> prior;                                 //pre 为 p 前驱结点
        if (pre!=L)                                    //若 pre 不为头结点
        {   while (pre!=L && pre-> freq<p-> freq)      //找到 pre 结点
                pre=pre-> prior;
            p-> prior-> next=p-> next;                 //先删除 p 结点
            if (p-> next!=NULL)
                p-> next-> prior=p-> prior;
            p-> next=pre-> next;                       //将 p 结点插入 pre 结点之后
            if (pre-> next!=NULL)
                pre-> next-> prior=p;
            pre-> next=p;
```

```
                    p-> prior＝pre;
                }
            return 1;
        }
    }
    void display(DLinkNode  * L, int x)                  //输出测试结果
    {   printf("查找%d 结点 ",x);
        if (!LocateNode(L,x))
            printf("%d 没有找到!\n",x);
        else
        {   printf("查找后 L: ");
            DispList(L);
        }
    }
    void main()
    {   DLinkNode  * L;
        int a[]＝{1,2,3,4,5};
        int n＝sizeof(a)/sizeof(a[0]);
        CreateListR(L,a,n);                              //尾插法建表
        printf("L: ");DispList(L);
        int b[]＝{5,5,1,0,1,2,3,1,5};                    //查找序列
        int m＝sizeof(b)/sizeof(b[0]);
        for (int j＝0;j＜m;j++)                           //输出所有测试结果
            display(L,b[j]);
        DestroyList(L);
    }
```

上述程序的执行结果如图 2.19 所示。

图 2.19 实验程序的执行结果

(17) **解**：采用不带头结点的循环双链表 L 存储数据序列 A 时，其结点个数为 n，首先 p 指针指向首结点。在查找时利用 L 的前后移动和循环移动特性求解，使移动的步数尽可能少。

处理查找序列中的 $s[i](1 \leqslant i < m)$ 查找，求出当前查找序号与前一个序号差，即 $t = s[i] - s[i-1]$（当 $i = 0$ 时，前一个序号为 1，否则前一个序号为 $s[i-1]$），若 $t > 0$，当 $t \leqslant n/2$ 时，指针 p 向后移动 t 步到达第 $s[i]$ 个结点；否则指针 p 向前移动 $n-t$ 步到达第 $s[i]$ 个结点更快。若 $t \leqslant 0$，求出 t 取绝对值即 $t = -t$，当 $t \leqslant n/2$ 时，指针 p 向前移动 t 步到达第 $s[i]$ 个结点；否则，指针 p 向后移动 $n-t$ 步到达第 $s[i]$ 个结点更快。

对应的实验程序如下。

```
#include <stdio.h>
#include <malloc.h>
typedef struct node
{   int data;                                    //数据域
    struct node * prior, * next;                 //前驱结点和后继结点指针
} DLinkNode;                                      //双链表结点类型
void CreateListR(DLinkNode * &L,int a[],int n)
//尾插法创建不带头结点的循环双链表 L
{   DLinkNode * s, * tc;
    int i;
    L=(DLinkNode * )malloc(sizeof(DLinkNode));
    L-> data=a[0];                               //创建首结点
    tc=L;                                        //tc 始终指向尾结点
    for (i=1;i<n;i++)
    {   s=(DLinkNode * )malloc(sizeof(DLinkNode));
        s-> data=a[i];                           //创建新结点
        tc-> next=s;                             //将结点 s 插入 tc 之后
        s-> prior=tc; tc=s;
    }
    tc-> next=L;                                 //置为循环双链表
    L-> prior=tc;
}
void DestroyList(DLinkNode * &L)                 //销毁不带头结点的循环双链表 L
{   DLinkNode * pre=L, * p=pre-> next;
    while (p!=L)
    {   free(pre);
        pre=p; p=p-> next;                       //pre、p 同步后移
    }
    free(pre);
}
void DispList(DLinkNode * L)                     //输出非空循环双链表 L
{   DLinkNode * p;
    printf("%d ",L-> data);
    p=L-> next;
    while (p!=L)
    {   printf("%d ",p-> data);
        p=p-> next;
    }
    printf("\n");
}
void Next(DLinkNode * &p,int i)                  //指针 p 向后移动 i 个结点
{   int j=0;
    while (j<i)
    {   j++;
        p=p-> next;
    }
}
void Prior(DLinkNode * &p,int i)                 //指针 p 向前移动 i 个结点
{   int j=0;
```

```
        while (j<i)
        {   j++;
            p=p-> prior;
        }
}
int Count(DLinkNode  * L, int n, int s[], int m)          //求解算法
{    int sum=0, t;
        DLinkNode  * p=L;                                 //初始时 p 指向首结点
        for (int i=0;i<m;i++)                             //处理查找序列中的每次查找
        {   if (i==0)
                t=s[i]-1;                                 //p 指针初始位置为首结点
            else
                t=s[i]-s[i-1];                            //当前查找序号与前一个序号差
            if (t>0)
            {   if (t<=n/2)
                {   Next(p,t);
                    sum+=t;
                    printf("第%d 个结点值:%d(向后移动%d 步到达)\n",s[i],p-> data,t);
                }
                else
                {   Prior(p,n-t);
                    sum+=n-t;
                    printf("第%d 个结点值:%d(向前移动%d 步到达)\n",s[i],p-> data,n-t);
                }
            }
            else                                          //t<0 的情况
            {   t=-t;                                     //t 取绝对值
                if (t<=n/2)
                {   Prior(p,t);
                    sum+=t;
                    printf("第%d 个结点值:%d(向前移动%d 步到达)\n",s[i],p-> data,t);
                }
                else
                {   Next(p,n-t);
                    sum+=n-t;
                    printf("第%d 个结点值:%d(向后移动%d 步到达)\n",s[i],p-> data,n-t);
                }
            }
        }
        return sum;
}
void main()
{    DLinkNode  * L;
        int a[]={1,2,3,4,5};
        int n=sizeof(a)/sizeof(a[0]);
        CreateListR(L,a,n);                               //尾插法创建不带头结点的循环双链表 L
        printf("L: "); DispList(L);
        int s[]={5,5,2,3,1,4};
        int m=sizeof(s)/sizeof(s[0]);
        printf("查找序列: ");                              //输出查找序列
        for (int i=0;i<m;i++)
```

```
        printf("%d ",s[i]);
    printf("\n");
    printf("指针 p 指向结点%d\n",L->data);
    printf("指针 p 的总移动次数=%d\n",Count(L,n,s,m));
    DestroyList(L);
}
```

上述程序的执行结果如图 2.20 所示。

图 2.20　实验程序的执行结果

第 3 章　　　　　　栈 和 队 列

3.1　练习题 3 及参考答案

3.1.1　练习题 3

1. 单项选择题

(1) 栈的"先进后出"特性是指(　　)。

    A. 最后进栈的元素总是最先出栈

    B. 当同时进行进栈和出栈操作时,总是进栈优先

    C. 每当有出栈操作时,总要先进行一次进栈操作

    D. 每次出栈的元素总是最先进栈的元素

(2) 设一个栈的进栈序列是 a、b、c、d(即元素 $a \sim d$ 依次通过该栈),则借助该栈所得到的输出序列不可能是(　　)。

    A. $abcd$　　　　B. $dcba$　　　　C. $acdb$　　　　D. $dabc$

(3) 一个栈的进栈序列是 a、b、c、d、e,则栈的不可能的输出序列是(　　)。

    A. $edcba$　　　　B. $decba$　　　　C. $dceab$　　　　D. $abcde$

(4) 已知一个栈的进栈序列是 $1,2,3,\cdots,n$,其输出序列的第一个元素是 $i(1 \leqslant i \leqslant n)$,则第 $j(1 \leqslant j \leqslant n)$ 个出栈元素是(　　)。

    A. i　　　　　　B. $n-i$　　　　C. $j-i+1$　　　D. 不确定

(5) 设顺序栈 st 的栈顶指针 top 的初始值为 -1,栈空间大小为 MaxSize,则判定 st 栈为栈空的条件为(　　)。

    A. st. top==-1　　　　　　　　B. st. top!=-1

    C. st. top!=MaxSize　　　　　　D. st. top==MaxSize

(6) 设顺序栈 st 的栈顶指针 top 的初始值为 -1,栈空间大小为 MaxSize,则判定 st 栈为栈满的条件是(　　)。

    A. st. top!=-1　　　　　　　　B. st. top==-1

    C. st. top!=MaxSize-1　　　　D. st. top==MaxSize-1

(7) 当用一个数组 data[0..n−1]存放栈中元素时,栈底最好( )。

  A. 设置在 data[0]处   B. 设置在 data[n−1]处

  C. 设置在 data[0]或 data[n−1]处 D. 设置在 data 数组的任何位置

(8) 若一个栈用数组 data[1..n]存储,初始栈顶指针 top 为 0,则以下元素 x 进栈的正确操作是( )。

  A. top++; data[top]=x;   B. data[top]=x; top++;

  C. top−−; data[top]=x;   D. data[top]=x; top−−;

(9) 若一个栈用数组 data[1..n]存储,初始栈顶指针 top 为 n,则以下元素 x 进栈的正确操作是( )。

  A. top++; data[top]=x;   B. data[top]=x; top++;

  C. top−−; data[top]=x;   D. data[top]=x; top−−;

(10) 队列中元素的进出原则是( )。

  A. 先进先出   B. 后进先出   C. 栈空则进   D. 栈满则出

(11) 栈和队列的不同点是( )。

  A. 都是线性表

  B. 都不是线性表

  C. 栈只能在一端进行插入删除操作,而队列在不同端进行插入删除操作

  D. 没有不同点

(12) 元素 a、b、c、d 依次连续进入队列 qu 后,队头元素是(①),队尾元素是(②)。

  A. a B. b C. c D. d

(13) 一个队列的进列序列为 1234,则队列可能的输出序列是( )。

  A. 4321   B. 1234   C. 1432   D. 3241

(14) 在循环队列中,元素的排列顺序( )。

  A. 由元素进队的先后顺序确定   B. 与元素值的大小有关

  C. 与队头和队尾指针的取值有关   D. 与队中数组大小有关

(15) 循环队列 qu(队头指针 front 指向队首元素的前一位置,队尾指针 rear 指向队尾元素的位置)的队满条件是( )。

  A. (qu. rear+1)%MaxSize==(qu. front+1)%MaxSize

  B. (qu. rear+1)%MaxSize==qu. front+1

  C. (qu. rear+1)%MaxSize==qu. front

  D. qu. rear==qu. front

(16) 循环队列 qu(队头指针 front 指向队首元素的前一位置,队尾指针 rear 指向队尾元素的位置)的队空条件是( )。

  A. (qu. rear+1)%MaxSize==(qu. front+1)%MaxSize

  B. (qu. rear+1)%MaxSize==qu. front+1

  C. (qu. rear+1)%MaxSize==qu. front

  D. qu. rear==qu. front

(17) 设循环队列中数组的下标是 0~N−1,其头尾指针分别为 f 和 r(队头指针 f 指向队首元素的前一位置,队尾指针 r 指向队尾元素的位置),则其元素个数为( )。

  A. $r-f$ B. $r-f-1$

    C. $(r-f)\%N+1$ D. $(r-f+N)\%N$

    (18) 一个循环队列中用 data[0..n−1]数组保存队中元素,另设置一个队尾指针 rear 和一个记录队中实际元素个数的变量 count,则该队中最多可以存放的元素个数是(　　　)。

    A. $n-1$ B. n

    C. $(rear+n)\%n$ D. $(n-rear)\%n$

    (19) 设栈 S 和队列 Q 的初始状态为空,元素 $e_1\sim e_6$ 依次通过栈 S,一个元素出栈后即进队列 Q,若 6 个元素出队的序列是 e_2、e_4、e_3、e_6、e_5、e_1,则栈 S 的容量至少应该是(　　　)。

    A. 5   B. 4   C. 3   D. 2

    (20) 与顺序队相比,链队的(　　　)。

    A. 优点是可以实现无限长队列

    B. 优点是进队和出队时间性能更好

    C. 缺点是不能进行顺序访问

    D. 缺点是不能根据队首和队尾指针计算队的长度

2. 填空题

    (1) 栈是一种特殊的线性表,允许插入和删除运算的一端称为(　①　)。不允许插入和删除运算的一端称为(　②　)。

    (2) 若栈空间大小为 n,则最多的连续进栈操作的次数为(　　　)。

    (3) 一个栈的输入序列是 12345,输出序列为 12345,其进栈出栈的操作为(　　　)。

    (4) 有 5 个元素,其进栈次序为 a、b、c、d、e,在各种可能的出栈次序中,以元素 c、d 最先出栈(即 c 第一个且 d 第二个出栈)的次序有(　　　)。

    (5) 顺序栈用 data[0..n−1]存储数据,栈顶指针为 top,其初始值为 0,则元素 x 进栈的操作是(　　　)。

    (6) 顺序栈用 data[0..n−1]存储数据,栈顶指针为 top,其初始值为 0,则出栈元素 x 的操作是(　　　)。

    (7) (　　　)是被限定为只能在表的一端进行插入运算,在表的另一端进行删除运算的线性表。

    (8) 设有数组 $A[0..m]$ 作为循环队列的存储空间,front 为队头指针(它指向队首元素的前一位置),rear 为队尾指针(它指向队尾元素的位置),则元素 x 执行进队的操作是(　　　)。

    (9) 设有数组 $A[0..m]$ 作为循环队列的存储空间,front 为队头指针(它指向队首元素的前一位置),rear 为队尾指针(它指向队尾元素的位置),则元素出队并保存到 x 中的操作是(　　　)。

    (10) 设循环队列的大小为 70,队头指针 front 指向队首元素的前一位置,队尾指针 rear 指向队尾元素位置。现经过一系列进队和出队操作后,有 front=20,rear=11,则队列中的元素个数是(　　　)。

3. 简答题

    (1) 简要说明线性表、栈与队的异同点。

    (2) 当用一维数组实现顺序栈时,为什么一般将栈底设置在数组的一端,而不是设置在中间?

（3）在以下几种存储结构中,哪个最适合用作链栈?

① 带头结点的单链表;

② 不带头结点的循环单链表;

③ 带头结点的双链表。

（4）在循环队列中插入和删除元素时,是否需要移动队中元素?

（5）顺序队的"假溢出"是怎样产生的? 如何判断循环队列是空还是满?

4. 算法设计题

（1）设计一个算法,利用一个顺序栈将字符数组 $a[0..n-1]$ 的所有元素逆置。

（2）设计一个算法,将一个十进制正整数 d 转换为相应的八进制数。

（3）设计一个算法,利用栈的基本运算返回给定栈中的栈底元素,要求仍保持栈中元素次序不变。这里只能使用栈 st 的基本运算来完成,不能直接用 st.data[0] 来得到栈底元素。

（4）设计一个算法,利用循环队列的基本运算和《教程》中例 3.13 求循环队列元素个数的算法,求指定循环队列中的队尾元素,要求队列中元素次序不改变,算法的空间复杂度为 $O(1)$。

（5）对于循环队列,假设队中所有元素为数字字符,利用循环队列的基本运算和《教程》中的例 3.13 求循环队列元素个数的算法,删除其中所有奇数字符元素。

3.1.2　练习题 3 参考答案

1. 单项选择题

（1）A	（2）D	（3）C	（4）D	（5）A
（6）D	（7）C	（8）A	（9）D	（10）A
（11）C	（12）① A ② D	（13）B	（14）A	（15）C
（16）D	（17）D	（18）B	（19）C	（20）D

2. 填空题

（1）①栈顶　②栈底

（2）n

（3）1 进栈,1 出栈,2 进栈,2 出栈,3 进栈,3 出栈,4 进栈,4 出栈,5 进栈,5 出栈

（4）$cdbae$、$cdeba$、$cdbea$

（5）data[top]=x; top++;

（6）top--; x=data[top];

（7）队列

（8）rear=(rear+1)%(m+1); A[rear]=x;

（9）front=(front+1)%(m+1); x=A[front];

（10）(rear-front+M)%M=(11-20+70)%70=61

3. 简答题

（1）答：相同点：都属于线性结构,都可以用顺序表存储或链表存储；栈和队列是两种特殊的线性表,即受限的线性表,只是对插入、删除运算加以限制。

不同点：①运算规则不同,线性表为随机存取,而栈是只允许在一端进行插入、删除运

算,因而是后进先出表 LIFO；队列是只允许在一端进行插入、另一端进行删除运算,因而是先进先出表 FIFO。②用途不同,栈用于子程序调用和保护现场等,队列用于多道作业处理、指令寄存及其他运算等。

(2)**答**：栈的主要操作是进栈和出栈,栈底总是不变的,元素进栈是从栈底向栈顶一个方向伸长的,如果栈底设置在中间,伸长方向的另一端空间难以使用,所以栈底总是设置在数组的一端而不是中间。

(3)**答**：栈中元素之间的逻辑关系属线性关系,可以采用单链表、循环单链表和双链表之一来存储,而栈的主要运算是进栈和出栈,当采用①时,前端作为栈顶,进栈和出栈运算的时间复杂度为 $O(1)$。当采用②时,前端作为栈顶,当进栈和出栈时,首结点都发生变化,还需要找到尾结点,通过修改其 next 域使其变为循环单链表,算法的时间复杂度为 $O(n)$。当采用③时,前端作为栈顶,进栈和出栈运算的时间复杂度为 $O(1)$。

但单链表和双链表相比,其存储密度更高,所以本题中最适合用作链栈的是带头结点的单链表即①。

(4)**答**：在循环队列中插入和删除元素时,不需要移动队中任何元素,只需要修改队尾或队头指针,并向队尾插入元素或从队头取出元素。

(5)**答**：采用一维数组实现队列时,当队尾指针已经到了数组的上界,不能再有进队操作,但其实数组中还有空位置,这就产生了"假溢出",所以假溢出是队满条件设置不当造成的。

采用循环队列是解决假溢出的途径,解决循环队列是空还是满的办法如下。

① 设置一个布尔变量以区别队满还是队空；

② 浪费一个元素的空间,用于区别队满还是队空；

③ 使用一个计数器记录队列中元素个数(即队列长度)。

通常采用方法②,让队头指针 front 指向队首元素的前一位置,队尾指针 rear 指向队尾元素的位置,这样判断循环队列队空的标志是 front＝rear,队满的标志是(rear＋1)％MaxSize＝front。

4．算法设计题

(1)**解**：定义一个栈 st,正向扫描 a 的所有字符,将每个字符进栈。再出栈所有字符,将其写入 $a[0..n-1]$ 中。对应的算法如下。

```
void Reverse(char a[],int n)              //逆置 a[0..n-1]
{   int i; char e;
    SqStack st;                           //定义一个顺序栈 st
    InitStack(st);
    for (i=0;i<n;i++)                      //依次将 a[0..n-1]进栈
        Push(st,a[i]);
    for (i=0;i<n;i++)                      //将 a[n-1]~a[0]依次存放到 a[0..n-1]
    {   Pop(st,e);
        a[i]=e;
    }
    DestroyStack(st);                     //销毁栈 st
}
```

（2）**解**：算法原理与《教程》中例 3.9 相同，仅将二进制改为八进制。对应的算法如下。

```
void trans(int d,char b[])              //b 用于存放 d 转换成的八进制数的字符串
{   SqStack st;                         //定义一个顺序栈 st
    InitStack(st);                      //栈初始化
    char ch;
    int i=0;
    while (d!=0)
    {   ch='0'+d%8;                     //求余数并转换为字符
        Push(st,ch);                    //字符 ch 进栈
        d/=8;                           //继续求更高位
    }
    while (!StackEmpty(st))
    {   Pop(st,ch);                     //出栈并存放在数组 b 中
        b[i]=ch;
        i++;
    }
    b[i]='\0';                          //添加字符串结束标志
    DestroyStack(st);                   //销毁栈 st
}
```

（3）**解**：对于给定的栈 st，设置一个临时栈 tmpst，先退栈 st 中所有元素并进入栈 tmpst 中，最后的一个元素即为所求，然后将临时栈 tmpst 中的元素逐一出栈并进入 st 中，这样恢复 st 栈中原来的元素。对应算法如下。

```
int GetBottom(SqStack st,ElemType &x)   //x 在算法返回 1 时保存栈底元素
{   ElemType e;
    SqStack tmpst;                      //定义临时栈
    InitStack(tmpst);                   //初始化临时栈
    if (StackEmpty(st))                 //空栈返回 0
    {   DestroyStack(tmpst);
        return 0;
    }
    while (!StackEmpty(st))             //临时栈 tmpst 中包含 st 栈中逆转元素
    {   Pop(st,x);
        Push(tmpst,x);
    }
    while (!StackEmpty(tmpst))          //恢复 st 栈中原来的内容
    {   Pop(tmpst,e);
        Push(st,e);
    }
    DestroyStack(tmpst);
    return 1;                           //返回 1 表示成功
}
```

（4）**解**：由于算法要求空间复杂度为 $O(1)$，所以不能使用一个临时队列。先利用《教程》中例 3.13 的算法求出队列 qu 中的元素个数 m。循环 m 次，出队一个元素 x，再将元素 x 进队。最后的 x 即为队尾元素。对应的算法如下。

```
int Count(SqQueue sq)                   //求循环队列 qu 中元素个数
{
```

```
        return (sq.rear+MaxSize-sq.front) % MaxSize;
    }
    int Last(SqQueue qu,ElemType &x)                //求解算法
    {   int i,m=Count(qu);
        if (m==0) return 0;                         //队中元素个数为 0 返回 0
        for (i=1;i<=m;i++)
        {   DeQueue(qu,x);                           //出队元素 x
            EnQueue(qu,x);                           //将元素 x 进队
        }
        return 1;                                    //成功找到队尾元素返回 1
    }
```

(5) **解**：先求出队列 qu 中的元素个数 m。i 从 $1\sim m$ 循环，出队第 i 个元素 e，若 e 不为奇数，将其进队。对应的算法如下。

```
    int Count(SqQueue sq)                           //求循环队列 qu 中元素个数
    {
        return (sq.rear+MaxSize-sq.front) % MaxSize;
    }
    void DelOdd(SqQueue &qu)                         //求解算法
    {   char e;
        int i,m=Count(qu);
        for (i=1;i<=m;i++)                           //出队 m 次
        {   DeQueue(qu,e);
            if ((e-'0')%2!=1)                        //将不是奇数的数字字符进队
                EnQueue(qu,e);
        }
    }
```

3.2　上机实验题 3 及参考答案

3.2.1　上机实验题 3

1. 基础实验题

(1) 设计字符顺序栈的基本运算程序，并用相关数据进行测试。

(2) 设计字符链栈的基本运算程序，并用相关数据进行测试。

(3) 设计字符循环队列的基本运算程序，并用相关数据进行测试。

(4) 设计字符链队的基本运算程序，并用相关数据进行测试。

2. 应用实验题

(1) 设计一个算法，利用顺序栈的基本运算删除栈 st 中所有值为 e 的元素(这样的元素可能有多个)，并且保持其他元素次序不变。并用相关数据进行测试。

(2) 设计一个算法，利用顺序栈的基本运算求栈中从栈顶到栈底的第 k 个元素，要求仍保持栈中元素次序不变。并用相关数据进行测试。

(3) 设进栈序列是 $1,2,\cdots,n(n$ 为一个大于 2 的正整数)，编写一个程序判断通过一个栈能否得到由 $a[0..n-1]$ 指定出栈序列，如果能够得到指定的出栈序列，请给出栈操作的步

骤。并用相关数据进行测试。

（4）设计一个算法，利用循环队列的基本运算和《教程》中例 3.13 求循环队列元素个数的算法，删除指定队列中的队尾元素，要求算法的空间复杂度为 $O(1)$。

（5）设计一个循环队列，用 front 和 rear 分别作为队头和队尾指针，另外用一个标志 tag 标识队列可能空（tag=0）或可能满（tag=1），这样加上 front==rear 可以作为队空或队满的条件。要求设计队列的相关基本运算算法。

（6）用循环队列求解约瑟夫问题：设有 n 个人站成一圈，其编号从 $1\sim n$。从编号为 1 的人开始按顺时针方向 1、2……循环报数，数到 m 的人出列，然后从出列者的下一个人重新开始报数，数到 m 的人又出列，如此重复进行，直到 n 个人都出列为止。要求输出这 n 个人的出列顺序。并用相关数据进行测试。

3.2.2　上机实验题 3 参考答案

1．基础实验题

（1）**解**：字符顺序栈的基本运算算法设计原理参见《教程》的第 3.1.2 节。包含顺序栈基本运算函数的文件 SqStack.cpp 如下。

```
#include <stdio.h>
#define MaxSize 100                    //顺序栈的初始分配空间大小
typedef char ElemType;                 //假设顺序栈中所有元素为 char 类型
typedef struct
{   ElemType data[MaxSize];            //保存栈中元素
    int top;                          //栈顶指针
} SqStack;                             //顺序栈类型
void InitStack(SqStack &st)           //初始化顺序栈 st
{
    st.top=-1;
}
void DestroyStack(SqStack st)          //销毁顺序栈 st
{ }
int Push(SqStack &st, ElemType x)      //进栈元素 x
{   if (st.top==MaxSize-1)             //栈满
        return 0;
    else
    {   st.top++;
        st.data[st.top]=x;
        return 1;
    }
}
int Pop(SqStack &st, ElemType &x)      //出栈元素 x
{   if (st.top==-1)                    //栈空
        return 0;
    else
    {   x=st.data[st.top];
        st.top--;
        return 1;
    }
```

```
}
int GetTop(SqStack st, ElemType & x)                //取栈顶元素 x
{   if (st.top==-1)                                  //栈空
        return 0;
    else
    {   x=st.data[st.top];
        return 1;
    }
}
int StackEmpty(SqStack st)                           //判断栈是否为空
{   if (st.top==-1) return 1;
    else return 0;
}
```

设计如下应用主函数。

```
# include "SqStack.cpp"                              //包含顺序栈基本运算函数
void main()
{   SqStack st;
    ElemType e;
    printf("初始化栈 st\n");
    InitStack(st);
    printf("栈%s\n",(StackEmpty(st)==1?"空":"不空"));
    printf("a 进栈\n");Push(st,'a');
    printf("b 进栈\n");Push(st,'b');
    printf("c 进栈\n");Push(st,'c');
    printf("d 进栈\n");Push(st,'d');
    printf("栈%s\n",(StackEmpty(st)==1?"空":"不空"));
    GetTop(st,e);
    printf("栈顶元素:%c\n",e);
    printf("出栈次序:");
    while (!StackEmpty(st))                          //栈不空循环
    {   Pop(st,e);                                   //出栈元素 e 并输出
        printf("%c ",e);
    }
    printf("\n 销毁栈 st\n");
    DestroyStack(st);
}
```

上述程序的执行结果如图 3.1 所示。

图 3.1   实验程序的执行结果

（2）**解**：字符链栈的基本运算算法设计原理参见《教程》的第 3.1.3 节。包含链栈基本运算函数的文件 LinkStack.cpp 如下。

```
#include <stdio.h>
#include <malloc.h>
typedef char ElemType;                          //假设链栈中所有元素为 char 类型
typedef struct node
{   ElemType data;                              //存储结点数据
    struct node * next;                         //指针域
} LinkStack;                                    //链栈结点类型
void InitStack(LinkStack * &ls)                 //初始化链栈 ls
{
    ls=NULL;
}
void DestroyStack(LinkStack * &ls)              //销毁链栈 ls
{   LinkStack * pre=ls, * p;
    if (pre==NULL) return;
    p=pre->next;
    while (p!=NULL)
    {   free(pre);                              //释放 pre 结点
        pre=p;p=p->next;                        //pre、p 同步后移
    }
    free(pre);                                  //释放尾结点
}
int Push(LinkStack * &ls,ElemType x)            //进栈元素 x
{   LinkStack * p;
    p=(LinkStack * )malloc(sizeof(LinkStack));
    p->data=x;                                  //创建结点 p 用于存放 x
    p->next=ls;                                 //插入 p 结点作为栈顶结点
    ls=p;
    return 1;
}
int Pop(LinkStack * &ls,ElemType &x)            //出栈元素 x
{   LinkStack * p;
    if (ls==NULL)                               //栈空,下溢出返回 0
        return 0;
    else                                        //栈不空时出栈元素 x 并返回 1
    {   p=ls;                                    //p 指向栈顶结点
        x=p->data;                              //取栈顶元素 x
        ls=p->next;                             //删除结点 p
        free(p);                                //释放 p 结点
        return 1;
    }
}
int GetTop(LinkStack * ls,ElemType &x)          //取栈顶元素 x
{   if (ls==NULL)                               //栈空,下溢出时返回 0
        return 0;
    else                                        //栈不空,取栈顶元素 x 并返回 1
    {   x=ls->data;
        return 1;
```

```
        }
    }
    int StackEmpty(LinkStack *ls)              //判断栈是否为空栈
    {   if (ls==NULL) return 1;
        else return 0;
    }
```

设计如下应用主函数。

```
# include "LinkStack.cpp"                      //包含前面的链栈基本运算函数
void main()
{   LinkStack *st;
    ElemType e;
    printf("初始化栈 st\n");
    InitStack(st);
    printf("栈%s\n",(StackEmpty(st)==1?"空":"不空"));
    printf("a 进栈\n");Push(st,'a');
    printf("b 进栈\n");Push(st,'b');
    printf("c 进栈\n");Push(st,'c');
    printf("d 进栈\n");Push(st,'d');
    printf("栈%s\n",(StackEmpty(st)==1?"空":"不空"));
    GetTop(st,e);
    printf("栈顶元素:%c\n",e);
    printf("出栈次序:");
    while (!StackEmpty(st))                     //栈不空循环
    {   Pop(st,e);                             //出栈元素 e 并输出
        printf("%c ",e);
    }
    printf("\n 销毁栈 st\n");
    DestroyStack(st);
}
```

上述程序的执行结果如图 3.1 所示。

(3) **解**:字符循环队列的基本运算算法设计原理参见《教程》的第 3.2.2 节。包含循环队列基本运算函数的文件 SqQueue.cpp 如下。

```
# include <stdio.h>
# define MaxSize 100                           //循环队列的初始分配空间大小
typedef char ElemType;                         //假设循环队列中所有元素为 char 类型
typedef struct
{   ElemType data[MaxSize];                    //保存队中元素
    int front,rear;                            //队头和队尾指针
} SqQueue;


void InitQueue(SqQueue &sq)                    //初始化循环队列 sq
{
    sq.rear=sq.front=0;                        //指针初始化
}
void DestroyQueue(SqQueue sq)                  //销毁循环队列 sq
{ }
```

```
int EnQueue(SqQueue &sq,ElemType x)          //进队列元素 x
{   if ((sq.rear+1) % MaxSize==sq.front)      //队满上溢出
        return 0;
    sq.rear=(sq.rear+1) % MaxSize;            //队尾循环进 1
    sq.data[sq.rear]=x;
    return 1;
}
int DeQueue(SqQueue &sq,ElemType &x)          //出队元素 x
{   if (sq.rear==sq.front)                     //队空下溢出
        return 0;
    sq.front=(sq.front+1) % MaxSize;           //队头循环进 1
    x=sq.data[sq.front];
    return 1;
}
int GetHead(SqQueue sq,ElemType &x)           //取队头元素 x
{   if (sq.rear==sq.front)                     //队空下溢出
        return 0;
    x=sq.data[(sq.front+1) % MaxSize];
    return 1;
}
int QueueEmpty(SqQueue sq)                     //判断循环队列 sq 是否为空
{   if (sq.rear==sq.front) return 1;
    else return 0;
}
```

设计如下应用主函数。

```
#include "SqQueue.cpp"                         //包含销毁队列的基本运算函数
void main()
{   SqQueue sq;
    ElemType e;
    printf("初始化队列");
    InitQueue(sq);
    printf("队%s\n",(QueueEmpty(sq)==1?"空":"不空"));
    printf("a 进队\n");EnQueue(sq,'a');
    printf("b 进队\n");EnQueue(sq,'b');
    printf("c 进队\n");EnQueue(sq,'c');
    printf("d 进队\n");EnQueue(sq,'d');
    printf("队%s\n",(QueueEmpty(sq)==1?"空":"不空"));
    GetHead(sq,e);
    printf("队头元素:%c\n",e);
    printf("出队次序:");
    while (!QueueEmpty(sq))                     //队不空循环
    {   DeQueue(sq,e);                          //出队元素 e
        printf("%c ",e);                        //输出元素 e
    }
    printf("\n销毁队列\n");
    DestroyQueue(sq);
}
```

上述程序的执行结果如图 3.2 所示。

图 3.2　实验程序的执行结果

（4）**解**：字符链队的基本运算算法设计原理参见《教程》的第 3.2.3 节。包含链队基本运算函数的文件 LinkQueue.cpp 如下。

```
#include<stdio.h>
#include<malloc.h>
typedef char ElemType;                          //假设链队中所有元素为 char 类型
typedef struct QNode
{   ElemType data;
    struct QNode * next;
} QType;                                        //链队中数据结点的类型
typedef struct qptr
{   QType * front;                              //队头指针
    QType * rear;                              //队尾指针
} LinkQueue;                                    //链队结点类型
void InitQueue(LinkQueue * &lq)                 //初始化链队 lq
{   lq=(LinkQueue * )malloc(sizeof(LinkQueue));
    lq-> rear=lq-> front=NULL;                  //初始时队头和队尾指针均为空
}
void DestroyQueue(LinkQueue * &lq)              //销毁链队 lq
{   QType * pre=lq-> front, * p;
    if (pre!=NULL)                             //非空队的情况
    {   if (pre==lq-> rear)                     //只有一个数据结点的情况
            free(pre);                         //释放 pre 结点
        else                                   //有两个或多个数据结点的情况
        {   p=pre-> next;
            while (p!=NULL)
            {   free(pre);                     //释放 pre 结点
                pre=p; p=p-> next;             //pre、p 同步后移
            }
            free(pre);                         //释放尾结点
        }
        free(lq);                              //释放链队结点
    }
}
int EnQueue(LinkQueue * &lq,ElemType x)         //进队元素 x
{   QType * s;
    s=(QType * )malloc(sizeof(QType));         //创建新结点,插入链队的末尾
    s-> data=x;s-> next=NULL;
    if (lq-> front==NULL)                       //原队为空队的情况
```

```
            lq—>rear＝lq—>front＝s;              //front 和 rear 均指向 s 结点
        else                                     //原队不为空队的情况
        {   lq—>rear—>next＝s;                   //将 s 链到队尾
            lq—>rear＝s;                          //rear 指向它
        }
        return 1;
}
int DeQueue(LinkQueue *&lq,ElemType &x)           //出队元素 x
{   QType *p;
    if (lq—>front＝＝NULL)                        //原队为空队的情况
        return 0;
    p＝lq—>front;                                 //p 指向队头结点
    x＝p—>data;                                   //取队头元素值
    if (lq—>rear＝＝lq—>front)                    //若原队中只有一个结点,删除后队列变空
        lq—>rear＝lq—>front＝NULL;
    else                                          //原队有两个或以上结点的情况
        lq—>front＝lq—>front—>next;
    free(p);
    return 1;
}
int GetHead(LinkQueue *lq,ElemType &x)            //取队头元素 x
{   if (lq—>front＝＝NULL)                         //原队为队空的情况
        return 0;
    x＝lq—>front—>data;                           //原队不空的情况
    return 1;
}
int QueueEmpty(LinkQueue *lq)                     //判断队列 ls 是否是空
{   if (lq—>front＝＝NULL) return 1;               //队空返回 1
    else return 0;                                //队不空返回 0
}
```

设计如下应用主函数。

```
# include "LinkQueue.cpp"                         //包含链队的基本运算函数
void main()
{   LinkQueue *lq;
    ElemType e;
    printf("初始化队列\n");
    InitQueue(lq);
    printf("队％s\n",(QueueEmpty(lq)＝＝1?"空":"不空"));
    printf("a 进队\n");EnQueue(lq,'a');
    printf("b 进队\n");EnQueue(lq,'b');
    printf("c 进队\n");EnQueue(lq,'c');
    printf("d 进队\n");EnQueue(lq,'d');
    printf("队％s\n",(QueueEmpty(lq)＝＝1?"空":"不空"));
    GetHead(lq,e);
    printf("队头元素:％c\n",e);
    printf("出队次序:");
    while (!QueueEmpty(lq))                        //队不空循环
    {   DeQueue(lq,e);                             //出队元素 e
        printf("％c ",e);                          //输出元素 e
```

```
        }
        printf("\n 销毁队列\n");
        DestroyQueue(lq);
    }
```

上述程序的执行结果如图 3.2 所示。

2. 应用实验题

（1）**解**：给定栈 st，建立一个临时栈 tmpst 并初始化。退栈 st 的所有元素 x，当 x 不为 e 时将其进栈到 tmpst 中。将 tmpst 的所有元素退栈并进栈到 st 中。最后销毁临时栈 tmpst。对应的实验程序如下。

```
#include "SqStack.cpp"                    //包含顺序栈的基本运算函数
void Dele(SqStack &st, ElemType e)        //求解算法
{    ElemType x;
     SqStack tmpst;
     InitStack(tmpst);
     while (!StackEmpty(st))               //栈 st 不空循环
     {    Pop(st,x);                        //出栈元素 x
          if (x!=e)
               Push(tmpst,x);
     }
     while (!StackEmpty(tmpst))            //栈 tmpst 不空循环
     {    Pop(tmpst,x);                     //出栈元素 x
          Push(st,x);
     }
     DestroyStack(tmpst);                  //销毁栈 tmpst
}
void main()
{    SqStack st;
     printf("初始化栈 st\n");
     InitStack(st);
     printf("元素 1,2,2,1,2,3 依次进栈\n");
     Push(st,'1'); Push(st,'2');
     Push(st,'2'); Push(st,'1');
     Push(st,'2'); Push(st,'3');
     char e='2';
     printf("删除所有元素%c\n",e);
     Dele(st,e);
     printf("出栈序列: ");
     while (!StackEmpty(st))
     {    Pop(st,e);
          printf("%c ",e);
     }
     printf("\n 销毁栈\n");
     DestroyStack(st);
}
```

上述程序的执行结果如图 3.3 所示。

图 3.3 实验程序的执行结果

（2）**解**：设计 Pushk(SqStack &st, int k, ElemType &e)算法，如果栈中没有第 k 个元素，返回 0；否则返回 1，并通过引用型参数 e 保存第 k 个元素。

先建立并初始化一个临时栈 tmpst，置表示栈中能否找到第 k 个元素的变量 tag 为 0。出栈 st 中所有元素，并用 i 记录出栈元素 x 的序号，当 $i==k$ 时置 $e=x$ 和 tag=1；否则将元素 x 进栈到 tmpst 中。出临时栈 tmpst 的所有元素并进栈到 st 中，最后销毁 tmpst 并返回 tag。对应的实验程序如下。

```
#include "SqStack.cpp"                       //包含顺序栈的基本运算函数
int Pushk(SqStack &st, int k, ElemType &e)   //求解算法
{    int i=0, tag=0;
     ElemType x;
     SqStack tmpst;                          //定义临时栈
     InitStack(tmpst);                       //初始化临时栈
     while (!StackEmpty(st))                 //将 st 中所有元素出栈并进栈到 tmpst 中(除了第 k 个元素)
     {    i++;
          Pop(st, x);
          if (i==k)
          {    e=x;
               tag=1;                        //存在第 k 个元素
          }
          else Push(tmpst, x);
     }
     while (!StackEmpty(tmpst))              //出栈 tmpst 元素并进栈 st
     {    Pop(tmpst, x);
          Push(st, x);
     }
     DestroyStack(tmpst);                    //销毁临时栈
     return tag;
}
void main()
{    SqStack st;
     printf("初始化栈 st\n");
     InitStack(st);
     printf("元素 6 到 1 依次进栈\n");
     Push(st, '6'); Push(st, '5');
     Push(st, '4'); Push(st, '3');
     Push(st, '2'); Push(st, '1');
     int k=5;
     char e;
     printf("删除第%d 个元素,", k);
```

```
    if (Pushk(st,k,e))
        printf("对应的元素是:%c\n",e);
    else
        printf("该元素不存在\n");
    printf("出栈序列: ");
    while (!StackEmpty(st))
    {   Pop(st,e);
        printf("%c ",e);
    }
    printf("\n 销毁栈\n");
    DestroyStack(st);
}
```

上述程序的执行结果如图 3.4 所示。

图 3.4　实验程序的执行结果

(3) **解**:采用一个临时栈 st(用于暂时存放还没有与 a 中元素匹配的整数),从 $i=1\sim n$ 循环,$j=0$ 扫描数组 a 的元素。先将 i 进栈,栈不空时取栈顶元素 e,若 $a[j]==e$,则元素 e 退栈,$j++$ 继续栈元素的判断;若 $a[j]\neq e$,退出栈不空的循环,让 $i++$ 继续下一个 i 的判断。整个循环结束,栈空表示可以产生 a 的出栈序列;否则不能产生 a 的出栈序列。

说明:由于 SqStack.cpp 文件中的顺序栈对应的栈元素类型为 char,这里要求栈元素类型为 int,将 SqStack.cpp 复制到 SqStack1.cpp 文件,将其中的 ElemType 声明改为 int 即可。

对应的实验程序如下。

```
#include "SqStack1.cpp"          //包含顺序栈(栈元素为 int 类型)的基本运算函数
int Validseq(int a[],int n)       //求解算法
{   int i,j,e;
    SqStack st;                    //定义一个顺序栈 st
    InitStack(st);                 //初始化栈 st
    j=0;
    for(i=1;i<=n;i++)              //处理进栈序列 1、2、…、n
    {   Push(st,i);                //整数 i 进栈
        printf("  %d 进栈\n",i);
        while (!StackEmpty(st))    //栈不空循环
        {   GetTop(st,e);          //取栈顶元素 e
            if (a[j]==e)           //匹配的情况
            {   Pop(st,e);         //退栈元素 e
                printf("  %d 退栈\n",e);
                j++;
            }
            else break;            //不匹配时退出 while 循环
        }
```

```
    }
    if (StackEmpty(st))                    //栈空返回 true;否则返回 false
    {   DestroyStack(st);                  //销毁栈 st
        return true;
    }
    else
    {   DestroyStack(st);                  //销毁栈 st
        return false;
    }
}
void dispa(int a[],int n)                  //输出 a
{   for (int i=0;i<n;i++)
        printf("%d ",a[i]);
    printf("\n");
}
void display(int a[],int n)                //测试一个序列 a
{   printf("   测试 a:"); dispa(a,n);
    if (Validseq(a,n))
        printf("   a 是合法序列\n");
    else
        printf("   a 不是合法序列\n");
}
void main()
{   printf("测试结果:\n");
    int n=5;                               //测试的进栈序列为 1~5
    int a[]={2,1,5,4,3};
    display(a,n);
    int a1[]={5,1,2,3,4};
    display(a1,n);
}
```

上述程序的执行结果如图 3.5 所示。

图 3.5　实验程序的执行结果

(4) **解**：由于算法要求空间复杂度为 $O(1)$，所以不能使用临时队列。先求出队列 qu 中的元素个数 m。用 i 循环 m 次，每次出次一个元素 x，若 $i<m$ 则将元素 x 进队；否则元素 x 不进队，从而删除了队尾元素。对应的实验程序如下。

```cpp
#include "SqQueue.cpp"                         //包含循环队列的基本运算函数
int Count(SqQueue sq)                          //求循环队列 qu 中元素个数
{
    return(sq.rear+MaxSize-sq.front) % MaxSize;
}
int DelLast(SqQueue &qu, ElemType &x)          //求解算法
{   int i,m=Count(qu);
    if (m==0) return 0;
    for (i=1;i<=m;i++)
    {   DeQueue(qu,x);                          //出队元素 x
        if (i<m)
            EnQueue(qu,x);                      //将元素 x 进队
    }
    return 1;
}
void main()
{   SqQueue qu;
    printf("初始化循环队列 qu\n");
    InitQueue(qu);
    printf("元素 1 到 5 依次进队\n");
    EnQueue(qu,'1'); EnQueue(qu,'2');
    EnQueue(qu,'3'); EnQueue(qu,'4'); EnQueue(qu,'5');
    char e;
    DelLast(qu,e);
    printf("删除队尾元素%c\n",e);
    printf("出队序列: ");
    while (!QueueEmpty(qu))
    {   DeQueue(qu,e);
        printf("%c ",e);
    }
    printf("\n 销毁队列\n");
    DestroyQueue(qu);
}
```

上述程序的执行结果如图 3.6 所示。

图 3.6　实验程序的执行结果

（5）**解**：设计本实验题中队列的类型如下。

```
typedef struct
{   ElemType data[MaxSize];
    int front,rear;                          //队头和队尾指针
    int tag;                                 //为 0 表示可能队空,为 1 时表示可能队满
} QueueType;                                 //循环队列类型
```

初始时 tag＝0,进行任何一次成功的进队操作后 tag＝1（因为只有在进队操作后队列才有可能满）,进行任何一次成功的出队操作后 tag＝0（只有在出队操作后队列才有可能空）,因此,这样的队列的基本要素如下。

① 初始时：tag＝0,front＝rear。

② 队空条件：qu.front＝＝qu.rear && qu.tag＝＝0。

③ 队满条件：qu.front＝＝qu.rear && qu.tag＝＝1。

对应的实验程序如下。

```
#include <stdio.h>
#define MaxSize 100
typedef char ElemType;
typedef struct
{   ElemType data[MaxSize];
    int front,rear;                          //队头和队尾指针
    int tag;                                 //为 0 表示可能队空,为 1 时表示可能队满
} QueueType;                                 //循环队列类型
void InitQueue1(QueueType &qu)               //初始化队列
{   qu.front=qu.rear=0;
    qu.tag=0;                                //为 0 表示可能为空
}
void DestroyQueue1(QueueType qu)             //销毁队列
{ }
int QueueEmpty1(QueueType qu)                //判队空
{
    return(qu.front==qu.rear && qu.tag==0);
}
int QueueFull1(QueueType qu)                 //判队满
{
    return(qu.tag==1 && qu.front==qu.rear);
}
int EnQueue1(QueueType &qu,ElemType x)       //进队算法
{   if (QueueFull1(qu)==1)                    //队满返回 0
        return 0;
    qu.rear=(qu.rear+1)%MaxSize;
    qu.data[qu.rear]=x;
    qu.tag=1;                                //至少有一个元素,可能满
    return 1;                                //成功进队,返回 1
}
int DeQueue1(QueueType &qu,ElemType &x)      //出队算法
{   if (QueueEmpty1(qu)==1)                   //队空返回 0
        return 0;
```

```
        qu.front=(qu.front+1)%MaxSize;
        x=qu.data[qu.front];
        qu.tag=0;                               //出队一个元素,可能空
        return 1;                               //成功出队,返回 1
    }
    void main()
    {   QueueType qu;
        printf("初始化队列 qu\n");
        InitQueue1(qu);
        printf("元素 1 到 5 依次进队\n");
        EnQueue1(qu,'1'); EnQueue1(qu,'2');
        EnQueue1(qu,'3'); EnQueue1(qu,'4'); EnQueue1(qu,'5');
        char e;
        printf("出队序列: ");
        while (!QueueEmpty1(qu))
        {   DeQueue1(qu,e);
            printf("%c ",e);
        }
        printf("\n 销毁队列\n");
        DestroyQueue1(qu);
    }
```

上述程序的执行结果如图 3.7 所示。

（6）**解**：约瑟夫问题已在《教程》例 2.21 中采用循环单链表求解，这里采用循环队列求解。

定义一个整数队列 sq，先将 $1\sim n$（对应 n 个人的编号）依次进队，计数器 i 置为 0。在队不空时循环：连续出队元

图 3.7　实验程序的执行结果

素 p，用 i 累计报数的次数，当 $i\%m\neq0$ 时表示还没有数到 m 的人，将出队的 p 进队；当 $i\%m=0$ 时表示恰好数到为 m 的人，将 p 不进队并出列。对应的算法如下。

说明：由于 SqQueue.cpp 文件中的循环队列对应的队列元素类型为 char，这里要求队列元素类型为 int，将 SqQueue.cpp 复制到 SqQueue1.cpp 文件，将其中 ElemType 声明改为 int 即可。

对应的实验程序如下。

```
#include "SqQueue1.cpp"              //包含前面的循环队列(队列元素为 int 类型)基本运算函数
void Josephus(int n,int m)          //用队列求解约瑟夫问题
{   int i,p;
    SqQueue sq;                     //定义一个顺序队 sq
    InitQueue(sq);                  //初始化队列
    for (i=1;i<=n;i++)              //n 个人进队
        EnQueue(sq,i);
    printf(" 出列顺序:");
    i=0;
    while (!QueueEmpty(sq))         //队不空循环
    {   DeQueue(sq,p);              //出队元素 p
        i++;                        //出队个数计数
        if (i % m==0)               //循环报数到 m
            printf("%d ",p);        //出列 p
```

```
        else
            EnQueue(sq,p);                    //将 p 进队
    }
    printf("\n");
    DestroyQueue(sq);                        //销毁队列
}
void display(int n,int m)                    //测试一个约瑟夫问题
{   printf("  n=%d,m=%d ",n,m);
    Josephus(n,m);
}
void main()
{   printf("测试结果:\n");
    display(6,3);
    display(6,5);
    display(5,8);
    display(4,2);
}
```

上述程序的执行结果如图 3.8 所示。

图 3.8　实验程序的执行结果

第 4 章   串

4.1   练习题 4 及参考答案

4.1.1   练习题 4

1. 单项选择题

（1）串是一种特殊的线性表,其特殊性体现在（   ）。

     A. 可以顺序存储   B. 数据元素是一个字符

     C. 可以链式存储   D. 数据元素可以是多个字符

（2）关于串的叙述中,正确的是（   ）。

     A. 串是含有一个或多个字符的有限序列

     B. 空串是只含有空格字符的串

     C. 空串是含有零个字符或多个空格字符的串

     D. 串是含有零个或多个字符的有限序列

（3）以下（   ）是"abcd321ABCD"串的子串。

     A. abcd   B. 321AB   C. "abcABC"   D. "21AB"

（4）两个串相等必有串长度相等且（   ）。

     A. 串的各位置字符任意

     B. 串中各对应位置字符均相等

     C. 两个串含有相同的字符

     D. 两个串所含字符任意

（5）对于一个链串 s,查找第 i 个元素的算法的时间复杂度为（   ）。

     A. $O(1)$ B. $O(n)$ C. $O(n^2)$ D. 以上都不对

2. 填空题

（1）空串是指（   ①   ）,空白串是指（   ②   ）。

（2）设 $s1$ 串为"abcdefg",则执行语句 $s2 = DelStr(s1,3,2)$ 后, $s2$ 为（   ）。

（3）对于含有 $n(n>1)$ 个字符的顺序串 s，设计查找所有值为 x 字符的算法，其时间复杂度为（　　　）。

（4）对于带头结点的链串 s，串为空的条件是（　　　）。

（5）对于一个含有 n 个字符的链串 s，查找第 i 个字符的算法的时间复杂度为（　　　）。

3．简答题

（1）设 s 为一个长度为 n 的串，其中的字符各不相同，则 s 中互异的非平凡子串（非空且不同于 s 本身）的个数是多少？

（2）若 s_1 和 s_2 为串，给出使 $s_1//s_2=s_2//s_1$ 成立的所有可能的条件（其中，"//"表示两个串连接运算符）。

（3）串是一种特殊的线性表，链串可以看成一种特殊的单链表，基于单链表的算法设计方法是否都可以应用于链串？

4．算法设计题

（1）设计一个算法 RepChar(s,x,y)，将顺序串 s 中所有字符 x 替换成字符 y。要求空间复杂度为 $O(1)$。

（2）设计一个算法，由顺序串 s 中奇数序号的字符产生顺序串 t，t 中字符保持原来相对次序不变。

（3）假设顺序串 s 中包含数字和字母字符，设计一个算法，将其中所有数字字符存放到顺序串 $s1$ 中，将其中所有字母字符存放到顺序串 $s2$ 中。要求不破坏顺序串 s，并且 $s1$、$s2$ 中字符保持原来相对次序不变。

（4）设计一个算法，判断链串 s 中所有元素是否为递增排列的。

（5）设计一个算法，求非空链串 s 中最长等值子串的长度。

4.1.2　练习题 4 参考答案

1．单项选择题

（1）B　　　（2）D　　　（3）D　　　（4）B　　　（5）B

2．填空题

（1）① 不包含任何字符（长度为 0）的串　　②由一个或多个空格（仅由空格符）组成的串

（2）"abefg"

（3）$O(n)$

（4）$s->$ next==NULL

（5）$O(n)$

3．简答题

（1）答：由串 s 的特性可知，含一个字符的子串有 n 个，含两个字符的子串有 $n-1$ 个，含三个字符的子串有 $n-2$ 个，…，含 $n-2$ 个字符的子串有三个，含 $n-1$ 个字符的子串有两个。所以，非平凡子串的个数 $=n+(n-1)+(n-2)+\cdots+2=\dfrac{n(n+1)}{2}-1$。

（2）答：所有可能的条件为：

① s_1 和 s_2 均为空串；

② s_1 或 s_2 其中之一为空串；

③ s_1 和 s_2 为相同的串；

④ 若 s_1 和 s_2 两串长度不等,则长串由整数个短串组成。

(3) **答**：只要将线性表中元素类型改为 char,该线性表就是串,所以将单链表中结点数据域 data 的类型改为 char,则基于单链表的算法设计方法都可以应用于链串。

4. 算法设计题

(1) **解**：因要求算法空间复杂度为 $O(1)$,所以只能对串 s 直接替换。从头开始扫描顺序串 s,一旦找到字符 x 便将其替换成 y。对应的算法如下。

```
void Repchar(SqString &s,char x,char y)
{   int i;
    for (i=0;i<s.length;i++)
        if (s.data[i]==x)
            s.data[i]=y;
}
```

(2) **解**：置 i、j 均为 0。当 $i<s$. length 时循环：将 s. data$[i]$ 复制到 t. data$[j]$ 中,i 增大 2,j 增大 1。最后置串 t 的长度为 j。对应的算法如下。

```
void Oddcopy(SqString s,SqString &t)
{   int i=0,j=0;
    while (i<s.length)
    {   t.data[j]=s.data[i];
        i+=2; j++;
    }
    t.length=j;
}
```

(3) **解**：i 用于扫描串 s,j、k 分别表示串 $s1$、$s2$ 的字符个数,初值均为 0。当 $i<s$. length 时循环：若 s. data$[i]$ 为数字字符,将其复制到 $s1$ 中,置 $j++$；若 s. data$[i]$ 为字母字符,将其复制到 $s2$ 中,置 $k++$。循环结束后,置 $s1$、$s2$ 的长度分别为 j、k。对应的算法如下。

```
void Split(SqString s,SqString &s1,SqString &s2)
{   int i=0,j=0,k=0;
    while (i<s.length)
    {   if (s.data[i]>='0' && s.data[i]<='9')            //数字字符
        {   s1.data[j]=s.data[i];
            j++;
        }
        else if ((s.data[i]>='a' && s.data[i]<='z') ||
            (s.data[i]>='A' && s.data[i]<='Z'))          //字母字符
        {   s2.data[k]=s.data[i];
            k++;
        }
        i++;
    }
    s1.length=j; s2.length=k;
}
```

（4）**解**：用 pre 和 p 指向链串 s 的两个连续结点（初始时 pre＝s－＞next，p＝pre－＞next）。当 p 不空时循环：当 pre－＞data≤p－＞data 时，pre 和 p 同步后移一个结点；否则返回 0。当所有字符都是递增排列时返回 1。对应的算法如下。

```
int Increase(LinkString * s)
{    LinkString * pre＝s－> next, * p;
     if (pre==NULL) return 1;                    //空串是递增的
     p＝pre－> next;
     if (p==NULL) return 1;                      //含一个字符的串是递增的
     while (p!=NULL)
     {    if (pre－> data <=p－> data)            //pre、p 两个结点递增
          {    pre＝p;                            //pre、p 同步后移
               p＝p－> next;
          }
          else                                   //逆序时返回 0
               return 0;
     }
     return 1;
}
```

（5）**解**：用 maxcount 存放串 s 中最长等值子串的长度（初始为 0）。用 p 扫描串 s，计算以 p 结点开始的等值子串的长度 count（该等值子串尾结点的后继结点为 post），若 count 大于 maxcount，则置 maxcount 为 count。再置 p＝post 继续查找下一个等值子串直到 p 为空。对应的算法如下。

```
int Maxlength(LinkString * s)
{    int count, maxcount＝0;
     LinkString * p＝s－> next, * post;
     while (p!=NULL)
     {    count＝1;
          post＝p－> next;
          while (post!=NULL && post－> data==p－> data)
          {    count++;
               post＝post－> next;
          }
          if (count > maxcount) maxcount＝count;
          p＝post;
     }
     return maxcount;
}
```

4.2 上机实验题 4 及参考答案

4.2.1 上机实验题 4

1. 基础实验题

（1）设计顺序串的基本运算程序，并用相关数据进行测试。

（2）设计链串的基本运算程序，并用相关数据进行测试。

2. 应用实验题

(1) 假设一个串采用顺序串存储,设计一个算法将所有字符逆置。并用相关数据进行测试。

(2) 两个非空串 s 和 t 采用顺序串存储,设计一个算法求这两个串的最大公共子串,并用相关数据进行测试。

(3) 假设串采用链串存储结构。设计一个算法,求串 t 在串 s 中出现的次数(不计重复的字符),如果串 t 不是串 s 的子串,返回 0。例如,s = "aaaaaaaa",t = "aaa",算法返回结果是 2。并用相关数据进行测试。

(4) 假设串采用链串存储结构。设计一个算法,求串 t 在串 s 中出现的次数(计重复的字符),如果串 t 不是串 s 的子串,返回 0。例如,s = "aaaaaaaa",t = "aaa",算法返回结果是 6。并用相关数据进行测试。

(5) 假设串采用链串存储结构,其中仅包含小写字母和数字字符。设计一个算法,将串 s 中所有数字字符移动到字母字符的前面,要求所有字符的相对次序不发生改变。并用相关数据进行测试。

4.2.2 上机实验题 4 参考答案

1. 基础实验题

(1) **解**:顺序串的基本运算算法设计原理参见《教程》的第 4.2 节。包含顺序串基本运算函数的文件 SqString. cpp 如下。

```
#include <stdio.h>
#define MaxSize 100                        //串中最多字符个数
typedef struct
{   char data[MaxSize];                    //存放串字符
    int length;                            //存放串的实际长度
} SqString;                                //顺序串类型
void Assign(SqString &s, char str[])       //串赋值
{   int i=0;
    while (str[i]!='\0')                   //遍历 str 的所有字符
    {   s.data[i]=str[i];
        i++;
    }
    s.length=i;
}
void DestroyStr(SqString s)                //销毁串
{ }
void StrCopy(SqString &s, SqString t)      //串复制
{   int i;
    for (i=0;i<t.length;i++)
        s.data[i]=t.data[i];
    s.length=t.length;
}
int StrLength(SqString s)                  //求串长
{
    return(s.length);
```

```
    }
int StrEqual(SqString s,SqString t)                //判断串相等
{    int i=0;
     if (s.length!=t.length)                        //串长不同时返回 0
         return(0);
     else
     {    for (i=0;i<s.length;i++)
              if (s.data[i]!=t.data[i])             //有一个对应字符不同时返回 0
                  return 0;
          return 1;
     }
}

SqString Concat(SqString s,SqString t)              //串连接
{    SqString r;
     int i,j;
     for (i=0;i<s.length;i++)                       //将 s 复制到 r
         r.data[i]=s.data[i];
     for (j=0;j<t.length;j++)                       //将 t 复制到 r
         r.data[s.length+j]=t.data[j];
     r.length=i+j;
     return r;                                      //返回 r
}
SqString SubStr(SqString s,int i,int j)             //求子串
{    SqString t;
     int k;
     if (i<1 || i>s.length || j<1 || i+j>s.length+1)
         t.length=0;                                //参数错误时返回空串
     else
     {    for (k=i-1;k<i+j;k++)                      //取出子串字符存放在 t 中
              t.data[k-i+1]=s.data[k];
          t.length=j;                               //置 t 串的长度
     }
     return t;
}
int Index(SqString s,SqString t)                    //串匹配
{    int i=0,j=0;                                   //i 和 j 分别扫描主串 s 和子串 t
     while (i<s.length && j<t.length)
     {    if (s.data[i]==t.data[j])                 //对应字符相同时,继续比较下一对字符
          {    i++;
               j++;
          }
          else                                      //否则,主子串指针回溯重新开始下一次匹配
          {    i=i-j+1;
               j=0;
          }
     }
     if (j>=t.length)
         return i-t.length+1;                       //返回第一个字符的位置
     else
         return 0;                                  //返回 0
}
```

数据结构简明教程(第 2 版)学习与上机实验指导

```
int InsStr(SqString &s,int i,SqString t)                    //子串插入：直接在 s 中插入子串
{    int j;
     if (i<1 || i>s.length+1)
         return 0;                                          //位置参数错误返回 0
     else
     {    for (j=s.length-1;j>=i-1;j--)                      //将 s.data[i-1..s.length-1]
              s.data[j+t.length]=s.data[j];                 //后移 t.length 个位置
          for (j=0;j<t.length;j++)                           //插入子串 t
              s.data[i+j-1]=t.data[j];
          s.length=s.length+t.length;                       //修改 s 串长度
          return 1;                                         //成功插入返回 1
     }
}

int DelStr(SqString &s,int i,int j)                         //子串删除,直接在 s 中删除子串
{    int k;
     if (i<1 || i>s.length || j<1 || i+j>s.length+1)
         return 0;                                          //位置参数值错误
     else
     {    for (k=i+j-1;k<s.length;k++)                       //将 s 的第 i+j 位置之后的字符前移 j 位
              s.data[k-j]=s.data[k];
          s.length=s.length-j;                              //修改 s 的长度
          return 1;                                         //成功删除返回 1
     }
}

SqString RepStrAll(SqString s,SqString s1,SqString s2)    //子串替换
{    int i;
     i=Index(s,s1);                                         //求 s1 在 s 中的位置 i
     while (i>0)
     {    DelStr(s,i,s1.length);                            //删除子串 s1
          InsStr(s,i,s2);                                   //插入子串 s2
          i=Index(s,s1);                                    //继续求 s1 在 s 中的位置 i
     }
     return(s);
}

void DispStr(SqString s)                                    //输出串
{    int i;
     for (i=0;i<s.length;i++)
         printf("%c",s.data[i]);
     printf("\n");
}
```

设计如下应用主函数。

```
#include "SqString.cpp"                                     //包含顺序串的基本运算函数
void main()
{    SqString s1,s2,s3,s4,s5,s6,s7;
     Assign(s1,"abcd");
     printf("s1:");DispStr(s1);
     printf("s1 的长度:%d\n",StrLength(s1));
     printf("s1=>s2\n");
     StrCopy(s2,s1);
```

```
        printf("s2:");DispStr(s2);
        printf("s1 和 s2%s\n",(StrEqual(s1,s2)==1?"相同":"不相同"));
        Assign(s3,"12345678");
        printf("s3:");DispStr(s3);
        printf("s1 和 s3 连接=> s4\n");
        s4=Concat(s1,s3);
        printf("s4:");DispStr(s4);
        printf("s3[2..5]=> s5\n");
        s5=SubStr(s3,2,4);
        printf("s5:");DispStr(s5);
        Assign(s6,"567");
        printf("s6:");DispStr(s6);
        printf("s6 在 s3 中位置:%d\n",Index(s3,s6));
        printf("从 s3 中删除 s3[3..6]字符\n");
        DelStr(s3,3,4);
        printf("s3:");DispStr(s3);
        printf("从 s4 中将 s6 替换成 s1=> s7\n");
        s7=RepStrAll(s4,s6,s1);
        printf("s7:");DispStr(s7);
        DestroyStr(s1); DestroyStr(s2);
        DestroyStr(s3); DestroyStr(s4);
        DestroyStr(s5); DestroyStr(s6); DestroyStr(s7);
}
```

上述程序的执行结果如图 4.1 所示。

图 4.1　实验程序的执行结果

（2）**解**：链串的基本运算算法设计原理参见《教程》的第 4.3 节。包含链串基本运算函数的文件 LinkString.cpp 如下。

```
# include < stdio. h >
# include < malloc. h >
typedef struct node
{   char data;                          //存放字符(每个结点存放一个字符)
    struct node * next;                 //指针域
} LinkString;                           //链串结点类型
void Assign(LinkString * &s, char str[])   //串赋值
```

数据结构简明教程(第 2 版)学习与上机实验指导

```
{   int i=0;
    LinkString * p, * tc;
    s=(LinkString * )malloc(sizeof(LinkString));
    tc=s;                                    //tc 指向 s 串的尾结点
    while (str[i]!='\0')
    {   p=(LinkString * )malloc(sizeof(LinkString));
        p-> data=str[i];
        tc-> next=p; tc=p;
        i++;
    }
    tc-> next=NULL;                          //尾结点的 next 置 NULL
}
void DestroyStr(LinkString * &s)             //销毁串
{   LinkString * pre=s, * p=pre-> next;
    while (p!=NULL)
    {   free(pre);
        pre=p; p=p-> next;                   //pre、p 同步后移
    }
    free(pre);
}
void StrCopy(LinkString * &s,LinkString * t) //串复制
{   LinkString * p=t-> next, * q, * tc;
    s=(LinkString * )malloc(sizeof(LinkString));
    tc=s;                                    //tc 指向串 s 的尾结点
    while (p!=NULL)                          //复制 t 的所有结点
    {   q=(LinkString * )malloc(sizeof(LinkString));
        q-> data=p-> data;
        tc-> next=q; tc=q;
        p=p-> next;
    }
    tc-> next=NULL;                          //尾结点的 next 置 NULL
}
int StrLength(LinkString * s)                //求串长
{   int n=0;
    LinkString * p=s-> next;
    while (p!=NULL)                          //扫描链串 s 的所有数据结点
    {   n++;
        p=p-> next;
    }
    return n;
}
int StrEqual(LinkString * s,LinkString * t)  //判断串相等
{   LinkString * p=s-> next, * q=t-> next;
    while (p!=NULL && q!=NULL)               //比较两串的当前结点
    {   if (p-> data!=q-> data)             //data 域不等时返回 0
            return 0;
        p=p-> next;                          //p、q 均后移一个结点
        q=q-> next;
    }
    if (p!=NULL || q!=NULL)                  //两串长度不等时返回 0
        return 0;
```

```
        else return 1;                                //两串长度相等时返回 1
}
LinkString * Concat(LinkString * s, LinkString * t)   //串连接
{    LinkString * p=s−> next, * q, * tc, * r;
     r=(LinkString * )malloc(sizeof(LinkString));
     tc=r;                                            //tc 总是指向新链串的尾结点
     while (p!=NULL)                                   //将 s 串复制给 r
     {    q=(LinkString * )malloc(sizeof(LinkString));
          q−> data=p−> data;
          tc−> next=q; tc=q;
          p=p−> next;
     }
     p=t−> next;
     while (p!=NULL)                                   //将 t 串复制给 r
     {    q=(LinkString * )malloc(sizeof(LinkString));
          q−> data=p−> data;
          tc−> next=q; tc=q;
          p=p−> next;
     }
     tc−> next=NULL;
     return r;
}
LinkString * SubStr(LinkString * s, int i, int j)     //求子串
{    int k=1;
     LinkString * r, * p=s−> next, * q, * tc;
     r=(LinkString * )malloc(sizeof(LinkString));
     r−> next=NULL;                                   //先置 r 为一个空串
     if (i< 1) return r;                              //i 参数错误返回空串
     tc=r;                                            //tc 总是指向新链串的尾结点
     while (k< i && p!=NULL)                          //在 s 中找第 i 个结点 p
     {    p=p−> next;
          k++;
     }
     if (p==NULL) return r;                           //i 参数错误返回空串
     k=1; q=p;
     while (k< j && q!=NULL)                          //判断 j 参数是否正确
     {    q=q−> next;
          k++;
     }
     if (q==NULL) return r;                           //j 参数错误返回空串
     k=1;
     while (k<=j && p!=NULL)                          //复制从 p 结点开始的 j 个结点到 r 中
     {    q=(LinkString * )malloc(sizeof(LinkString));
          q−> data=p−> data;
          tc−> next=q; tc=q;
          p=p−> next;
          k++;
     }
     tc−> next=NULL;
     return r;
}
```

```
int Index(LinkString * s, LinkString * t)              //串匹配
{   LinkString * p=s−> ncxt, * p1, * q, * q1;
    int i=1;
    while (p!=NULL)                                    //遍历 s 的每个结点
    {   q=t−> next;                                    //总是从 t 的第一个字符开始比较
        if (p−> data==q−> data)                        //判定两串当前字符相等
        {                                              //若首字符相同,则判定 s 其后字符是否与 t 之后字符依次相同
            p1=p−> next;                               //p1、q1 同时后移一个结点
            q1=q−> next;
            while (p1!=NULL && q1!=NULL && p1−> data==q1−> data)
            {   p1=p1−> next;                          //p1、q1 同时后移一个结点
                q1=q1−> next;
            }
            if (q1==NULL)                              //若都相同,则返回相同的子串的起始位置
                return i;
        }
        p=p−> next; i++ ;
    }
    return 0;                                          //若不是子串,返回 0
}
int InsStr(LinkString * &s, int i, LinkString * t)      //子串插入:直接在 s 中插入子串
{   LinkString * p=s, * q, * r;                         //p 指向 s 的头结点
    int k=1;
    if (i< 1) return 0;                                //参数 i 错误返回 0
    while (k< i && p!=NULL)                            //从头结点开始找第 i−1 个结点 p
    {   k++;
        p=p−> next;
    }
    if (p==NULL) return 0;                             //参数 i 错误返回 0
    q=t−> next;                                        //q 指向 t 的第一个数据结点
    while (q!=NULL)                                    //参数正确将 t 的所有结点复制并插入 p 之后
    {   r=(LinkString * )malloc(sizeof(LinkString));
        r−> data=q−> data;
        r−> next=p−> next;
        p−> next=r;
        p=p−> next;
        q=q−> next;
    }
    return 1;
}
int DelStr(LinkString * &s, int i, int j)              //子串删除,直接在 s 中删除子串
{   LinkString * p=s, * q;                             //p 指向 s 的头结点
    int k=1;
    if (i< 1 || j< 1) return 0;                        //i、j 参数错误返回 0
    while (k< i && p!=NULL)                            //从头结点开始找第 i−1 个结点 p
    {   p=p−> next;
        k++;
    }
    if (p==NULL) return 0;                             //i 参数错误返回空串
    k=1;
    q=p−> next;
```

```
        while (k<j && q!=NULL)              //判断 j 参数是否正确
        {   q=q->next;
            k++;
        }
        if (q==NULL) return 0;              //j 参数错误返回空串
        k=1;
        while (k<=j)                        //删除 p 结点之后的 j 个结点
        {   q=p->next;
            if (q->next==NULL)              //若 q 是尾结点
            {   free(q);                    //释放 q 结点
                p->next=NULL;               //p 结点成为尾结点
            }
            else                            //若 q 不是尾结点
            {   p->next=q->next;            //删除 q 结点
                free(q);                    //释放 q 结点
            }
            k++;
        }
        return 1;                           //成功删除返回 1
    }
    LinkString *RepStrAll(LinkString *s,LinkString *s1,LinkString *s2)   //子串替换
    {   int i;
        i=Index(s,s1);                      //求 s1 在 s 中的位置 i
        while (i>0)
        {   DelStr(s,i,StrLength(s1));      //删除子串 s1
            InsStr(s,i,s2);                 //插入子串 s2
            i=Index(s,s1);                  //继续求 s1 在 s 中的位置 i
        }
        return s;
    }
    void DispStr(LinkString *s)             //输出串
    {   LinkString *p=s->next;
        while (p!=NULL)
        {   printf("%c",p->data);
            p=p->next;
        }
        printf("\n");
    }
```

设计如下应用主函数。

```
#include "LinkString.cpp"                   //包含链串的基本运算函数
void main()
{   LinkString *s1,*s2,*s3,*s4,*s5,*s6,*s7;
    Assign(s1,"abcd");
    printf("s1:");DispStr(s1);
    printf("s1 的长度:%d\n",StrLength(s1));
    printf("s1=>s2\n");
    StrCopy(s2,s1);
    printf("s2:");DispStr(s2);
    printf("s1 和 s2%s\n",(StrEqual(s1,s2)==1?"相同":"不相同"));
```

```
        Assign(s3,"12345678");
        printf("s3:");DispStr(s3);
        printf("s1 和 s3 连接=>s4\n");
        s4=Concat(s1,s3);
        printf("s4:");DispStr(s4);
        printf("s3[2..5]=>s5\n");
        s5=SubStr(s3,2,4);
        printf("s5:");DispStr(s5);
        Assign(s6,"567");
        printf("s6:");DispStr(s6);
        printf("s6 在 s3 中位置:%d\n",Index(s3,s6));
        printf("从 s3 中删除 s3[3..6]字符\n");
        DelStr(s3,3,4);
        printf("s3:");DispStr(s3);
        printf("从 s4 中将 s6 替换成 s1=>s7\n");
        s7=RepStrAll(s4,s6,s1);
        printf("s7:");DispStr(s7);
        DestroyStr(s1); DestroyStr(s2);
        DestroyStr(s3); DestroyStr(s4);
        DestroyStr(s5); DestroyStr(s6);           //s7 共享 s4 的数据结点,已经被释放
    }
```

上述程序的执行结果如图 4.1 所示。

2. 应用实验题

(1) **解**:设顺序串 s 的长度为 n,i 从 0、j 从 $n-1$ 开始,当 $i<j$ 时循环将 s.data[i]和 s.data[j]交换,并且置 $i++$、$j--$。对应的实验程序如下。

```
# include < stdio.h >
# include "SqString.cpp"                //包含顺序串的基本运算函数
void Reverse(SqString &s)               //逆置字符串 s
{   int i=0,j=s.length-1;
    char tmp;
    while (i<j)
    {   tmp=s.data[i];
        s.data[i]=s.data[j];
        s.data[j]=tmp;
        i++; j--;
    }
}
void main()
{   SqString s;
    Assign(s,"1234abcde");
    printf("s: ");DispStr(s);
    printf("逆置 s\n");
    Reverse(s);
    printf("s: ");DispStr(s);
    DestroyStr(s);
}
```

上述程序的执行结果如图 4.2 所示。

图 4.2 实验程序的执行结果

（2）**解**：采用 Index 算法思路设计由顺序串 *s*、*t* 产生最大公共子串 str，即对于 *s* 的每个位置 *i*，找 s[t..i+mlen−1]==t[j..j+mlen−1]，其公共子串长度为 mlen，比较找最长的公共子串 s[midx..midx+mlen−1]。对应的实验程序如下。

```c
#include <stdio.h>
#include "SqString.h"                    //包含顺序串的基本运算函数
SqString maxcomstr(SqString s,SqString t)
{   SqString str;
    int midx=0,mlen=0,tlen,i=0,j,k;       //用(midx,mlen)保存最大公共子串
    while (i<s.length)                     //用 i 扫描串 s
    {   j=0;                               //用 j 扫描串 t
        while (j<t.length)
        {   if (s.data[i]==t.data[j])       //找一子串,在 s 中下标为 i,长度为 tlen
            {   tlen=1;
                for (k=1;i+k<s.length && j+k<t.length
                        && s.data[i+k]==t.data[j+k];k++)
                    tlen++;
                if (tlen>mlen)              //将较大长度者赋给 midx 与 mlen
                {   midx=i;
                    mlen=tlen;
                }
                j+=tlen;                    //继续扫描 t 中第 j+tlen 字符之后的字符
            }
            else j++;
        }
        i++;                                //继续扫描 s 中第 i 字符之后的字符
    }
    for (i=0;i<mlen;i++)                    //将最大公共子串复制到 str 中
        str.data[i]=s.data[midx+i];
    str.length=mlen;
    return str;                             //返回最大公共子串
}
void main()
{   SqString s,t,str;
    Assign(s,"aababcabcdabcde");
    Assign(t,"aabcd");
    printf("s:");DispStr(s);
    printf("t:");DispStr(t);
    printf("求 s、t 的最大公共子串 str\n");
    str=maxcomstr(s,t);
```

```
        printf("str:");DispStr(str);
        DestroyStr(s); DestroyStr(t); DestroyStr(str);
}
```

上述程序的执行结果如图 4.3 所示。

图 4.3   实验程序的执行结果

(3) **解**：采用简单匹配方法。用 count 记录子串 t 在串 s 中出现的次数(初始为 0)。p 指向串 s 的首结点。当 p 不为 NULL 时循环：r 指向 t 的首结点，q 从 p 结点开始与 r 结点依次比较，若 r 为空，表示 s 中找到一个 t 子串，count 增 1，$q=p$ 继续查找下一个子串；否则表示结点 p 开始没有找到 t 子串，p 移到下一个结点继续比较。最后返回 count。

对应的实验程序如下。

```
#include "LinkString.cpp"                    //包含链串的基本运算函数
int Count(LinkString * s,LinkString * t)      //求解算法
{    int count=0;
     LinkString * p=s-> next, * q, * r;
     while (p!=NULL)
     {    q=p;
          r=t-> next;
          while (q!=NULL && r!=NULL && q-> data==r-> data)
          {    q=q-> next;
               r=r-> next;
          }
          if (r==NULL)                        //找到一个子串
          {    count++;                        //count 增 1
               p=q;                            //p 指向 q
          }
          else p=p-> next;                     //p 移到下一个字符
     }
     return count;
}
void main()
{    LinkString * s, * t;
     Assign(s,"aaaaaaaa");
     Assign(t,"aaa");
     printf("s:");DispStr(s);
     printf("t:");DispStr(t);
     printf("t 在 s 中出现的次数:%d\n",Count(s,t));
     DestroyStr(s); DestroyStr(t);
}
```

上述程序的执行结果如图 4.4 所示。

图 4.4　实验程序的执行结果

（4）**解**：与（3）的思路类似，当 r 为空，表示 s 中从结点 p 开始找到一个 t 子串，count 增 1；否则表示结点 p 开始没有找到 t 子串，两种情况都是将 p 移到下一个结点继续比较。最后返回 count。

对应的实验程序如下。

```
#include "LinkString.cpp"              //包含链串的基本运算函数
int Count(LinkString * s, LinkString * t)      //求解算法
{    int count=0;
     LinkString * p=s->next, * q, * r;
     while (p!=NULL)
     {   q=p;
         r=t->next;
         while (q!=NULL && r!=NULL && q->data==r->data)
         {   q=q->next;
             r=r->next;
         }
         if (r==NULL)                  //找到一个子串
             count++;                  //count 增 1
         p=p->next;                    //p 移到下一个字符
     }
     return count;
}
void main()
{    LinkString * s, * t;
     Assign(s,"aaaaaaaa");
     Assign(t,"aaa");
     printf("s:");DispStr(s);
     printf("t:");DispStr(t);
     printf("t 在 s 中出现的次数:%d\n",Count(s,t));
     DestroyStr(s); DestroyStr(t);
}
```

上述程序的执行结果如图 4.5 所示。

图 4.5　实验程序的执行结果

（5）**解**：用 p 扫描 s 的所有字符结点，当 p 结点为数字结点时，将其采用尾插法插入不带头结点的单链表 $t1$ 中；否则将其采用尾插法插入不带头结点的单链表 $t2$ 中。最后按 $t1$、$t2$ 的顺序重新连接起来构成新链串 s。对应的实验程序如下。

```
# include "LinkString.cpp"                    //包含链串的基本运算函数
void Move(LinkString * &s)                    //移动算法
{   LinkString * p=s-> next, * t1, * t2, * tc1, * tc2;
    t1=t2=NULL;
    while (p!=NULL)
    {   if (p-> data >= '0' && p-> data <= '9')   //为数字字符
        {   if (t1==NULL)                     //t1 为空时
            {   t1=p;                         //p 结点作为 t1 的首结点
                tc1=t1;                       //tc1 指向 t1 的尾结点
            }
            else                              //t1 非空时
            {   tc1-> next=p;                 //p 结点链接到 t1 的末尾
                tc1=p;                        //tc1 指向 t1 的尾结点
            }
            p=p-> next;
        }
        else if (p!=NULL)                     //为小写字母字符
        {   if (t2==NULL)                     //t2 为空时
            {   t2=p;                         //p 结点作为 t2 的首结点
                tc2=t2;                       //tc2 指向 t2 的尾结点
            }
            else                              //t2 非空时
            {   tc2-> next=p;                 //p 结点链接到 t2 的末尾
                tc2=p;                        //tc2 指向 t2 的尾结点
            }
            p=p-> next;
        }
    }
    tc2-> next=NULL;                          //置 tc2 的 next 为空
    s-> next=t1;                              //将 t1 和 t2 顺序链接起来
    tc1-> next=t2;
}
void main()
{   LinkString * s;
    Assign(s,"1a2a34b5c6d7ccd");
    printf("s:");DispStr(s);
    printf("s 移动后\n");
    Move(s);
    printf("s:");DispStr(s);
    DestroyStr(s);
}
```

上述程序的执行结果如图 4.6 所示。

图 4.6　实验程序的执行结果

CHAPTER 5

第 5 章　　　　　数组和稀疏矩阵

5.1　练习题 5 及参考答案

5.1.1　练习题 5

1. 单项选择题

(1) 有一个三维数组 $A[-2..2][-4..5][2..6]$，其元素个数是（　　　）。

    A. 60　　　　　　B. 250　　　　　　C. 144　　　　　　D. 396

(2) 设二维数组 $A[1..5][1..8]$，若按行优先的顺序存放数组的元素，则 $A[4][6]$ 元素的前面有（　　　）个元素。

    A. 6　　　　　　B. 28　　　　　　C. 29　　　　　　D. 40

(3) 设二维数组 $A[1..5][1..8]$，若按列优先的顺序存放数组的元素，则 $A[4][6]$ 元素的前面有（　　　）个元素。

    A. 6　　　　　　B. 28　　　　　　C. 29　　　　　　D. 40

(4) 一个 n 阶对称矩阵 A 采用压缩存储方式，将其下三角部分按行优先存储到一维数组 B 中，则 B 中元素个数是（　　　）。

    A. n　　　　　　　　　　　　　B. n^2

    C. $n(n+1)/2$　　　　　　　　　D. $n(n+1)/2+1$

(5) 一个 n 阶对称矩阵 $A[1..n,1..n]$ 采用压缩存储方式，将其下三角部分按行优先存储到一维数组 $B[1..m]$ 中，则 $A[i][j]$ $(i \geqslant j)$ 元素在 B 中的位置 k 是（　　　）。

    A. $j(j-1)/2+i$　　　　　　　　B. $j(j-1)/2+i-1$

    C. $i(i-1)/2+j$　　　　　　　　D. $i(i-1)/2+j-1$

(6) 一个对称矩阵 $A[1..10,1..10]$ 采用压缩存储方式，将其下三角部分按行优先存储到一维数组 $B[0..m]$ 中，则 $A[8][5]$ 元素在 B 中的位置 k 是（　　　）。

    A. 32　　　　　　B. 37　　　　　　C. 45　　　　　　D. 60

(7) 一个对称矩阵 $A[1..10,1..10]$ 采用压缩存储方式,将其下三角部分按行优先存储到一维数组 $B[0..m]$ 中,则 $A[5][8]$ 元素值在 B 中的位置 k 是(　　)。

　　　　A. 18　　　　　　　　B. 32　　　　　　　　C. 45　　　　　　　　D. 60

(8) 一个对称矩阵 $A[1..10,1..10]$ 采用压缩存储方式,将其上三角部分按行优先存储到一维数组 $B[1..m]$ 中,则 $A[8][5]$ 元素值在 B 中的位置 k 是(　　)。

　　　　A. 10　　　　　　　　B. 37　　　　　　　　C. 45　　　　　　　　D. 60

(9) 一个 n 阶上三角矩阵 A 按列优先顺序压缩存放在一维数组 B,则 B 中元素个数是(　　)。

　　　　A. n　　　　　　　　B. n^2　　　　　　　　C. $n(n+1)/2$　　　　D. $n(n+1)/2+1$

(10) 一个 10 阶下三角矩阵 $A[0..9,0..9]$ 按行优先压缩存放在一维数组 $B[0..m]$ 中,则 $A[3][2]$ 在 B 中的位置 k 是(　　)。

　　　　A. 1　　　　　　　　B. 8　　　　　　　　C. 10　　　　　　　　D. 21

(11) 对特殊矩阵采用压缩存储的目的主要是为了(　　)。

　　　　A. 表达变得简单　　　　　　　　　B. 对矩阵元素的存取变得简单
　　　　C. 去掉矩阵中的多余元素　　　　　D. 减少不必要的存储空间

(12) 稀疏矩阵是指(　　)的矩阵。

　　　　A. 非零元素较多且分布无规律　　　B. 非零元素较少且分布无规律
　　　　C. 总元素个数较少　　　　　　　　D. 不适合用二维数组表示

(13) 稀疏矩阵一般的压缩存储方法有两种,即(　　)。

　　　　A. 二维数组和三维数组　　　　　　B. 三元组和散列
　　　　C. 三元组和十字链表　　　　　　　D. 散列和十字链表

(14) 一个稀疏矩阵采用压缩后,和直接采用二维数组存储相比会失去(　　)特性。

　　　　A. 顺序存储　　　B. 随机存取　　　C. 输入输出　　　D. 以上都不对

(15) 一个 m 行 n 列的稀疏矩阵采用十字链表表示时,其中总的头结点的个数为(　　)。

　　　　A. $m+1$　　　　　　　　　　　　B. $n+1$
　　　　C. $m+n+1$　　　　　　　　　　D. $MAX\{m,n\}+1$

2. 填空题

(1) 三维数组 $A[c_1..d_1,c_2..d_2,c_3..d_3]$($c_1{\leqslant}d_1,c_2{\leqslant}d_2,c_3{\leqslant}d_3$)共含有(　　)个元素。

(2) 已知二维数组 $A[m][n]$ 采用行序为主序存储,每个元素占 k 个存储单元,并且第一个元素的存储地址是 $LOC(A[0][0])$,则 $A[i][j]$ 的地址是(　　)。

(3) 二维数组 $A[10][20]$ 采用列序为主序存储,每个元素占一个存储单元,并且 $A[0][0]$ 的存储地址是 200,则 $A[6][12]$ 的地址是(　　)。

(4) 二维数组 $A[10..20][5..10]$ 采用行序为主方式存储,每个元素占 4 个存储单元,并且 $A[10][5]$ 的存储地址是 1000,则 $A[18][9]$ 的地址是(　　)。

(5) 有一个 10 阶对称矩阵 A,采用压缩存储方式(以行序为主存储下三角部分,且 $A[0][0]$ 存放在 $B[1]$ 中),则 $A[8][5]$ 在 B 中的地址是(　　)。

(6) 设 n 阶下三角矩阵 $A[1..n][1..n]$ 已压缩到一维数组 $B[1..n(n+1)/2]$ 中,若按行序为主存储,则 $A[i][j]$ 对应的 B 中的存储位置是(　　)。

（7）稀疏矩阵的三元组表示中,每个结点对应于稀疏矩阵的一个非零元素,它包含三个数据项,分别表示该元素的(　　　)。

3. 简答题

（1）简述数组的主要基本运算。

（2）为什么说数组是线性表的推广或扩展,而不说数组就是一种线性表呢？

（3）为什么数组一般不采用链式结构存储？

（4）如果一维数组 A 中元素个数 n 很大,存在大量重复的元素,且所有元素值相同的元素紧挨在一起,请设计一种压缩存储方式使得存储空间更节省。

4. 算法设计题

（1）假定数组 $A[0..n-1]$ 的 n 个元素中有多个零元素,设计一个算法将 A 中所有的非零元素全部移到 A 的前端。

（2）有一个含有 n 个整数元素的数组 $a[0..n-1]$,设计一个算法通过比较求 $a[i..j]$ 中的第一个最小元素的下标。

（3）设计一个算法,求一个 $n \times n$ 的二维整型数组 A 的下三角和主对角部分的所有元素之和。

（4）设计一个算法,给定一个 $n \times n$ 的二维整型数组 A,按位置输出其中左上-右下和左下-右上两条对角线的元素。

5.1.2　练习题 5 参考答案

1. 单项选择题

（1）B　　　（2）C　　　（3）B　　　（4）C　　　（5）C
（6）A　　　（7）B　　　（8）B　　　（9）D　　　（10）B
（11）D　　（12）B　　　（13）C　　　（14）B　　　（15）D

2. 填空题

(1) $(d_1-c_1+1) \times (d_2-c_2+1) \times (d_3-c_3+1)$

(2) $\text{LOC}(A[0][0])+(n \times i+j) \times k$

(3) 326

(4) 1208

(5) 42

(6) $i(i-1)/2+j$

(7) 行下标、列下标和元素值

3. 简答题

（1）答：数组的主要基本运算如下。

① 取值运算：给定一组下标,读取其对应的数组元素。

② 赋值运算：给定一组下标,存储或修改与其相对应的数组元素。

（2）答：从逻辑结构的角度看,一维数组是一种线性表;二维数组可以看成数组元素为一维数组的一维数组,所以二维数组是线性结构,可以看成是线性表,但就二维数组的形状而言,它又是非线性结构,因此将二维数组看成是线性表的推广更准确。三维及以上维的数组也是如此。

(3)**答**:因为数组使用链式结构存储时需要额外占用更多的存储空间,而且不具有随机存取特性,使得相关操作更复杂。

(4)**答**:设数组的元素类型为 ElemType,采用一种结构体数组 B 来实现压缩存储,该结构体数组的元素类型如下。

```
struct
{   ElemType data;                      //元素值
    int length;                         //重复元素的个数
}
```

如数组 $A[]=\{1,1,1,5,5,5,5,3,3,3,3,4,4,4,4,4,4\}$,共有 17 个元素,对应的压缩存储 B 如下。

$$\{\{1,3\},\{5,4\},\{3,4\},\{4,6\}\}$$

压缩数组 B 中仅有 8 个整数。从中看出,如果重复元素越多,采用这种压缩存储方式越节省存储空间。

4. 算法设计题

(1)**解**:从前向后找为零的元素 $A[i]$,从后向前找非零的元素 $A[j]$,将 $A[i]$ 和 $A[j]$ 进行交换。对应的算法如下。

```
void move(ElemType A[],int n)
{   int i=0,j=n-1;
    ElemType tmp;
    while (i<j)
    {   while (A[i]!=0) i++;              //从前向后找零元素 A[i]
        while (A[j]==0) j--;              //从后向前找非零元素 A[j]
        if (i<j)                         //A[i]与 A[j]交换
        {   tmp=A[i]; A[i]=A[j];
            A[j]=tmp;
        }
    }
}
```

(2)**解**:当参数错误时算法返回 0;否则先置 mini$=i,k$ 从 $i+1$ 到 j 循环:比较将最小元素的下标放在 mini 中。对应的算法如下。

```
int Minij(int a[],int n,int i,int j,int &mini)
{   int k;
    if (i<0 || j>=n || i>j || j>=n)
        return 0;                        //参数错误返回 0
    mini=i;
    for (k=i+1;k<=j;k++)
        if (a[k]<a[mini])
            mini=k;
    return 1;                            //成功找到返回 1
}
```

(3) **解**：用 sum 记录 a 中下三角和主对角部分的所有元素和(初始为 0)，i 从 0 到 $n-1$、j 从 $0\sim i$ 循环，执行 $\text{sum}+=a[i][j]$，最后返回 sum。对应的算法如下。

```
int LowDiag(int a[][N],int n)
{    int i,j,sum=0;
     for (i=0;i<n;i++)
          for (j=0;j<=i;j++)
              sum+=a[i][j];
     return sum;
}
```

(4) **解**：对于二维数组 A，左上-右下对角线元素 $a[i][j]$ 满足 $i==j$，左下-右上对角线元素 $a[i][j]$ 满足 $i+j==n-1$。i 从 $0\sim n-1$、j 从 $0\sim n-1$ 循环，输出满足条件的元素值。对应的算法如下。

```
void Output(int a[][N],int n)
{    int i,j;
     for (i=0;i<n;i++)
     {    for (j=0;j<n;j++)
              if (i==j || i+j==n-1)
                   printf("%5d",a[i][j]);
              else
                   printf("     ");
          printf("\n");
     }
}
```

5.2　上机实验题 5 及参考答案

5.2.1　上机实验题 5

1. 基础实验题

(1) 有一个 $m\times n$ 的 C/C++ 整型数组 $A=\{a_{i,j}\}$($0\leqslant i<m,0\leqslant j<n$)。设计一个算法，求分别采用以行序为主序和以列序为主序时 a_{ij} 元素前面的元素个数是多少。并用相关数据进行测试。

(2) 一个 n 阶整数对称矩阵 $A=\{a_{i,j}\}$($0\leqslant i<m,0\leqslant j<n$)进行压缩存储，采用一维数组 $B=\{b_k\}$ 按列优先顺序存放其上三角和主对角线的各元素。编写一个程序将 A 压缩存放在 B 中，输出 B 的元素并通过 B 输出 A 的所有元素。以 $n=4$ 为例用相关数据进行测试。

2. 应用实验题

(1) 设有一个整型数组 a，设计一个算法，使 $a[i]$ 的值变为 $a[0]\sim a[i-1]$ 中小于原 $a[i]$ 值的个数。例如 $a=(5,2,1,4,3)$，这样转换后 $a=(0,0,0,2,2)$。并用相关数据进行测试。

(2) 设计一个算法，将含有 n 个元素的数组 A 的元素 $A[0\cdots n-1]$ 循环右移 m 位。要求算法的空间复杂度为 $O(1)$。并用相关数据进行测试。

（3）已知一个 $n\times n$ 矩阵 A（元素为整数）按行优先存于一维数组 $B[0..n*n-1]$ 中,试给出一个算法将原矩阵转置后仍存于数组 B 中。并用相关数据进行测试。

（4）如果矩阵 A 中存在这样的一个元素 $A[i][j]$ 满足条件: $A[i][j]$ 是第 i 行中值最小的元素,且又是第 j 列中值最大的元素,则称为该矩阵的一个马鞍点。设计一个算法求出 $m\times n$ 的矩阵 A 的所有马鞍点。并用相关数据进行测试。

（5）设有二维数组 $A[m][n]$,其元素为整数,每行每列都按从小到大有序,试给出一个算法求数组中值为 x 的元素的行号 i 和列号 j。设值 x 在 A 中存在,要求比较次数不多于 $m+n$ 次。并用相关数据进行测试。

（6）假设稀疏矩阵采用三元组表示,设计一个算法求所有左上-右下的对角线元素之和,若稀疏矩阵不是方阵,返回 0；否则求出结果并返回 1。并用相关数据进行测试。

5.2.2　上机实验题 5 参考答案

1. 基础实验题

（1）**解**:采用以行序为主序时,对于 $a_{i,j}$ 元素,前面有 i 行,每行 n 个数,第 i 行中前面有 j 个元素,合计前面的元素个数为 $i\times n+j$。

采用以列序为主序时,对于 $a_{i,j}$ 元素,前面有 j 列,每列 m 个数,第 j 列中前面有 i 个元素,合计前面的元素个数为 $j\times m+i$。

对应的实验程序如下。

```
#include <stdio.h>
#define M 10
#define N 10
int Prenums1(int m,int n,int i,int j)              //以行序为主序
{   int k;
    if (i>=0 && i<m && j>=0 && j<n)
    {   k=i*n+j;
        return k;
    }
    else return -1;
}
int Prenums2(int m,int n,int i,int j)              //以列序为主序
{   int k;
    if (i>=0 && i<m && j>=0 && j<n)
    {   k=j*m+i;
        return k;
    }
    else return -1;
}
void main()
{   int m=3,n=4,i,j;
    int a[3][4]={{1,2,3,4},{5,6,7,8},{9,10,11,12}};
    printf("以行序为主序\n");
    for (i=0;i<m;i++)
        for (j=0;j<n;j++)
            printf("   a[%d][%d]前面的元素个数:%d\n",i,j,Prenums1(m,n,i,j));
```

```
    printf("以列序为主序\n");
    for (i=0;i<m;i++)
        for (j=0;j<n;j++)
            printf("    a[%d][%d]前面的元素个数:%d\n",i,j,Prenums2(m,n,i,j));
}
```

上述程序的执行结果如图 5.1 所示。

图 5.1 实验程序的执行结果

(2) **解**：对于 A 中上三角和主对角线的元素 $a_{i,j}$,有 $i \leqslant j$,按列优先顺序存放时,元素 $a_{i,j}$ 前面有 $0 \sim j-1$ 列,存储的元素个数分别是 $1,2,\cdots,j$,计 $j(j+1)/2$ 个元素,在第 j 列表,前面存储的元素有 $a_{0,j} \sim a_{i-1,j}$,计 i 个元素。这样 $a_{i,j}$ 在 B 中的存放位置为 $k=j(j+1)/2+i$。

对于下三角部分的元素 $a_{i,j}$,有 $i>j$,它的元素值等于 $a_{j,i}$。

归纳起来,对于对称矩阵 $A=\{a_{i,j}\}$ 中的任何元素,在 B 数组中下标 k 的关系如下。

$$k = j(j+1)/2+i \quad 当 i \leqslant j$$
$$k = i(i+1)/2+j \quad 当 i > j$$

对应的实验程序如下。

```
#include <stdio.h>
#define N 4
int findk(int i,int j)                        //由 i,j 求 k
{   if (i<=j)
        return(j*(j+1)/2+i);
    else
        return(i*(i+1)/2+j);
}
int Compress(int A[N][N],int B[])             //将 A 压缩存储到 B 中
```

```
{   int i,j,k=0;
    for (j=0;j<N;j++)
        for (i=0;i<=j;i++)
        {   B[k]=A[i][j];
            k++;
        }
    return k;
}
void dispA(int B[])                     //通过 B 输出 A 的所有元素
{   for (int i=0;i<N;i++)
    {   for (int j=0;j<N;j++)
            printf("%4d",B[findk(i,j)]);
        printf("\n");
    }

}
void dispB(int B[],int s)               //输出 B
{   for (int k=0;k<s;k++)
        printf("%4d",B[k]);
    printf("\n");
}
void main()
{   int A[4][4]={{1,2,3,4},{2,5,6,7},{3,6,8,9},{4,7,9,10}};
    int B[10],s;                        //s 为 B 中元素个数
    printf("原来的 A:\n");
    for (int i=0;i<N;i++)
    {   for (int j=0;j<N;j++)
            printf("%4d",A[i][j]);
        printf("\n");
    }
    s=Compress(A,B);
    printf("输出 B:\n");
    dispB(B,s);
    printf("通过 B 输出 A:\n");
    dispA(B);
}
```

上述程序的执行结果如图 5.2 所示。

图 5.2 实验程序的执行结果

数据结构简明教程(第 2 版)学习与上机实验指导

2. 应用实验题

(1) **解**：这样转换后，$a[i]$ 为其前面小于原来 $a[i]$ 的元素个数。i 从 $n-1$ 到 0 循环：累计 $a[0..i-1]$ 中大于 $a[i]$ 的元素个数 c，置 $a[i]$ 为 c。对应的实验程序如下。

```c
#include <stdio.h>
void Trans(int a[],int n)                    //转换算法
{    int i,j,c;
     for (i=n-1;i>=0;i--)
     {    c=0;
          for (j=0;j<i;j++)
               if (a[j]<a[i]) c++;
          a[i]=c;
     }
}
void main()
{    int a[]={5,2,1,4,3};
     int n=sizeof(a)/sizeof(a[0]);
     printf("转换前 a:");
     for (int i=0;i<n;i++)
          printf("%3d",a[i]);
     printf("\n");
     Trans(a,n);
     printf("转换后 a:");
     for (int j=0;j<n;j++)
          printf("%3d",a[j]);
     printf("\n");
}
```

上述程序的执行结果如图 5.3 所示。

图 5.3　实验程序的执行结果

(2) **解**：设 A 中元素为 ab（a 为前 $n-m$ 个元素，b 为后 m 个元素）。先将 a 逆置得到 $a^{-1}b$，再将 b 逆置得到 $a^{-1}b^{-1}$，最后将整个 $a^{-1}b^{-1}$ 逆置得到 $(a^{-1}b^{-1})^{-1}=ba$。本算法的时间复杂度为 $O(n)$，空间复杂度为 $O(1)$。对应的实验程序如下。

```c
#include <stdio.h>
void Reverse(int A[],int i,int j)            //逆置 A[i..j]
{    int k,tmp;
     for (k=0;k<(j-i+1)/2;k++)
     {    tmp=A[i+k];
          A[i+k]=A[j-k]; A[j-k]=tmp;
     }
}
void Rightmove(int A[],int n,int m)          //将 A[0..n-1]循环右移 m 个元素
```

```
{    if (m>n) m=m%n;
     Reverse(A,0,n-m-1);
     Reverse(A,n-m,n-1);
     Reverse(A,0,n-1);
}
void display(int A[],int n,int m)              //输出测试结果
{    printf("   移动前:");
     for (int i=0;i<n;i++)
         printf("%3d",A[i]);
     printf("\n");
     printf("   循环右移%d个元素\n",m);
     Rightmove(A,n,m);
     printf("   移动后:");
     for (int j=0;j<n;j++)
         printf("%3d",A[j]);
     printf("\n");
}
void main()
{    int a[]={1,2,3,4,5,6};
     int n1=sizeof(a)/sizeof(a[0]);
     int m1=4;
     printf("测试 1\n");
     display(a,n1,m1);
     printf("测试 2\n");
     int b[]={1,2,3,4,5,6};
     int n2=sizeof(b)/sizeof(b[0]);
     int m2=20;
     display(b,n2,m2);
}
```

上述程序的执行结果如图 5.4 所示。

图 5.4　实验程序的执行结果

（3）**解**：矩阵转置是将矩阵中第 i 行第 j 列的元素与第 j 行第 i 列的元素互换位置。因此应先确定矩阵 A 与一维数组 B 的映射关系：$a_{i,j}$ 在一维数组 B 中的下标为 $i \times n + j$，$a_{j,i}$ 在一维数组 B 中的下标为 $j \times n + i$，当 A 采用 B 存储时，A 的转置相当于交换 $B[i*n+j]$ 和 $B[j*n+i]$ 元素。对应的实验程序如下。

```
#include <stdio.h>
#define N 4
void swap(int &x,int &y)                       //交换 x 和 y
```

```
{    int tmp=x;
     x=y; y=tmp;
}
void trans(int B[])                              //转置算法
{    int i,j;
     for (i=0;i<N;i++)
         for (j=0;j<i;j++)
             swap(B[i*N+j],B[j*N+i]);            //交换
}
void Save(int A[][N],int B[])                    //A 按行优先存于 B 中
{    int k=0;
     for (int i=0;i<N;i++)
         for (int j=0;j<N;j++)
         {    B[k]=A[i][j];
              k++;
         }
}

void Rest(int B[],int A[][N])                    //由 B 恢复为 A
{    int k=0;
     for (int i=0;i<N;i++)
         for (int j=0;j<N;j++)
         {    A[i][j]=B[k];
              k++;
         }
}
void dispA(int A[][N])                           //输出 A
{    for (int i=0;i<N;i++)
     {    for (int j=0;j<N;j++)
              printf("%4d",A[i][j]);
          printf("\n");
     }
}
void dispB(int B[])                              //输出 B
{    for (int i=0;i<N*N;i++)
         printf("%3d",B[i]);
     printf("\n");
}
void main()
{    int A[][N]={{1,2,3,4},{5,6,7,8},{9,10,11,12},{13,14,15,16}};
     int B[N*N];
     printf("(1)矩阵 A:\n"); dispA(A);
     printf("(2)A 存放在 B 中\n");
     Save(A,B);
     printf("  B:"); dispB(B);
     printf("(3)对 B 转置\n");
     trans(B);
     printf("  B:"); dispB(B);
     printf("(4)B 恢复为 A\n");
     Rest(B,A);
     printf("  矩阵 A:\n"); dispA(A);
}
```

上述程序的执行结果如图 5.5 所示。

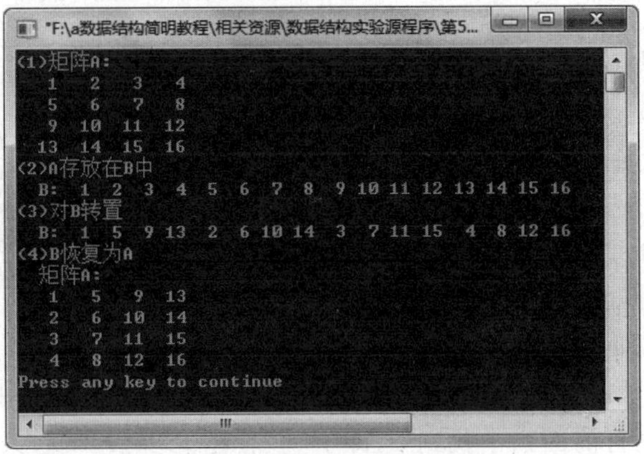

图 5.5 实验程序的执行结果

（4）**解**：先求出数组 A 每行的最小值元素，放入 $min[m]$ 之中，再求出每列的最大值元素，放入 $max[n]$ 之中，若某元素既在 $min[i]$ 中，又在 $max[j]$ 中，则该元素 $A[i][j]$ 便是马鞍点，找出所有这样的元素，即找到了所有马鞍点。对应的实验程序如下。

```
#include <stdio.h>
#define m 3
#define n 4
int MinMax(int A[m][n],int &mini,int &maxj)
{    int i,j;
     int min[m],max[n];
     for (i=0;i<m;i++)                    //计算出每行的最小值元素,放入 min[m] 之中
     {    min[i]=A[i][0];
          for (j=1;j<n;j++)
               if (A[i][j]<min[i])
                    min[i]=A[i][j];
     }
     for (j=0;j<n;j++)                    //计算出每列的最大值元素,放入 max[1..n] 之中
     {    max[j]=A[0][j];
          for (i=1;i<m;i++)
               if (A[i][j]>max[j])
                    max[j]=A[i][j];
     }
     for (i=0;i<m;i++)                    //判定是否为马鞍点
          for (j=0;j<n;j++)
               if (min[i]==max[j])
               {    mini=i; maxj=j;
                    return 1;             //找到马鞍点返回 1
               }
     return 0;                           //没有找到马鞍点返回 0
}
void main()
{    int a[m][n]={{2,3,5,1},{10,5,8,6},{6,2,6,8}};
     int mini,maxj;
```

```
        if (MinMax(a, mini, maxj))                    //调用 MinMax()找马鞍点
            printf("马鞍点: a[%d][%d]=%d\n", mini, maxj, a[mini][maxj]);
        else
            printf("没有马鞍点\n");
}
```

上述程序的执行结果如图 5.6 所示。

(5) **解**: 由于算法要求比较次数不多于 $m+n$ 次, 因此不能按行扫描数组的每一元素, 否则比较次数在最坏情况下可达 $m \times n$ 次。根据该数组的特点可从矩阵右上角(简单理解为中间位置元素)向左下角查找。

图 5.6　实验程序的执行结果

首先 $i=0, j=N-1$, 在 $i<m$ 且 $j \geqslant 0$ 时循环: 若 $a[i][j]=x$, 查找成功返回 1; 否则若 $x<a[i][j]$, 只能在同行前面列中找到 x, 即 $j--$; 若 $x>a[i][j]$, 只能在同列后面行中找到 x, 即 $i++$。这样比较次数不多于 $m+n$ 次。对应的实验程序如下。

```
#include <stdio.h>
#define M 3
#define N 4
int Findx(int a[M][N], int x, int &i, int &j)        //求解算法
{   int flag=0;
    i=0; j=N-1;
    while (i<M && j>=0)
    {   if (a[i][j]!=x)
        {   if (a[i][j]>x) j--;                       //修改列号
            else i++;                                 //修改行号
        }
        else                                          //a[i][j]==x
        {   flag=1;
            break;
        }
    }
    return flag;
}
void display(int a[M][N], int x)                      //输出测试结果
{   int i, j;
    if (Findx(a, x, i, j))
        printf("a[%d][%d]=%d\n", i, j, x);
    else
        printf("查找%d 失败\n", x);
}
void main()
{   int a[M][N]={{1,5,12,20},{2,7,15,25},{4,9,18,30}};
    int x;
    x=2; printf("测试 1: x=%2d ", x); display(a, x);
    x=15; printf("测试 2: x=%2d ", x); display(a, x);
    x=9; printf("测试 3: x=%2d ", x); display(a, x);
    x=10; printf("测试 4: x=%2d ", x); display(a, x);
}
```

上述程序的执行结果如图 5.7 所示。

图 5.7 实验程序的执行结果

（6）**解**：对于稀疏矩阵三元组表示 t，若其行号不等于列号，返回 0；否则通过扫描 t.data 数组累加行、列下标相同的元素值并返回 1。对应的实验程序如下。

```cpp
#define M 5
#define N 5
#include "TSMatrix.cpp"              //包含稀疏矩阵三元组的基本运算函数
int Diagonal(TSMatrix t,ElemType &s)  //求解算法
{   int i;
    if (t.rows!=t.cols)
        return 0;                    //不是方阵
    s=0;
    for (i=0;i<t.nums;i++)
        if (t.data[i].r==t.data[i].c)  //行号等于列号
            s+=t.data[i].d;
    return 1;
}
void main()
{   TSMatrix t;
    int a[N][N]={{0,0,1,0,0},{0,2,0,0,3},
                {0,0,4,0,0},{0,0,0,0,5},{0,0,0,0,6} };
    CreatMat(t,a);                   //创建三元组 t
    printf("三元组 t\n");
    DispMat(t);                      //输出三元组 t
    int s;
    if (Diagonal(t,s))
        printf("主对角线元素之和=%d\n",s);
    else
        printf("不是方阵\n");
}
```

上述程序的执行结果如图 5.8 所示。

图 5.8 实验程序的执行结果

第6章   树和二叉树

6.1   练习题6及参考答案

6.1.1   练习题6

1. 单项选择题

(1) 树最适合用来表示(   )。

    A. 有序数据元素

    B. 无序数据元素

    C. 元素之间具有层次关系的数据

    D. 元素之间无联系的数据

(2) 树 T 是结点的有限集合,它(①)根结点,记为 root。其余的结点分成 $m(m \geqslant 0)$ 个(②)的集合 $T_1, T_2, \cdots, T_m$,每个集合 T_i 又都是一棵树,称为 root 的子树($1 \leqslant i \leqslant m$)。一个结点的子树个数为该结点的(③)。

  ① A. 有 0 个或 1 个   B. 有 0 个或多个

      C. 有且只有 1 个   D. 有 1 个或 1 个以上

  ② A. 互不相交   B. 允许相交

      C. 允许叶结点相交   D. 允许树枝结点相交

  ③ A. 权   B. 维数

      C. 度   D. 序

(3) 一棵结点个数为 n、高度为 h 的 $m(m \geqslant 3)$ 次树中,其总的分支数是(   )。

    A. nh B. $n+h$ C. $n-1$ D. $h-1$

(4) 把一棵树转换为二叉树后,这棵二叉树的形态是(   )。

    A. 唯一的

    B. 有多种

    C. 有多种,但根结点都没有左孩子

　　　D. 有多种,但根结点都没有右孩子

(5) 假定一棵度为 3 的树中结点数为 50,则其最小高度为(　　)。

　　　A. 3　　　　　　　B. 4　　　　　　　C. 5　　　　　　　D. 6

(6) 若一棵度为 7 的树有 7 个度为 2 的结点,有 6 个度为 3 的结点,有 5 个度为 4 的结点,有 4 个度为 5 的结点,有 3 个度为 6 的结点,有两个度为 7 的结点,该树一共有(　　)个叶子结点。

　　　A. 35　　　　　　　B. 28　　　　　　　C. 77　　　　　　　D. 78

(7) 下列叙述中,正确的是(　　)。

　　　A. 二叉树就是度为 2 的树　　　　　　　　B. 二叉树中不存在度大于 2 的结点

　　　C. 二叉树是有序树　　　　　　　　　　　　D. 二叉树中每个结点的度均为 2

(8) 高度为 5 的二叉树至多有(　　)个结点。

　　　A. 16　　　　　　　B. 32　　　　　　　C. 31　　　　　　　D. 10

(9) 对一个满二叉树,有 m 个叶子结点,n 个结点,高度为 h,则(　　)。

　　　A. $n=h+m$　　　　B. $h+m=2n$　　　　C. $m=h-1$　　　　D. $n=2^h-1$

(10) 完全二叉树中,根结点的层次为 1,则编号为 i 的结点的层次是(　　)。

　　　A. i　　　　B. $\lceil \log_2 i \rceil$　　　　C. $\lfloor \log_2(i+1) \rfloor$　　　　D. $\lfloor \log_2 i \rfloor+1$

(11) 一棵完全二叉树上有 1001 个结点,其中叶子结点的个数是(　　)。

　　　A. 250　　　　　　　B. 501　　　　　　　C. 254　　　　　　　D. 505

(12) 一棵有 124 个叶结点的完全二叉树,最多有(　　)个结点。

　　　A. 247　　　　　　　B. 248　　　　　　　C. 249　　　　　　　D. 250

(13) 若给定一棵二叉树(假设所有结点值不相同)的(　　),可以唯一确定该二叉树。

　　　A. 先序序列　　　　　　　　　　　　　　　B. 中序序列

　　　C. 中序和后序序列　　　　　　　　　　　　D. 先序和后序序列

(14) 一棵二叉树的先序遍历序列和其后序遍历序列正好相反,则该二叉树一定是(　　)。

　　　A. 空树或只有一个结点　　　　　　　　　　B. 哈夫曼树

　　　C. 完全二叉树　　　　　　　　　　　　　　D. 高度等于其结点数

(15) 一棵二叉树的后序遍历序列为 $dabec$,中序遍历序列为 $debac$,则先序遍历序列为(　　)。

　　　A. $acbed$　　　　B. $decba$　　　　C. $deabc$　　　　D. $cedba$

(16) 关于非空二叉树的先序遍历序列中,以下正确的是(　　)。

　　　A. 先序遍历序列的最后一个结点是根结点

　　　B. 先序遍历序列的最后一个结点一定是叶子结点

　　　C. 先序遍历序列的第一个结点一定是叶子结点

　　　D. 以上都不对

(17) n 个结点的线索二叉树(不含头结点)中含有的线索个数为(　　)。

　　　A. $2n$　　　　　　　B. $n-1$　　　　　　　C. $n+1$　　　　　　　D. n

(18) 在线索化二叉树中,p 所指结点没有左孩子结点的条件是(　　)。

　　　A. $p->$ lchild == NULL　　　　　　　　B. $p->$ ltag==1

　　　C. $p->$ ltag==0　　　　　　　　　　　　D. 以上都不对

(19) 一棵哈夫曼树中共有 199 个结点,它用于(　　)个字符的编码。

A. 99　　　　　　　B. 100　　　　　　　C. 101　　　　　　　D. 199

(20) 根据使用频率为 5 个字符设计的哈夫曼编码不可能是(　　)。

A. 111,110,10,01,00　　　　　　　　B. 000,001,010,011,1

C. 100,11,10,1,0　　　　　　　　　　D. 001,000,01,11,10

2. 填空题

(1) 一棵度为 2 的结点,其结点个数至少为(　　)。

(2) 对于一棵有 n 个结点、度为 4 的树来说,树的高度至多是(　　)。

(3) 由三个结点所构成的二叉树有(　　)种形态。

(4) 一棵高度为 6 的满二叉树有(　①　)个分支结点和(　②　)个叶子结点。

(5) 设一棵完全二叉树有 700 个结点,则共有(　　)个叶子结点。

(6) 设一棵完全二叉树具有 1000 个结点,则此完全二叉树有(　①　)个叶子结点,有(　②　)个度为 2 的结点,有(　③　)个单分支结点。

(7) 一棵二叉树的第 $i(i{\geqslant}1)$ 层最多有(　　)个结点。

(8) 高度为 h 的完全二叉树至少有(　①　)个结点,至多有(　②　)个结点,若按自上而下,从左到右次序给结点编号(从 1 开始),则编号最小的叶子结点的编号是(　③　)。

(9) 一棵二叉树的根结点为 a,其中序序列的第一个结点是(　①　),序序列的最后一个结点是(　②　)。

(10) 用 5 个权值{3,2,4,5,1}构造的哈夫曼(Huffman)树的带权路径长度是(　　)。

3. 简答题

(1) 一棵度为 2 的树与一棵二叉树有何区别?

(2) 含有 60 个叶子结点的二叉树的最小高度是多少?

(3) 试求含有 n_0 个叶子结点的完全二叉树的总结点数。

(4) 为什么说一棵非空完全二叉树,一旦结点个数 n 确定了,其树形也就确定了?

(5) 已知一棵完全二叉树有 50 个叶子结点,则该二叉树的总结点数至少应有多少个?

(6) 某二叉树对应的顺序存储结构如下:

1	2	3	4	5	6	7	8	9	10	11	12	13	14	15	16	17	18	19	20
E	A	F	#	D	#	H	#	#	C	#	#	#	G	I	#	#	#	#	B

① 画出该二叉树的树状表示。

② 给出结点 D 的双亲结点及左、右子树。

③ 将此二叉树还原为森林。

(7) 一棵二叉树的先序、中序和后序序列分别如下,其中有一部分未显示出来。试求出空格处的内容,并画出该二叉树。

先序序列:＿ B ＿ F ＿ $ICEH$ ＿ G

中序序列:D ＿ $KFIA$ ＿ EJC ＿

后序序列:＿ K ＿ $FBHJ$ ＿ G ＿ A

(8) 若某非空二叉树的先序序列和后序序列正好相同,则该二叉树的形态是什么?

（9）已知一棵含有 n 个结点的二叉树的先序遍历序列为 1、2、$\cdots$、n，它的中序序列是否可以是 $1 \sim n$ 的任意排列？如果是，请予以证明，否则请举一反例。

（10）如果一棵哈夫曼树 T 有 n_0 个叶子结点，那么 T 有多少个结点？要求给出求解过程。

4．算法设计题

（1）已知一棵二叉树按顺序方式存储在数组 $A[1..n]$ 中。设计一个算法求出下标分别为 i 和 $j(0<i、j\leqslant n)$ 的两个结点的最近公共祖先。

（2）已知一棵二叉树采用顺序方式存储在数组 $A[1..n]$ 中。设计一个先序遍历的递归算法。

（3）假设二叉树（所有结点值唯一）采用二叉链存储结构。设计一个算法求一棵非空二叉树中的最大结点值。

（4）假设二叉树中每个结点值为单个字符，采用二叉链存储结构存储。试设计一个算法，求一棵给定二叉树 b 中值为 x 的结点地址（假设这样的结点是唯一的），当没有找到时返回 NULL。

（5）假设二叉树中每个结点值为单个字符，其中存在结点值相同的结点，采用二叉链存储结构存储。设计一个算法求二叉树 b 中结点值为 x 的结点个数。

（6）假设二叉树中每个结点值为单个字符，采用二叉链存储结构存储。设计一个算法按从左到右的次序输出一棵二叉树 b 中的所有叶子结点。

（7）假设二叉树采用二叉链存储结构存储。设计一个算法判断 b_1 和 b_2 表示的两棵二叉树是否相同。

（8）假设一棵哈夫曼树采用二叉链存储结构存储，其结点类型声明如下：

```
typedef struct node
{    char ch;                        //字符
     int w;                         //对应的权值
     struct node * lchild, * rchild;
} HNode;
```

设计一个算法求其带权路径长度（WPL）。

6.1.2　练习题 6 参考答案

1．单项选择题

(1) C　　(2) ①A ②A ③C　　(3) C　　(4) A　　(5) C　　(6) D
(7) B　　(8) C　　(9) D　　(10) D　　(11) B　　(12) B　　(13) C
(14) D　　(15) D　　(16) B　　(17) C　　(18) B　　(19) B　　(20) C

2．填空题

(1) 3

(2) $n-3$

(3) 5

(4) ① 31　② 32

(5) 350

(6) ① 500 ② 499 ③ 1

(7) 2^{i-1}

(8) ① 2^{h-1} ② 2^h-1 ③ 2^{h-1}

(9) ① a 结点的最左下结点 ② a 结点的最右下结点

(10) 33

3. 简答题

(1) 答：度为 2 的树中某个结点只有一个孩子时，不区分左右孩子，而二叉树中某个结点只有一个孩子时，严格区分是左孩子还是右孩子。一棵度为 2 的树至少有三个结点，而一棵二叉树的结点个数可以为 0。

(2) 答：在该二叉树中，$n_0=60,n_2=n_0-1=59,n=n_0+n_1+n_2=119+n_1$，当 $n_1=0$ 且为完全二叉树时高度最小，此时高度 $h=\lceil\log_2(n+1)\rceil=\lceil\log_2 120\rceil=7$。所以含有 60 个叶子结点的二叉树的最小高度是 7。

(3) 答：由二叉树的性质可知，$n_2=n_0-1$。设这样的完全二叉树中结点数为 n，其中，度为 1 的结点数 n_1 至多为 1，所以 $n=n_0+(n_0-1)+1=2n_0$ 或 $n=2n_0-1$。

(4) 答：按层序编号时，完全二叉树的结点编号为 1～n，如果已知各类结点个数，该完全二叉树的形态一定是确定的。

若 n 已知，则可以根据其奇偶性确定 n_1：当 n 为偶数，$n_1=1$，当 n 为奇数，$n_1=0$，而 $n_0=n_2+1,n=n_0+n_1+n_2=2n_0-1+n_1,n_0=(n-n_1+1)/2$，从而 n_0 和 n_2 也确定了，所以这样的完全二叉树的形态就确定了。

(5) 答：设度为 0、1、2 的结点个数及总结点数分别为 n_0、n_1、n_2 和 n，则有：

$$n_0=50,\quad n=n_0+n_1+n_2,\quad 度之和=n-1=n_1+2\times n_2$$

由以上三式可得：$n_2=49$。

这样 $n=n_1+99$，所以当 $n_1=0$ 时，n 最少，因此 n 至少有 99 个结点。

(6) 答：① 该二叉树如图 6.1 所示。

② 结点 D 的双亲结点为结点 A，其左子树为以 C 为根结点的子树，其右子树为空。

③ 由此二叉树还原成的森林如图 6.2 所示。

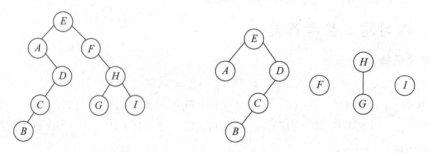

图 6.1 一棵二叉树　　图 6.2 二叉树还原成的森林

(7) 答：由这些显示部分推出二叉树如图 6.3 所示。则先序序列为 $ABDFKICEHJG$；中序序列为 $DBKFIAHEJCG$；后序序列为 $DKIFBHJEGCA$。

(8) 答：二叉树的先序序列是 NLR（N 代表根结点，L、R 分别代表左右子树），后序序

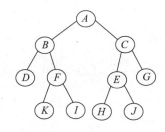

图 6.3 一棵二叉树

列是 LRN。要使 $NLR=LRN$ 成立,则 L 和 R 均为空,所以满足条件的二叉树只有一个根结点。

(9) **答**:不是。如 $n=3$,该二叉树的先序序列为 1、2、3,它的中序序列不可能是 3、1、2,如果是,由先序序列可知 1 为根结点,由中序序列求出 1 的左孩子结点为 3,右孩子结点为 2,而先序序列中紧跟 1 的是结点 2,这样无法由先序和中序构造出一棵二叉树,说明该中序序列是错误的。

实际上,若先序遍历序列为 $1,2,\cdots,n$,中序序列是 $1\sim n$ 的一种出栈序列时,可以构造出一棵唯一的二叉树。

(10) **答**:一棵哈夫曼树中只有度为 2 和 0 的结点,没有度为 1 的结点,由非空二叉树的性质 1 可知,$n_0=n_2+1$,即 $n_2=n_0-1$,则总结点数 $n=n_0+n_2=2n_0-1$。

4. 算法设计题

(1) **解**:由二叉树顺序存储结构的特点,可得到以下求离 i 和 j 的两个结点最近的公共祖先结点的算法。

```
ElemType Ancestor(ElemType A[], int i, int j)
{    int p=i, q=j;
     while (p!=q)
         if (p>q) p=p/2;
         else q=q/2;
     return A[p];
}
```

(2) **解**:先序遍历树中结点的递归算法如下。

```
void PreOrder1(ElemType A[], int i, int n)
{   if (i<n)
    {   if (A[i]!='#')          //不为空结点时
        {   printf("%c ", A[i]);    //访问根结点
            PreOrder1(A, 2*i, n);     //遍历左子树
            PreOrder1(A, 2*i+1, n);   //遍历右子树
        }
    }
}
```

(3) **解**:求一个二叉树中的最大结点值的递归模型如下。

$f(\text{bt})=\text{bt}\to \text{data}$ 只有一个结点时

$f(\text{bt})=\text{MAX}\{f(\text{bt}\to \text{lchild}), f(\text{bt}\to \text{rchild}), \text{bt}\to \text{data}\}$ 其他情况

对应的算法如下。

```
ElemType MaxNode(BTNode * bt)
{   ElemType max,max1,max2;
    if (bt-> lchild==NULL && bt-> rchild==NULL)
        return bt-> data;
    else
    {   max1=MaxNode(bt-> lchild);        //求左子树的最大结点值
        max2=MaxNode(bt-> rchild);        //求右子树的最大结点值
        max=bt-> data;
        if (max1> max) max=max1;
        if (max2> max) max=max2;          //求最大值
        return(max);                      //返回最大值
    }
}
```

(4) **解**：设 Findx(b,x) 用于返回二叉树 b 中值为 x 的结点地址。当 b 为空时返回 NULL。若当前 b 所指结点值为 x，返回 b；递归调用 $p=$Findx$(b-> $lchild$,x)$ 在左子树中查找值为 x 的结点地址 p，若 p 不为空，表示找到了，返回 p；否则递归调用 Findx$(b-> $rchild$,x)$ 在右子树中查找值为 x 的结点地址，并返回其结果。对应的算法如下。

```
BTNode * Findx(BTNode * b,char x)
{   BTNode * p;
    if (b==NULL)
        return NULL;
    else
    {   if (b-> data==x)
            return b;
        p=Findx(b-> lchild, x);
        if (p!=NULL)
            return p;
        return Findx(b-> rchild, x);
    }
}
```

(5) **解**：设 $f(b,x)$ 返回二叉树 b 中所有结点值为 x 的结点个数，其递归模型如下。

$$f(b,x) = 0 \qquad\qquad\qquad\qquad\qquad b=NULL$$
$$f(b,x) = 1+ f(b-> \text{lchild}, x) + f(b-> \text{rchild}, x); \qquad 当 b-> data=x$$
$$f(b,x) = f(b-> \text{lchild}, x) + f(b-> \text{rchild}, x); \qquad 其他情况$$

对应的算法如下。

```
int FindCount(BTNode * b,char x)
{   int n,nl,nr;
    if (b==NULL)
        return 0;
    if (b-> data==x) n=1;
    else n=0;
    nl=FindCount(b-> lchild, x);
    nr=FindCount(b-> rchild, x);
```

```
        return n+nl+nr;
}
```

（6）**解**：设计 PrintLNodes(*b*)算法用于从左到右输出二叉树 *b* 中的所有叶子结点。当 *b* 为空时返回。当 *b* 所指结点为叶子结点时输出 *b*—>data 值；递归调用 PrintLNodes(*b*—>lchild)输出左子树中叶子结点值，递归调用 PrintLNodes(*b*—>rchild)输出右子树中叶子结点值。对应的算法如下。

```
void PrintLNodes(BTNode * b)
{    if (b!=NULL)
     {    if (b—>lchild==NULL && b—>rchild==NULL)
              printf("%c ",b—>data);
          PrintLNodes(b—>lchild);
          PrintLNodes(b—>rchild);
     }
}
```

（7）**解**：设 $f(b1,b2)$ 用于判断两个二叉树 *b1* 和 *b2* 是否相同，对应的递归模型如下。

$$f(b1,b2)=1 \qquad\qquad 当\,b1、b2\,均为空$$
$$f(b1,b2)=0 \qquad\qquad 当\,b1、b2\,中一个为空,另一个不为空$$
$$f(b1,b2)=0 \qquad\qquad 当\,b1—>data\neq b2—>data$$
$$f(b1,b2)=f(b1—>lchild,b2—>lchild)\,\&\qquad 其他情况$$
$$\qquad\qquad f(b1—>rchild,b2—>rchild)$$

对应的算法如下。

```
int Same(BTNode * b1,BTNode * b2)
{    if (b1==NULL && b2==NULL)
         return 1;
     else if (b1==NULL || b2==NULL)
         return 0;
     else
     {    if (b1—>data!=b2—>data)
              return 0;
          return Same(b1—>lchild,b2—>lchild) & Same(b1—>rchild,b2—>rchild);
     }
}
```

（8）**解**：哈夫曼树 *b* 的带权路径长度（WPL）等于所有叶子结点权值乘以层次的总和，对应的算法如下。

```
void WPL1(HNode * b,int h,int &sum)
{    if (b—>lchild==NULL && b—>rchild==NULL)
         sum+=b—>w * h;                      //叶子结点时累计 WPL
     WPL1(b—>lchild,h+1,sum);
     WPL1(b—>rchild,h+1,sum);
}
int WPL(HNode * b)                           //求解算法
{    int sum=0;
```

```
    WPL1(b,1,sum);
    return sum;
}
```

6.2 上机实验题 6 及参考答案

6.2.1 上机实验题 6

1. 基础实验题

（1）假设二叉树采用二叉链存储结构，二叉树中结点值为单个字符且所有结点值不相同。设计二叉树的基本运算程序，包括创建二叉链，输出二叉树，求二叉树的高度，求结点数和叶子结点数。并用相关数据进行测试。

（2）假设二叉树采用二叉链存储结构，设计二叉树的先序遍历、中序遍历、后序遍历和层次遍历算法。并用相关数据进行测试。

（3）设计两个算法，由给定的二叉树的二叉链存储结构创建其顺序存储结构，由给定的二叉树顺序存储结构创建其二叉链存储结构。并用相关数据进行测试。

（4）假设二叉树的所有结点值为整数，含 n 个结点，给出其先序遍历序列 pre 和中序遍历序列 in，设计一个算法创建该二叉树的二叉链存储结构。并用相关数据进行测试。

2. 应用实验题

（1）假设二叉树中每个结点值为单个字符，采用二叉链存储结构存储。试设计一个算法，采用先序遍历方式求一棵给定二叉树 b 中的所有大于 x 的结点个数。并用相关数据进行测试。

（2）假设二叉树中每个结点值为单个字符，采用二叉链存储结构存储。二叉树 b 的先序遍历序列为 $a_1,a_2,\cdots,a_n$，设计一个算法以 $a_n,a_{n-1},\cdots,a_1$ 的次序输出各结点值。并用相关数据进行测试。

（3）假设二叉树中每个结点值为单个字符，采用二叉链存储结构存储。设计一个算法把二叉树 b 的左、右子树进行交换得到新的二叉树 t。要求不破坏原二叉树。并用相关数据进行测试。

（4）假设二叉树中所有结点值为单个字符且均不相同，采用二叉链存储结构存储。设计一个算法利用 DestroyBTree 删除并释放二叉树 b 中以结点值 x 为根结点的子树。其中，DestroyBTree(b)用于删除并释放以 b 为根结点的二叉树，属于二叉树的基本运算算法，可以直接调用。并用相关数据进行测试。

（5）假设二叉树中所有结点值为单个字符且均不相同，采用二叉链存储结构存储。设计一个算法求二叉树 b 中指定值为 x 的结点的双亲结点 p，提示：根结点的双亲为 NULL，若在 b 中未找到值为 x 的结点，p 也为 NULL。并用相关数据进行测试。

（6）假设二叉树中每个结点值为单个字符，采用二叉链存储结构存储。设计一个算法，采用先序遍历方法输出二叉树 b 中所有结点的层次。并用相关数据进行测试。

（7）假设二叉树中每个结点值为单个字符，采用二叉链存储结构存储。设计一个算法，求二叉树 b 中第 k 层上结点个数。并用相关数据进行测试。

（8）假设二叉树中每个结点值为单个字符,采用二叉链存储结构存储。设计一个算法,采用先序遍历方法求二叉树 b 的宽度（宽度指二叉树中每一层结点个数的最大值）。并用相关数据进行测试。

（9）假设一棵二叉树采用二叉链存储结构,其中所有结点值均不相同。设计一个算法采用先序遍历方法求从根结点到值为 x 的结点的路径。并用相关数据进行测试。

（10）假设二叉树中每个结点值为单个字符,采用二叉链存储结构存储。设计一个算法,采用先序遍历方法输出从根结点到每个叶子结点的路径。并用相关数据进行测试。

（11）假设二叉树中每个结点值为整数,采用二叉链存储结构存储。设计一个算法,采用先序遍历方法输出从根结点到每个叶子结点的路径中路径和恰好为 sum 所有路径。并用相关数据进行测试。

（12）给定这样的二叉树（不含单分支结点）,每个结点有唯一的标号（用单个大写字母表示）,由这些标号的括号表示字符串创建对应的二叉链存储结构。按从左到右的顺序给出每个叶子结点的结点值（单个小写字母）和权值（整数）,如图 6.4 所示的二叉树（图中每个结点含结点值和权值）,括号表示字符串为"$A(B(D(F,G),E),C)$",含有 4 个叶子结点,对应的结点值为 $v=(a,b,c,d)$,对应的权值为 $w=(1,2,3,4)$。编写一个实验程序完成以下功能。

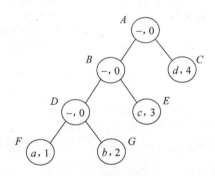

图 6.4　一棵二叉树

① 由括号表示字符串创建对应的二叉链存储结构 b。
② 由 v 和 w 数组为所有叶子结点赋予正确的结点值和权值。
③ 将该二叉树看成哈夫曼树,求每个非叶子结点的权值。
④ 输出每个叶子结点的哈夫曼编码。

（13）假设二叉树中每个结点值为单个字符,采用二叉链存储结构存储。设计一个算法,采用层次遍历方法输出二叉树 b 的每一层的结点（每行输出一层的所有结点）。并用相关数据进行测试。

（14）假设二叉树中每个结点值为单个字符,采用二叉链存储结构存储。设计一个算法,采用层次遍历方法求二叉树 b 的宽度（即具有结点数最多的那一层上的结点个数）。并用相关数据进行测试。

（15）假设二叉树中每个结点值为单个字符,采用二叉链存储结构存储。设计一个算法,采用层次遍历方法求二叉树 b 中第 k 层的结点个数。并用相关数据进行测试。

（16）假设二叉树中每个结点值为单个字符,采用二叉链存储结构存储。设计一个算法,采用层次遍历方式输出二叉树 b 中从根结点到每个叶子结点的路径。并用相关数据进行测试。

(17)假设二叉树中每个结点值为整数,采用二叉链存储结构存储。设计一个算法,采用层次遍历方法输出从根结点到每个叶子结点的路径中路径和恰好为 sum 的所有路径。并用相关数据进行测试。

(18)对于应用实验题(12),采用层次遍历输出每个叶子结点的哈夫曼编码。

6.2.2 上机实验题 6 参考答案

1. 基础实验题

(1)**解**:相关算法设计原理参见《教程》第 6.4.2 节。包含二叉树基本运算函数的文件 BTree.cpp 如下。

```
# include < stdio.h >
# include < malloc.h >
# define MaxSize 100
typedef char ElemType;
typedef struct tnode
{   ElemType data;                          //数据域
    struct tnode * lchild, * rchild;        //指针域
} BTNode;                                   //二叉链结点类型
void CreateBTree(BTNode * &bt, char * str)  //由括号表示串创建二叉链
{   BTNode * St[MaxSize], * p=NULL;
    int top=-1, k, j=0;
    char ch;
    bt=NULL;                                //建立的二叉树初始时为空
    ch=str[j];
    while (ch!='\0')                        //str 未扫描完时循环
    {   switch(ch)
        {
        case '(':top++;St[top]=p;k=1; break;   //为左孩子结点
        case ')':top--;break;
        case ',':k=2; break;                //为右孩子结点
        default:p=(BTNode * )malloc(sizeof(BTNode));
                p-> data=ch;p-> lchild=p-> rchild=NULL;
                if (bt==NULL)               //p 为二叉树的根结点
                    bt=p;
                else                        //已建立二叉树根结点
                {   switch(k)
                    {
                    case 1:St[top] -> lchild=p;break;
                    case 2:St[top] -> rchild=p;break;
                    }
                }
        }
        j++;
        ch=str[j];
    }
}
```

```
void DestroyBTree(BTNode * &bt)                    //销毁二叉链
{   if (bt!=NULL)
    {   DestroyBTree(bt−> lchild);
        DestroyBTree(bt−> rchild);
        free(bt);
    }
}

int BTHeight(BTNode * bt)                          //求高度算法
{   int lchilddep, rchilddep;
    if (bt==NULL) return(0);                       //空树的高度为 0
    else
    {   lchilddep=BTHeight(bt−> lchild);           //求左子树的高度为 lchilddep
        rchilddep=BTHeight(bt−> rchild);           //求右子树的高度为 rchilddep
        return(lchilddep > rchilddep)? (lchilddep+1):(rchilddep+1);
    }
}

int NodeCount(BTNode * bt)                         //求二叉树 bt 的结点个数
{   int num1, num2;
    if (bt==NULL)                                  //空树返回 0
        return 0;
    else
    {   num1=NodeCount(bt−> lchild);               //求左子树结点个数
        num2=NodeCount(bt−> rchild);               //求右子树结点个数
        return(num1+num2+1);                       //返回和加上 1
    }
}

int LeafCount(BTNode * bt)                         //求二叉树 bt 的叶子结点个数
{   int num1, num2;
    if (bt==NULL)                                  //空树返回 0
        return 0;
    else if (bt−> lchild==NULL && bt−> rchild==NULL)
        return 1;                                  //叶子结点时返回 1
    else
    {   num1=LeafCount(bt−> lchild);               //求左子树叶子结点个数
        num2=LeafCount(bt−> rchild);               //求右子树叶子结点个数
        return(num1+num2);                         //返回和
    }
}

void DispBTree(BTNode * bt)                        //输出二叉链的括号表示串
{   if (bt!=NULL)
    {   printf("%c",bt−> data);
        if (bt−> lchild!=NULL || bt−> rchild!=NULL)
        {   printf("(");                           //有子树时输入'('
            DispBTree(bt−> lchild);                //递归处理左子树
            if (bt−> rchild!=NULL)                 //有右子树时输入'.'
                printf(",");
            DispBTree(bt−> rchild);                //递归处理右子树
            printf(")");                           //子树输出完毕,再输入一个')'
        }
    }
}
```

设计如下实验程序。

```
#include "BTree.cpp"                              //包含二叉链的基本运算函数
void main()
{   BTNode *bt;
    CreateBTree(bt,"A(B(D,E(G,H)),C(,F(I)))");    //构造二叉链
    printf("创建二叉树 bt\n");
    printf("二叉树 bt:");DispBTree(bt);printf("\n");
    printf("bt 的高度:%d\n",BTHeight(bt));
    printf("bt 的结点数:%d\n",NodeCount(bt));
    printf("bt 的叶子结点数:%d\n",LeafCount(bt));
    printf("销毁二叉链 bt\n");
    DestroyBTree(bt);
}
```

上述程序的执行结果如图 6.5 所示。

图 6.5　实验程序的执行结果

(2) **解**:相关算法设计原理参见《教程》第 6.5 节。包含二叉树各种遍历函数的文件 OrderBTree.cpp 如下。

```
#include "BTree.cpp"                              //包含二叉链的基本运算函数
void PreOrder(BTNode *bt)                         //先序遍历算法
{   if (bt!=NULL)
    {   printf("%c ",bt->data);
        PreOrder(bt->lchild);
        PreOrder(bt->rchild);
    }
}
void InOrder(BTNode *bt)                          //中序遍历算法
{   if (bt!=NULL)
    {   InOrder(bt->lchild);
        printf("%c ",bt->data);
        InOrder(bt->rchild);
    }
}
void PostOrder(BTNode *bt)                        //后序遍历算法
{   if (bt!=NULL)
    {   PostOrder(bt->lchild);
        PostOrder(bt->rchild);
        printf("%c ",bt->data);
    }
}
```

```
    }
    void LevelOrder(BTNode * bt)                      //层次遍历算法
    {   BTNode * p;
        BTNode * qu[MaxSize];                         //定义循环队列,存放二叉链结点指针
        int front, rear;                             //定义队头和队尾指针
        front＝rear＝－1;                             //置队列为空队列
        rear++; qu[rear]＝bt;                         //根结点指针进入队列
        while (front!＝rear)                          //队列不为空循环
        {   front＝(front＋1)％MaxSize;
            p＝qu[front];                             //出队结点 p
            printf("％c ", p－＞data);                 //访问该结点
            if (p－＞lchild!＝NULL)                     //有左孩子时将其进队
            {   rear＝(rear＋1)％MaxSize;
                qu[rear]＝p－＞lchild;
            }
            if (p－＞rchild!＝NULL)                     //有右孩子时将其进队
            {   rear＝(rear＋1)％MaxSize;
                qu[rear]＝p－＞rchild;
            }
        }
    }
```

设计如下实验程序。

```
＃include "OrderBTree.cpp"                          //包含二叉树的各种遍历函数
void main()
{   BTNode * bt;
    CreateBTree(bt, "A(B(D, E(G, H)), C(, F(I)))");    //构造二叉链
    printf("二叉树 bt:"); DispBTree(bt); printf("\n");
    printf("先序遍历序列:"); PreOrder(bt); printf("\n");
    printf("中序遍历序列:"); InOrder(bt); printf("\n");
    printf("后序遍历序列:"); PostOrder(bt); printf("\n");
    printf("层次遍历序列:"); LevelOrder(bt); printf("\n");
    DestroyBTree(bt);
}
```

上述程序的执行结果如图 6.6 所示。

图 6.6　实验程序的执行结果

（3）**解**：由给定的二叉树的二叉链存储结构创建其顺序存储结构参见《教程》例 6.12，由给定的二叉树顺序存储结构创建其二叉链存储结构参见《教程》例 6.13。对应的实验程

数据结构简明教程(第2版)学习与上机实验指导

序如下。

```
# include "OrderBTree.cpp"                          //包含二叉树的各种遍历函数
typedef ElemType SqBinTree[MaxSize];                //二叉树顺序存储结构的类型
void trans1(BTNode * bt, SqBinTree &sb, int i)      //二叉链→顺序存储结构
{                                                   //i 的初值为根结点编号1
    if (bt!=NULL)
    {   sb[i]=bt->data;                             //创建根结点
        trans1(bt->lchild,sb,2 * i);                //递归建立左子树
        trans1(bt->rchild,sb,2 * i+1);              //递归建立右子树
    }
    else sb[i]='#';                                 //不存在的结点的对应位置值为'#'
}
void trans2(BTNode * &bt, SqBinTree sb, int i)      //顺序存储结构→二叉链
{                                                   //i 的初值为根结点编号1
    if (i<MaxSize && sb[i]!='#')                    //存在有效结点时
    {   bt=(BTNode * )malloc(sizeof(BTNode));       //创建根结点
        bt->data=sb[i];
        trans2(bt->lchild,sb,2 * i);                //递归建立左子树
        trans2(bt->rchild,sb,2 * i+1);              //递归建立右子树
    }
    else bt=NULL;                                   //无效结点对应的二叉链为 NULL
}
void dispSq(SqBinTree sb)                           //输出顺序存储结构
{   for (int i=1;i<20;i++)
        printf("%c",sb[i]);
    printf("\n");
}
void main()
{   BTNode * bt, * bt1;
    printf("二叉链 bt→顺序存储结构 sb\n");
    CreateBTree(bt,"A(B(D,E(G,H)),C(,F(I)))");      //构造二叉链
    printf("   bt: "); DispBTree(bt); printf("\n");
    SqBinTree sb;
    for (int i=0;i<MaxSize;i++)                     //初始化顺序存储结果
        sb[i]='#';
    trans1(bt,sb,1);
    printf("   sb: "); dispSq(sb);
    printf("顺序存储结构 sb→二叉链 bt1\n");
    printf("   sb: "); dispSq(sb);
    trans2(bt1,sb,1);
    printf("   bt1: "); DispBTree(bt); printf("\n");
    DestroyBTree(bt);
    DestroyBTree(bt1);
}
```

上述程序的执行结果如图 6.7 所示。

图 6.7 实验程序的执行结果

(4) **解**：采用《教程》第 6.6.2 节中由先序遍历序列和中序遍历序列构造一棵二叉树的原理设计算法。对应的实验程序如下。

```
#include<stdio.h>
#include<malloc.h>
typedef struct tnode
{   int data;                                   //数据域
    struct tnode * lchild, * rchild;            //指针域
} BTNode;
BTNode * CreateBT(int pre[],int in[],int n)     //由 pre 和 in 创建二叉链
{   BTNode * s;
    int * p;
    int k;
    if (n<=0) return NULL;
    s=(BTNode * )malloc(sizeof(BTNode));        //创建二叉树结点 s
    s->data= * pre;
    for (p=in;p<in+n;p++)                        //在中序序列中找等于 pre 所指值的位置 k
        if ( * p== * pre)                        //pre 指向根结点
            break;                               //在 in 中找到后退出循环
    k=p-in;                                      //确定根结点在 in 中的位置
    s->lchild=CreateBT(pre+1,in,k);             //递归构造左子树
    s->rchild=CreateBT(pre+k+1,p+1,n-k-1);      //递归构造右子树
    return s;
}
void DestroyBTree(BTNode * &bt)                  //销毁二叉树
{   if (bt!=NULL)
    {   DestroyBTree(bt->lchild);
        DestroyBTree(bt->rchild);
        free(bt);
    }
}
void DispBTree(BTNode * bt)                      //输出二叉树
{   if (bt!=NULL)
    {   printf("%d",bt->data);
        if (bt->lchild!=NULL || bt->rchild!=NULL)
        {   printf("(");                         //有子树时输入'('
            DispBTree(bt->lchild);               //递归处理左子树
            if (bt->rchild!=NULL)                //有右子树时输入'.'
                printf(",");
            DispBTree(bt->rchild);               //递归处理右子树
```

```
            printf(")");                         //子树输出完毕,再输入一个')'
        }
    }
}
void main()
{    int n=7;
     int pre[]={3,2,5,7,6,4,1};
     int in[]={5,7,2,3,4,6,1};
     BTNode *b;
     printf("先序遍历序列: ");
     for (int i=0;i<n;i++)
         printf("%2d",pre[i]);
     printf("\n");
     printf("中序遍历序列: ");
     for (int j=0;j<n;j++)
         printf("%2d",in[j]);
     printf("\n");
     printf("创建二叉树 b\n");
     b=CreateBT(pre,in,n);
     printf("b: "); DispBTree(b); printf("\n");
     DestroyBTree(b);
}
```

上述程序的执行结果如图 6.8 所示。

图 6.8　实验程序的执行结果

2. 应用实验题

(1) 解：用 num 存放二叉树 b 中的所有大于 x 的结点个数,初值为 0。对应遍历的结点 b,如果 $b->$ data 大于 x,让 num 增 1。再递归调用 num1=GreaterNodes($b->$ lchild,x)求出左子树中满足条件的结点个数 num1,递归调用 num1=GreaterNodes($b->$ rchild,x)求出右子树中满足条件的结点个数 num2,将 num1、num2 累加到 num 中,最后返回 num。对应的实验程序如下。

```
# include "BTree.cpp"                    //包含二叉树的基本运算函数
int GreaterNodes(BTNode *b,char x)        //求解算法
{    int num1,num2,num=0;
     if (b==NULL)
         return 0;
     else
     {   if (b-> data > x) num++;
         num1=GreaterNodes(b-> lchild,x);
```

```
            num2＝GreaterNodes(b－>rchild,x);
            num+=num1+num2;
            return num;
        }
    }
void main()
{   BTNode * bt;
    CreateBTree(bt,"A(B(D,E(G,H)),C(,F(I)))");     //构造二叉链
    printf("bt: "); DispBTree(bt); printf("\n");
    char x;
    x='C';
    int n＝GreaterNodes(bt,x);
    printf("bt 中大于%c 的结点个数＝%d\n",x,n);
    DestroyBTree(bt);
}
```

上述程序的执行结果如图 6.9 所示。

图 6.9 实验程序的执行结果

（2）**解**：先序遍历过程是根结点、左子树、右子树。本题遍历过程改为右子树、左子树、根结点。对应的实验程序如下。

```
#include "BTree.cpp"                          //包含二叉树的基本运算函数
void PreOrder(BTNode * b)                     //先序遍历算法
{   if (b!=NULL)
    {   printf("%c ",b－>data);
        PreOrder(b－>lchild);
        PreOrder(b－>rchild);
    }
}
void RePreOrder(BTNode * b)                   //求解算法
{   if (b!=NULL)
    {   RePreOrder(b－>rchild);
        RePreOrder(b－>lchild);
        printf("%c ",b－>data);
    }
}
void main()
{   BTNode * bt;
    CreateBTree(bt,"A(B(D,E(G,H)),C(,F(I)))");     //构造二叉链
    printf("bt: "); DispBTree(bt); printf("\n");
    printf("先序遍历序列: "); PreOrder(bt); printf("\n");
    printf("先序遍历反序: "); RePreOrder(bt); printf("\n");
    DestroyBTree(bt);
}
```

上述程序的执行结果如图 6.10 所示。

图 6.10　实验程序的执行结果

(3) **解**：交换二叉树 b 的左、右子树产生新的二叉树 t 的递归模型如下。

$f(b,t) \equiv t=\text{NULL}$　　　　　　　　　　　　　　　　若 $b=\text{NULL}$
$f(b,t) \equiv$ 复制根结点 b 产生新结点 t；　　　　　　　其他情况
　　　　$f(b\text{->}\text{lchild},t\text{->}\text{rchild})$；
　　　　$f(b\text{->}\text{rchild},t\text{->}\text{lchild})$；

对应的实验程序如下。

```
#include "BTree.cpp"                          //包含二叉树的基本运算函数
void Swap(BTNode * b,BTNode * &t)             //求解算法
{    if (b==NULL)
         t=NULL;
     else
     {   t=(BTNode * )malloc(sizeof(BTNode));  //复制根结点
         t-> data=b-> data;
         Swap(b-> lchild,t-> rchild);          //交换左子树
         Swap(b-> rchild,t-> lchild);          //交换右子树
     }
}
void main()
{    BTNode * b, * t;
     CreateBTree(b,"A(B(D,E(G,H)),C(,F(I)))");//构造二叉链
     printf("b: "); DispBTree(b); printf("\n");
     printf("b 产生 t\n");
     Swap(b,t);
     printf("t: "); DispBTree(t); printf("\n");
     DestroyBTree(b);
     DestroyBTree(t);
}
```

上述程序的执行结果如图 6.11 所示。

图 6.11　实验程序的执行结果

（4）**解**：采用先序遍历过程，当找到结点值为 x 的结点 b 时，调用 DestroyBTree(b) 删除并释放该子树并置 b 为 NULL。对应的实验程序如下。

```
#include "BTree.cpp"                      //包含二叉树的基本运算函数
void Delx(BTNode * &b,char x)             //求解算法
{   if (b!=NULL)
    {   if (b->data==x)
        {   DestroyBTree(b);
            b=NULL;
        }
        else
        {   Delx(b->lchild,x);
            Delx(b->rchild,x);
        }
    }
}
void main()
{   BTNode * b;
    CreateBTree(b,"A(B(D,E(G,H)),C(,F(I)))");//构造二叉链
    printf("b: "); DispBTree(b); printf("\n");
    char x='B';
    printf("删除以%c结点为根的子树\n",x);
    Delx(b,x);
    printf("b: "); DispBTree(b); printf("\n");
    DestroyBTree(b);
}
```

上述程序的执行结果如图 6.12 所示。

图 6.12　实验程序的执行结果

（5）**解**：设在二叉树 b 中查找 x 结点的双亲 p 的过程为 $f(b,x,p)$，找到后 p 指向 x 结点的双亲结点，否则 $p=$NULL。当 b 为空树或根结点值为 x 时，$p=$NULL，否则在左子树中查找，若未找到则在右子树中查找。其递归模型如下。

$f(b,x,p) \equiv p=$ NULL　　　　　　　　当 $b=$ NULL 或 $b->$ data$=x$

$f(b,x,p) \equiv p=b$　　　　　　　　　　当 $b->$ lchild$->$ data$=x$ 或 $b->$ rchild$->$ data$=x$

$f(b,x,p) \equiv f(b->$ lchild,$x,p)$　　　当 $p \neq$ NULL

$f(b,x,p) \equiv f(b->$ rchild,$x,p)$　　　其他情况

对应的实验程序如下。

```
#include "BTree.cpp"                      //包含二叉树的基本运算函数
void Findparent(BTNode * b,char x,BTNode * &p)  //求解算法
{   if (b!=NULL)
```

```
    { if (b-> data==x) p=NULL;
        else if (b-> lchild!=NULL && b-> lchild -> data==x)
            p=b;
        else if (b-> rchild!=NULL && b-> rchild-> data==x)
            p=b;
        else
        { Findparent(b-> lchild, x, p);
            if (p==NULL)
                Findparent(b-> rchild, x, p);
        }
    }
    else p=NULL;
}
void display(BTNode * b, char x)                        //输出测试结果
{   BTNode * p;
    Findparent(b, x, p);
    if (p!=NULL)
        printf("%c 结点的双亲结点为%c\n", x, p-> data);
    else
        printf("%c 结点不存在或者没有双亲结点\n", x);
}
void main()
{   BTNode * b, * p;
    CreateBTree(b, "A(B(D, E(G, H)), C(, F(I)))");      //构造二叉链
    printf("b: "); DispBTree(b); printf("\n");
    char x='F';
    display(b, x);                                      //测试 1
    x='a';
    display(b, x);                                      //测试 2
    DestroyBTree(b);
}
```

上述程序的执行结果如图 6.13 所示。

图 6.13　实验程序的执行结果

(6) 解：采用先序遍历思路，形参 h 指出当前结点的层次，对于根结点，$h=1$。当 b 为空时返回 0，直接返回。若 b 不为空，输出当前结点的层次 h，递归调用 NodeLevel($b->$ lchild, $h+1$)输出左子树中各结点的层次，递归调用 NodeLevel($b->$ rchild, $h+1$)输出右子树中各结点的层次。对应的实验程序如下。

```
# include "BTree.cpp"                                   //包含二叉树的基本运算函数
void NodeLevel(BTNode * b, int h)
{    if (b!=NULL)
```

```
    {   printf("   %c 结点的层次为%d\n",b-> data,h);
        NodeLevel(b-> lchild,h+1);
        NodeLevel(b-> rchild,h+1);
    }
}
void AllNodeLevel(BTNode * b)                          //求解算法
{
    NodeLevel(b,1);
}
void main()
{   BTNode * b;
    CreateBTree(b,"A(B(D,E(G,H)),C(,F(I)))");          //构造二叉链
    printf("b: "); DispBTree(b); printf("\n");
    AllNodeLevel(b);
    DestroyBTree(b);
}
```

上述程序的执行结果如图 6.14 所示。

图 6.14 实验程序的执行结果

（7）**解**：采用先序遍历过程，先置 num 为 0，当 b(h 表示当前结点的层次，当 b 为根时 h=1)为空时返回 0。若 b 不为空，当前结点的层次 h 大于 k 时返回 0；当前结点的层次 h 等于 k，则 num 增 1，再递归调用 num1＝LevelkCount(b-> lchild,k,h+1)求出左子树中第 k 层的结点个数 num1，递归调用 num2＝LevelkCount(b-> rchild,k,h+1)求出右子树中第 k 层的结点个数 num2，置 num＋=num1＋num2，最后返回 num。对应的实验程序如下。

```
#include "BTree.cpp"                                   //包含二叉树的基本运算函数
int LevelkCount(BTNode * b,int k,int h)
{   int num1,num2,num=0;
    if (b!=NULL)
    {   if (h> k) return 0;
        if (h==k)
            num++;
        num1=LevelkCount(b-> lchild,k,h+1);
        num2=LevelkCount(b-> rchild,k,h+1);
        num+=num1+num2;
        return num;
    }
    else return 0;
```

```
}
int Levelk(BTNode * b,int k)                          //求解算法
{   if (k<=0) return 0;
    else return LevelkCount(b,k,1);
}
void main()
{   BTNode * b;
    CreateBTree(b,"A(B(D,E(G,H)),C(,F(I)))");         //构造二叉链
    printf("b: "); DispBTree(b); printf("\n");
    int k;
    for (k=0;k<=5;k++)
        printf("b 中第%d 层的结点个数=%d\n",k,Levelk(b,k));
    DestroyBTree(b);
}
```

上述程序的执行结果如图 6.15 所示。

图 6.15　实验程序的执行结果

(8) **解**：采用先序遍历方法，设置一维数组 width，width$[i]$表示第 i 层的结点个数，初始时所有元素置为 0。当 b 为空时返回 0，直接返回。若 b 不为空，当前结点的层次为 h，则 width$[h]$增 1，递归调用 Width1($b->$lchild,$h+1$,width)求出左子树中各层的结点个数，递归调用 Width1($b->$rchild,$h+1$,width)求出右子树中各层的结点个数。通过各层结点个数的比较，求出最多的结点个数即为二叉树的宽度。对应的实验程序如下。

```
#include "BTree.cpp"                                  //包含二叉树的基本运算函数
void Width1(BTNode * b,int h,int width[])             //求 width 算法
{   if (b!=NULL)
    {   width[h]++;
        Width1(b-> lchild,h+1,width);
        Width1(b-> rchild,h+1,width);
    }
}
int Width(BTNode * b)                                 //求解算法
{   int i,max=0;
    int width[MaxSize];
    for (i=1;i< MaxSize;i++)                          //width 数组初始化
        width[i]=0;
    Width1(b,1,width);                                //调用 Width1 算法
    for (i=1;i<=MaxSize;i++)                          //求最大 width 元素
        if (width[i]> max)
            max=width[i];
```

```
        return max;
    }
void main()
{   BTNode * b;
    CreateBTree(b,"A(B(D,E(G,H)),C(,F(I)))");      //构造二叉链
    printf("b: "); DispBTree(b); printf("\n");
    printf("b 的宽度＝%d\n",Width(b));
    DestroyBTree(b);
}
```

上述程序的执行结果如图 6.16 所示。

图 6.16　实验程序的执行结果

（9）**解**：采用先序遍历方法，设置一维数组 path 存放路径，pathlen 表示路径中结点个数（初始值为 0）。当 b 为空时返回 0，直接返回。若 b 不为空，如果当前结点值为 x，输出 path 表示从根结点到值为 x 的结点的路径，算法结束；否则将 x 添加到 path 中，再递归调用 Path($b->$ lchild,x,path,pathlen)在左子树中查找 x 并输出对应的路径，递归调用 Path($b->$ rchild,x,path,pathlen)在右子树中查找 x 并输出对应的路径。对应的实验程序如下。

```
#include < stdio.h >
#include "BTree.cpp"                                  //包含二叉树的基本运算函数
void Path(BTNode * b,char x,char path[],int pathlen)  //求解算法
{   if (b!=NULL)
    {   if (b-> data==x)                               //找到值为 x 的结点
        {   printf("从根结点到%c 结点的路径: ",b-> data);
            for (int i=0;i< pathlen;i++)
                printf("%c→",path[i]);
            printf("%c\n",b-> data);
            return;
        }
        else
        {   path[pathlen]=b-> data;                    //将当前结点放入路径中
            pathlen++;                                 //path 中元素个数增 1
            Path(b-> lchild,x,path,pathlen);           //递归遍历左子树
            Path(b-> rchild,x,path,pathlen);           //递归遍历右子树
        }
    }
}
void main()
{   BTNode * b;
    char path[MaxSize],x= 'I';
    CreateBTree(b,"A(B(D,E(G,H)),C(,F(I)))");          //创建二叉链
```

```
        printf("b: "); DispBTree(b); printf("\n");
        Path(b,x,path,0);
        DestroyBTree(b);
    }
```

上述程序的执行结果如图 6.17 所示。

图 6.17　实验程序的执行结果

(10) **解**：采用先序遍历方法，设置一维数组 path 存放路径，pathlen 表示路径中结点个数(初始值为 0)。当 b 为空时返回 0，直接返回。若 b 不为空，如果当前结点为叶子结点，将该结点值添加到 path 中，输出 path 表示从根结点到该叶子结点的路径；否则将 x 添加到 path 中，再递归调用 AllPath1($b->$ lchild,path,pathlen)在左子树中查找叶子结点并输出对应的路径，递归调用 AllPath($b->$ rchild,path,pathlen)在右子树中查找叶子结点并输出对应的路径。对应的实验程序如下。

```
# include < stdio. h >
# include "BTree.cpp"                                //包含二叉树的基本运算函数
void AllPath1(BTNode * b,char path[],int pathlen)
{   if (b!=NULL)
    {   if (b-> lchild==NULL && b-> rchild==NULL)    //b 为叶子结点
        {   path[pathlen]=b-> data;                  //将叶子结点放入路径中
            pathlen++;                               //路径长度增 1
            printf("  从根结点到%c 的路径: ",b-> data);
            for (int i=0;i< pathlen-1;i++)
                printf("%c→",path[i]);
            printf("%c\n",b-> data);
        }
        else
        {   path[pathlen]=b-> data;                  //将当前结点放入路径中
            pathlen++;                               //路径长度增 1
            AllPath1(b-> lchild,path,pathlen);       //递归扫描左子树
            AllPath1(b-> rchild,path,pathlen);       //递归扫描右子树
        }
    }
}
void AllPath(BTNode * b)                             //求解算法
{   char path[MaxSize];
    int pathlen=0;
    AllPath1(b,path,0);
}
void main()
{   BTNode * b;
    CreateBTree(b,"A(B(D,E(G,H)),C(,F(I)))");       //创建二叉链
```

```
        printf("b: "); DispBTree(b); printf("\n");
        AllPath(b);
        DestroyBTree(b);
}
```

上述程序的执行结果如图 6.18 所示。

图 6.18　实验程序的执行结果

（11）**解**：采用先序遍历方法，设置一维数组 path 存放路径，pathlen 表示路径中结点个数（初始值为 0）。当 b 为空时返回 0，直接返回。若 b 不为空，如果当前结点为叶子结点，将该结点值添加到 path 中，若 sum==$b->$data 表示找到一条从根结点到该叶子结点满足条件的路径，输出 path；否则将 x 添加到 path 中，再递归调用 AllPath1($b->$lchild，path，pathlen，sum$-b->$data)在左子树中查找叶子结点并输出对应的路径，递归调用 AllPath($b->$rchild，path，pathlen，sum$-b->$data)在右子树中查找叶子结点并输出对应的路径。

由于本实验程序中的二叉树结点值是整数而不是字符，不能直接调用《教程》中的基本运算函数，采用通过二叉树先序遍历序列和中序遍历序列创建对应的二叉链。对应的实验程序如下。

```c
# include < stdio.h >
# include < malloc.h >
# define MaxSize 100
typedef struct tnode
{   int data;                                      //数据域
    struct tnode * lchild, * rchild;               //指针域
} BTNode;
BTNode * CreateBT(int pre[],int in[],int n)        //由 pre 和 in 创建二叉链
{   BTNode * s;
    int * p;
    int k;
    if (n<=0) return NULL;
    s=(BTNode *)malloc(sizeof(BTNode));            //创建二叉树结点 s
    s-> data= * pre;
    for (p=in;p< in+n;p++)                          //在中序序列中找等于 pre 所指值的位置 k
        if ( * p== * pre)                           //pre 指向根结点
            break;                                 //在 in 中找到后退出循环
    k=p-in;                                        //确定根结点在 in 中的位置
    s-> lchild=CreateBT(pre+1,in,k);               //递归构造左子树
    s-> rchild=CreateBT(pre+k+1,p+1,n-k-1);        //递归构造右子树
    return s;
```

```
}
void DestroyBTree(BTNode * &bt)                        //销毁二叉树
{   if (bt!=NULL)
    {   DestroyBTree(bt-> lchild);
        DestroyBTree(bt-> rchild);
        free(bt);
    }
}
void DispBTree(BTNode * bt)                            //输出二叉树
{   if (bt!=NULL)
    {   printf("%d",bt-> data);
        if (bt-> lchild!=NULL || bt-> rchild!=NULL)
        {   printf("(");                               //有子树时输入'('
            DispBTree(bt-> lchild);                    //递归处理左子树
            if (bt-> rchild!=NULL)                     //有右子树时输入','
                printf(",");
            DispBTree(bt-> rchild);                    //递归处理右子树
            printf(")");                               //子树输出完毕,再输入一个')'
        }
    }
}
void AllPath1(BTNode * b,char path[],int pathlen,int sum)
{   if (b!=NULL)
    {   if (b-> lchild==NULL && b-> rchild==NULL)     //b 为叶子结点
        {   path[pathlen]=b-> data;                   //将叶子结点放入路径中
            pathlen++;                                //路径长度增1
            if (sum==b-> data)
            {   printf(" 从根结点到%d 的路径: ",b-> data);
                for (int i=0;i< pathlen-1;i++)
                    printf("%d→",path[i]);
                printf("%d\n",b-> data);
            }
        }
        else
        {   path[pathlen]=b-> data;                   //将当前结点放入路径中
            pathlen++;                                //路径长度增1
            AllPath1(b-> lchild,path,pathlen,sum-b-> data);   //递归扫描左子树
            AllPath1(b-> rchild,path,pathlen,sum-b-> data);   //递归扫描右子树
        }
    }
}
void AllPath(BTNode * b,int sum)                       //求解算法
{   char path[MaxSize];
    int pathlen=0;
    AllPath1(b,path,0,sum);
}
void main()
{   BTNode * b;
    int n=7;
    int pre[]={1,7,2,3,8,4,6};
    int in[]={2,3,7,1,4,8,6};
```

```
b=CreateBT(pre,in,n);                       //创建二叉链
printf("b: "); DispBTree(b); printf("\n");
int sum=13;
printf("路径和为%d 的所有路径\n",sum);
AllPath(b,sum);
DestroyBTree(b);
}
```

上述程序的执行结果如图 6.19 所示。

图 6.19　实验程序的执行结果

（12）**解**：由于二叉树中包含结点值和权值，在二叉链结点类型 BTNode 中增加 w（权值）域。由括号表示字符串创建对应的二叉链存储结构的过程与《教程》中 CreateBTree 基本运算算法类似。

由于先序遍历是按从左到右的顺序访问所有叶子结点的，采用先序遍历过程，依次将 v 和 w 数组的元素赋值给访问到的叶子结点。

求每个非叶子结点的权值采用后序遍历方式，对于非叶子结点 b，先求出左子树的权值和 $s1$，再求出右子树的权值和 $s2$，$b->w=s1+s2$，并返回 $b->w$。对于叶子结点 b，直接返回其权值。

采用先序遍历过程输出每个叶子结点的哈夫曼编码，类似求根结点到叶子结点的路径，但改为采用 hc[0..d]（整数 d 表示哈夫曼编码数组 hc 中最后一个 0 或者 1 元素的下标，初始时 $d=-1$）存放哈夫曼编码，如果下一步遍历左子树，hc 中添加 0，如果下一步遍历右子树，hc 中添加 1。

对应的实验程序如下。

```
#include < stdio.h >
#include < malloc.h >
#define MaxSize 100
typedef char ElemType;
typedef struct tnode
{   ElemType data;                          //数据域
    struct tnode * lchild, * rchild;         //指针域
    int w;                                  //权值域
} BTNode;                                   //二叉链结点类型
void CreateBTree(BTNode * &bt,char * str)   //创建二叉链
{   BTNode * St[MaxSize], * p=NULL;
    int top=-1,k,j=0;
    char ch;
    bt=NULL;                                //建立的二叉树初始时为空
    ch=str[j];
```

```
        while (ch!='\0')                              //str 未扫描完时循环
        {   switch(ch)
            {
            case '(':top++;St[top]=p;k=1; break;       //为左孩子结点
            case ')':top--;break;
            case ',':k=2; break;                       //为右孩子结点
            default:p=(BTNode *)malloc(sizeof(BTNode));
                    p-> data='-'; p-> w=0;
                    p-> lchild=p-> rchild=NULL;
                    if (bt==NULL)                       //p 为二叉树的根结点
                        bt=p;
                    else                                //已建立二叉树根结点
                    {   switch(k)
                        {
                        case 1:St[top]-> lchild=p;break;
                        case 2:St[top]-> rchild=p;break;
                        }
                    }
            }
            j++;
            ch=str[j];
        }
    }
    void DestroyBTree(BTNode * &bt)                     //销毁二叉链
    {   if (bt!=NULL)
        {   DestroyBTree(bt-> lchild);
            DestroyBTree(bt-> rchild);
            free(bt);
        }
    }
    void DispBTree(BTNode * bt)                         //输出二叉链
    {   if (bt!=NULL)
        {   printf("%c[%d] ",bt-> data,bt-> w);
            if (bt-> lchild!=NULL || bt-> rchild!=NULL)
            {   printf("(");                            //有子树时输入'('
                DispBTree(bt-> lchild);                 //递归处理左子树
                if (bt-> rchild!=NULL)                  //有右子树时输入','
                    printf(",");
                DispBTree(bt-> rchild);                 //递归处理右子树
                printf(")");                            //子树输出完毕,再输入一个')'
            }
        }
    }
    int i=0;                                            //全局变量
    void SetLeaf(BTNode * &b,char v[],int w[])          //给叶子结点赋值
    {   if (b!=NULL)
        {   if (b-> lchild==NULL && b-> rchild==NULL)
            {   b-> data=v[i];
                b-> w=w[i];
                i++;
            }
```

```
            SetLeaf(b-> lchild,v,w);
            SetLeaf(b-> rchild,v,w);
        }
}
int Sum(BTNode * &b)                          //求每个非叶子结点的权值
{   if (b!=NULL)
    {   if (b-> lchild!=NULL && b-> rchild!=NULL) //非叶子结点
        {   int s1=Sum(b-> lchild);
            int s2=Sum(b-> rchild);
            int s=s1+s2;
            b-> w=s;
            return s;
        }
        else                                 //叶子结点
            return b-> w;
    }
    else return 0;
}
void HuffmanCode1(BTNode * b,char hc[],int d)  //由 HuffmanCode 调用
{   if (b==NULL) return;
    if (b-> lchild==NULL && b-> rchild==NULL)
    {   printf("  %c 的哈夫曼编码: ",b-> data);
        for (int i=0;i<=d;i++)
            printf("%c",hc[i]);
        printf("\n");
    }
    else
    {   d++;
        hc[d]='0';
        HuffmanCode1(b-> lchild,hc,d);
        hc[d]='1';
        HuffmanCode1(b-> rchild,hc,d);
    }
}
void HuffmanCode(BTNode * b)                   //求所有叶子结点的哈夫曼编码
{   char hc[MaxSize];
    int d=-1;
    HuffmanCode1(b,hc,d);
}
void main()
{   BTNode * b;
    printf("(1)创建二叉链 b\n");
    CreateBTree(b,"A(B(D(F,G),E),C)");
    printf("  b: "); DispBTree(b); printf("\n");
    char v[]="abcd";
    int w[]={1,2,3,4};
    printf("(2)给叶子结点赋值\n");
    SetLeaf(b,v,w);
    printf("  b: "); DispBTree(b); printf("\n");
    printf("(3)求每个非叶子结点的权值\n");
    Sum(b);
```

数据结构简明教程(第 2 版)学习与上机实验指导

```
        printf("  b: "); DispBTree(b); printf("\n");
        printf("(4)输出所有叶子结点的哈夫曼编码\n");
        HuffmanCode(b);
        DestroyBTree(b);
    }
```

上述程序的执行结果如图 6.20 所示。

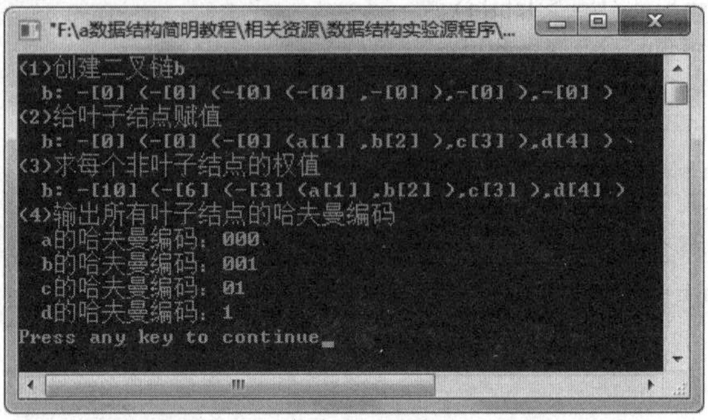

图 6.20　实验程序的执行结果

(13) **解**：采用一维数组 Qu 作为循环队列(该循环队列足够大,其大小至少是二叉树的宽度),整型变量 front 和 rear 作为队头和队尾指针。在层次遍历中结点是一层一层进队的,也是一层一层出队的。进队结点的位置为 rear,出队结点的位置为 front。

所谓处理某一层,是出队该层的所有结点(这些结点是上一层结点的孩子结点,已经在队列中),并将其左右孩子结点(如果存在)进队(进队的结点是下一层的结点)。

算法的关键是如何确定当前处理层的最右结点(实际上是该结点在队列中的下标)。这里用 last 表示当前层中最右结点,它是处理上一层时最后进队的孩子结点。

对于第 1 层,只有一个根结点,它就是该层中的最右结点。所以在根结点进队时,假设它在队列中下标为 rear,立即置 last=rear,当处理第 1 层时,出队 front 下标的结点(根结点),若 front==last,说明第 1 层的所有结点处理完毕。

在处理第 1 层结点中,用 rear 记录该层结点的孩子结点在队列中的下标,最后进队的孩子结点就是第 2 层的最右结点。所以当 front==last 时马上开始处理第 2 层的结点,此时需要置 last=rear,也就是得到了第 2 层最右结点在队列中的下标。

当处理第 2 层时,出队 front 下标的结点(根结点),若 front==last,说明第 2 层的所有结点处理完毕。在处理第 2 层结点中,用 rear 记录该层结点的孩子结点在队列中的下标,最后进队的孩子结点就是第 3 层的最右结点。所以当 front==last 时马上开始处理第 3 层的结点,此时需要置 last=rear,也就是得到了第 3 层最右结点在队列中的下标。以此类推。

在算法中检测到开始处理下一层结点时(即 front==last 时刻),屏幕输出换一行,并置 last=rear,再将下一层作为当前层处理。

对应的实验程序如下。

```
#include "BTree.cpp"                    //包含二叉树的基本运算函数
void Output(BTNode * b)                 //按层次输出所有结点
{   BTNode * Qu[MaxSize];               //定义循环队列
    int front, rear;                    //定义队头和队尾指针
```

```
        int last;                              //定义当前层中最右结点在队列中的位置
        front＝rear＝0;                        //置队列为空队列
        rear++;                                //根结点进队
        last＝rear;                            //第 1 层的最右结点在队列中的位置为 1
        Qu[rear]＝b;
        while (rear!＝front)                   //队列不为空时循环
        {   front＝(front＋1)％MaxSize;
            b＝Qu[front];                      //出队一个结点 b
            printf("   ％c",b－>data);
            if (b－>lchild!＝NULL)              //左孩子进队
            {   rear＝(rear＋1)％MaxSize;
                Qu[rear]＝b－>lchild;
            }
            if (b－>rchild!＝NULL)              //右孩子进队
            {   rear＝(rear＋1)％MaxSize;
                Qu[rear]＝b－>rchild;
            }
            if (front＝＝last)                  //当前层的所有结点处理完毕
            {   printf("\n");                  //换行进入下一层结点输出
                last＝rear;                    //让 last 指向下一层的最右结点在队列中的位置
            }
        }
}
void main()
{   BTNode * b;
    CreateBTree(b,"A(B(D,E(G,H)),C(,F(I)))");   //构造二叉链
    printf("b: "); DispBTree(b); printf("\n");
    printf("输出 b 的所有层的结点\n");
    Output(b);
    DestroyBTree(b);
}
```

上述程序的执行结果如图 6.21 所示。

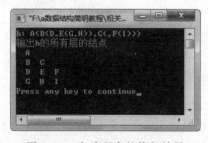

图 6.21　实验程序的执行结果

说明：本题利用层次遍历分层处理结点的求解思路具有很好的通用性，其核心思路是：第 1 层的最右结点可以直接得到；当前层的最右结点可以在上一层处理时得到（即处理上一层时最后进队的孩子结点），而处理当前层时又可以确定下一层的最右结点（即当前层最后进队的孩子结点就是下一层的最右结点）。

（14）**解**：采用一维数组 Qu 作为循环队列（该循环队列足够大，其大小至少是二叉树的宽度），设计思路与本章应用实验题（13）题类似，用 last 表示当前层中最右结点，num 记录

数据结构简明教程(第 2 版)学习与上机实验指导

二叉树 b 中一层的结点个数,max 记录 num 的最大值即宽度。

具体求解过程是:max＝0,num＝0,last＝1。根结点进队。队不空时循环:出队一个结点 b,num 增 1,若 b 结点有左孩子,将左孩子进队,若 b 结点有右孩子,将右孩子进队,如果 front＝＝last,表示当前层处理完毕开始进入下一层,此时若 num＞max 则置 max＝num,num＝0,last＝rear。循环结束后返回 max 即为树的宽度。

对应的实验程序如下。

```
#include "BTree.cpp"                      //包含二叉树的基本运算函数
int Width(BTNode * b)
{    BTNode * Qu[MaxSize];                //定义循环队列
     int front=0,rear=0;                  //置队列为空队列
     int max=0,num=0;                     //num 累计一层结点个数,max 求 num 的最大值
     int last;                            //定义当前层中最右结点在队列中的位置
     rear++;                              //根结点进队
     last=rear;                           //第 1 层的最右结点在队列中的位置为 1
     Qu[rear]=b;
     while (rear!=front)                  //队列不为空时循环
     {    front=(front+1)%MaxSize;
          b=Qu[front];                    //出队一个结点 b
          num++;                          //当前层结点个数增 1
          if (b->lchild!=NULL)            //左孩子进队
          {    rear=(rear+1)%MaxSize;
               Qu[rear]=b->lchild;
          }
          if (b->rchild!=NULL)            //右孩子进队
          {    rear=(rear+1)%MaxSize;
               Qu[rear]=b->rchild;
          }
          if (front==last)               //当前层的所有结点处理完毕
          {    if (num>max)              //比较求所有层的最多结点个数
                    max=num;
               num=0;                    //下一层结点个数从 0 开始计
               last=rear;                //让 last 指向下一层的最右结点在队列中的位置
          }
     }
     return max;
}
void main()
{    BTNode * b;
     CreateBTree(b,"A(B(D,E(G,H)),C(,F(I)))");  //构造二叉链
     printf("b: "); DispBTree(b); printf("\n");
     printf("b 的宽度＝%d\n",Width(b));
     DestroyBTree(b);
}
```

上述程序的执行结果如图 6.22 所示。

(15) **解**:采用一维数组 Qu 作为循环队列(该循环队列足够大,其大小至少是二叉树的宽度),设计思路与本章应用实验题(13)题类似,用 last 表示当前层中最右结点,num 记录第 k 层中的结点个数(初始为 0),level 记录当前层的层次(初始为 1)。

图 6.22　实验程序的执行结果

对于处理的 level 层结点 b，若 level==k 则 num++（num 仅累计第 k 层的结点个数），将其左右孩子进队（rear 记录最后进队的孩子下标）。

当出现 front==last 时，表示当前层处理完毕开始进入下一层，此时若 level==k 则返回 num 并结束，否则置 level++,last=rear。

若队列为空仍然没有返回，表示 k 大于二叉树的高度，返回 0。

对应的实验程序如下。

```
#include "BTree.cpp"                      //包含二叉树的基本运算函数
int LevelkNode(BTNode * b, int k)
{    BTNode * Qu[MaxSize];                //定义循环队列
     int front, rear;                     //定义队头和队尾指针
     int num=0;                           //num 累计第 k 层结点个数
     int last;                            //定义当前层中最右结点在队列中的位置
     int level;                           //定义当前结点的层号
     front=rear=0;                        //置队列为空队列
     if (b==NULL || k<=0)                 //条件错误返回 0
         return 0;
     rear++;                              //根结点进队
     last=rear; level=1;                  //第 1 层的最右结点在队列中的位置为 1,其层次为 1
     Qu[rear]=b;
     while (rear!=front)                  //队列不为空时循环
     {    front=(front+1)%MaxSize;
          b=Qu[front];                    //出队一个结点 b
          if (level==k)
              num++;                      //第 k 层结点个数增 1
          if (b->lchild!=NULL)            //左孩子进队
          {    rear=(rear+1)%MaxSize;
               Qu[rear]=b->lchild;
          }
          if (b->rchild!=NULL)            //右孩子进队
          {    rear=(rear+1)%MaxSize;
               Qu[rear]=b->rchild;
          }
          if (front==last)               //同层的最右结点处理完毕,层数增 1
          {    if (level==k)             //当前层号等于 k 时返回 num,不再继续
                   return num;
               level++;
               last=rear;               //让 last 指向下一层的最右结点在队列中的位置
          }
     }
     return 0;
```

```
}
void main()
{   BTNode * b;
    CreateBTree(b,"A(B(D,E(G,H)),C(,F(I)))");          //构造二叉链
    printf("b: "); DispBTree(b); printf("\n");
    for (int k=0;k<=5;k++)
        printf("  b 中第%d 层的结点个数=%d\n",k,LevelkNode(b,k));
    DestroyBTree(b);
}
```

上述程序的执行结果如图 6.23 所示。

图 6.23　实验程序的执行结果

(16) 解：采用《教程》例 6.14 解法 2 的思路,在层次遍历时设计的队列 Qu 为非循环队列(因为需要通过队列中的结点反推路径),该队列元素的类型声明如下。

```
struct snode
{   BTNode * node;                     //存放当前结点指针
    int parent;                        //存放双亲结点在队列中的位置
};
```

首先将根结点进队,根结点的双亲结点位置设置为-1。在队列不空时循环：出队一个结点 b(在队列中的位置为 front),若它是叶子结点,在队列中通过双亲结点位置找到根结点到该叶子结点的逆路径 path,反向输出 path 构成根结点到该叶子结点的路径。

否则,如果结点 b 有孩子结点,将孩子结点进队,同时需要将孩子结点的 parent 设置为 front(front 为一个大于等于 0 的值)。

对应的实验程序如下。

```
#include "BTree.cpp"                    //包含二叉树的基本运算函数
void AllPath(BTNode * b)
{   struct snode
    {   BTNode * node;                  //存放当前结点指针
        int parent;                     //存放双亲结点在队列中的位置
    } Qu[MaxSize];                      //定义非循环队列
    int front,rear,p;                   //定义队头和队尾指针
    front=rear=-1;                      //置队列为空队列
    rear++;
    Qu[rear].node=b;                    //根结点指针进队
    Qu[rear].parent=-1;                 //根结点没有双亲结点
    while (front<rear)                  //队列不为空循环
```

```
{     front++;
      b=Qu[front].node;                                    //出队一个结点 b
      if (b->lchild==NULL && b->rchild==NULL)       //b 为叶子结点
      {   char path[MaxSize];                         //存放当前叶子结点到根结点逆路径
          int d=-1;
          p=front;
          do
          {    d++; path[d]=Qu[p].node->data;
               p=Qu[p].parent;
          } while (p!=-1);                           //循环到根结点为止
          printf("  根结点到%c 的路径:",b->data);
          for (int i=d;i>=0;i--)                    //输出正向路径
              printf("%c ",path[i]);
          printf("\n");
      }
      if (b->lchild!=NULL)                          //左孩子结点进队
      {   rear++;
          Qu[rear].node=b->lchild;
          Qu[rear].parent=front;
      }
      if (b->rchild!=NULL)                          //右孩子结点进队
      {   rear++;
          Qu[rear].node=b->rchild;
          Qu[rear].parent=front;
      }
   }
}
void main()
{   BTNode * b;
    CreateBTree(b,"A(B(D,E(G,H)),C(,F(I)))");       //构造二叉链
    printf("b: "); DispBTree(b); printf("\n");
    AllPath(b);
    DestroyBTree(b);
}
```

上述程序的执行结果如图 6.24 所示。

图 6.24　实验程序的执行结果

(17) **解**：算法的设计思路用应用实验题(16)相同。由于这里二叉树中每个结点值为整数,采用先序遍历序列和中序遍历序列构造这样的二叉链。对应的实验程序如下。

```
# include < stdio.h >
# include < malloc.h >
```

```
#define MaxSize 100
typedef struct tnode
{   int data;                                   //数据域
    struct tnode * lchild, * rchild;            //指针域
} BTNode;                                        //二叉链结点类型
BTNode * CreateBT(int pre[], int in[], int n)   //由 pre 和 in 创建二叉链
{   BTNode * s;
    int * p;
    int k;
    if (n<=0) return NULL;
    s=(BTNode *)malloc(sizeof(BTNode));          //创建二叉树结点s
    s-> data= * pre;
    for (p=in; p< in+n; p++)                      //在中序序列中找等于 pre 所指值的位置 k
        if ( * p== * pre)                          //pre 指向根结点
            break;                               //在 in 中找到后退出循环
    k=p-in;                                       //确定根结点在 in 中的位置
    s-> lchild=CreateBT(pre+1, in, k);            //递归构造左子树
    s-> rchild=CreateBT(pre+k+1, p+1, n-k-1);     //递归构造右子树
    return s;
}
void DestroyBTree(BTNode * &bt)                   //销毁二叉树
{   if (bt!=NULL)
    {   DestroyBTree(bt-> lchild);
        DestroyBTree(bt-> rchild);
        free(bt);
    }
}
void DispBTree(BTNode * bt)                       //输出二叉树
{   if (bt!=NULL)
    {   printf("%d", bt-> data);
        if (bt-> lchild!=NULL || bt-> rchild!=NULL)
        {   printf("(");                          //有子树时输入'('
            DispBTree(bt-> lchild);               //递归处理左子树
            if (bt-> rchild!=NULL)                //有右子树时输入','
                printf(",");
            DispBTree(bt-> rchild);               //递归处理右子树
            printf(")");                         //子树输出完毕,再输入一个')'
        }
    }
}
typedef struct                                   //声明非循环队列元素类型
{   BTNode * s;                                   //存放结点指针
    int parent;                                   //存放其双亲结点在 qu 中的下标
} QuType;                                          //队列元素类型
void Getpath(QuType qu[], int front, int path[], int &d, int &sum1)
//在 qu 数组中从 front 推出逆路径 path[0..d]及其路径和 sum1
{   int i=front;
    d=-1;
    sum1=0;
    while (i!=-1)                                //在 qu 数组中推出逆路径
    {   d++; path[d]=qu[i].s-> data;              //结点值添加到路径中
```

```
            sum1+=qu[i].s->data;                 //累计路径和
            i=qu[i].parent;
    }
}
void AllPath(BTNode * b,int sum)                 //求解算法
{   int count=0;                                 //路径计数器
    int path[MaxSize];
    int d,sum1;
    BTNode * p;
    QuType qu[MaxSize];                          //qu 存放队中元素
    int front=-1,rear=-1;                        //队头队尾指针
    rear++; qu[rear].s=b;                        //根结点进队
    qu[rear].parent=-1;                          //根结点没有双亲,用-1 表示
    while (front!=rear)                          //队列不空循环
    {   front++;
        p=qu[front].s;                           //出队结点 p,它在 qu 中的下标为 front
        if (p->lchild==NULL && p->rchild==NULL)
        {   Getpath(qu,front,path,d,sum1);       //求出路径
            if (sum1==sum)                       //找到满足条件的一条路径,输出该路径
            {   printf("   路径%d: ",++count);
                for (int i=d;i>0;i--)
                    printf("%d→",path[i]);
                printf("%d\n",path[0]);
            }
        }
        if (p->lchild!=NULL)                     //p 有左孩子,将左孩子进队
        {   rear++;
            qu[rear].s=p->lchild;
            qu[rear].parent=front;               //左孩子的双亲为 qu[front]结点
        }
        if (p->rchild!=NULL)                     //p 有右孩子,将右孩子进队
        {   rear++;
            qu[rear].s=p->rchild;
            qu[rear].parent=front;               //右孩子的双亲为 qu[front]结点
        }
    }
}
void main()
{   BTNode * b;
    int n=7;
    int pre[]={1,7,2,3,8,4,6};
    int in[]={2,3,7,1,4,8,6};
    b=CreateBT(pre,in,n);                        //创建二叉链
    printf("b: "); DispBTree(b); printf("\n");
    int sum=13;
    printf("路径和为%d 的所有路径\n",sum);
    AllPath(b,sum);
    DestroyBTree(b);
}
```

数据结构简明教程(第2版)学习与上机实验指导

上述程序的执行结果如图 6.25 所示。

图 6.25　实验程序的执行结果

(18) 解：除了求所有叶子结点哈夫曼编码的算法外,其他与应用实验题(12)参考答案设计的算法相同。

在二叉树 *b* 创建好后,采用层次遍历方式求所有叶子结点哈夫曼编码,设计的循环队列元素类型如下。

```
typedef struct                              //声明循环队列元素类型
{    BTNode * s;                            //存放结点指针
     char hc[MaxSize];                      //存放哈夫曼编码
     int d;                                 //hc[0..d]表示哈夫曼编码
} QuType;                                   //队列元素类型
```

用 QuType 类型的数组 qu 存放队列元素,首先将根结点进队。在队列不空时循环:出队一个元素 qu[front],对应的二叉树结点 *p*,如果 *p* 结点是叶子结点,输出 qu[front].hc 即为该叶子结点的哈夫曼编码。

否则,*p* 结点有左孩子结点时,将左孩子结点进队,其队列元素为 qu[rear],需要将其双亲的 hc 复制过来,并添加'0';*p* 结点有右孩子结点时,将右孩子结点进队,其队列元素为 qu[rear],需要将其双亲的 hc 复制过来,并添加'1'。

实际上就是在队列中记录下每个结点的 0、1 编码,只有叶子结点的 0、1 编码才是哈夫曼编码。这种思路也是通用的,可以用于求解根结点到其他结点的路径等问题。

对应的实验程序如下。

```
# include < stdio. h >
# include < malloc. h >
# define MaxSize 100
typedef char ElemType;
typedef struct tnode
{    ElemType data;                         //数据域
     struct tnode * lchild, * rchild;       //指针域
     int w;                                 //权值域
} BTNode;                                   //二叉链结点类型
void CreateBTree(BTNode * &bt, char * str)  //创建二叉链
{    BTNode * St[MaxSize], * p=NULL;
     int top=-1, k, j=0;
     char ch;
     bt=NULL;                               //建立的二叉树初始时为空
     ch=str[j];
     while (ch!='\0')                       //str 未扫描完时循环
```

```
    {    switch(ch)
         {
         case '(':top++;St[top]=p;k=1; break;        //为左孩子结点
         case ')':top--;break;
         case ',':k=2; break;                        //为右孩子结点
         default:p=(BTNode *)malloc(sizeof(BTNode));
                 p->data='-'; p->w=0;
                 p->lchild=p->rchild=NULL;
                 if (bt==NULL)                        //p为二叉树的根结点
                     bt=p;
                 else                                 //已建立二叉树根结点
                 {    switch(k)
                      {
                      case 1:St[top]->lchild=p;break;
                      case 2:St[top]->rchild=p;break;
                      }
                 }
         }
         j++;
         ch=str[j];
    }
}
void DestroyBTree(BTNode * &bt)                       //销毁二叉链
{    if (bt!=NULL)
     {    DestroyBTree(bt->lchild);
          DestroyBTree(bt->rchild);
          free(bt);
     }
}
void DispBTree(BTNode * bt)                           //输出二叉链
{    if (bt!=NULL)
     {    printf("%c[%d] ",bt->data,bt->w);
          if (bt->lchild!=NULL || bt->rchild!=NULL)
          {    printf("(");                           //有子树时输入'('
               DispBTree(bt->lchild);                 //递归处理左子树
               if (bt->rchild!=NULL)                  //有右子树时输入','
                   printf(",");
               DispBTree(bt->rchild);                 //递归处理右子树
               printf(")");                           //子树输出完毕,再输入一个')'
          }
     }
}
int i=0;                                              //全局变量
void SetLeaf(BTNode * &b,char v[],int w[])            //给叶子结点赋值
{    if (b!=NULL)
     {    if (b->lchild==NULL && b->rchild==NULL)
          {    b->data=v[i];
               b->w=w[i];
               i++;
          }
          SetLeaf(b->lchild,v,w);
```

```
                SetLeaf(b-> rchild,v,w);
        }
}
int Sum(BTNode * &b)                              //求每个非叶子结点的权值
{   if (b!=NULL)
    {   if (b-> lchild!=NULL && b-> rchild!=NULL)    //非叶子结点
        {   int s1=Sum(b-> lchild);
            int s2=Sum(b-> rchild);
            int s=s1+s2;
            b-> w=s;
            return s;
        }
        else                                       //叶子结点
            return b-> w;
    }
    else return 0;
}
typedef struct                                    //声明循环队列元素类型
{   BTNode * s;                                    //存放结点指针
    char hc[MaxSize];                             //存放哈夫曼编码
    int d;                                         //hc[0..d]表示哈夫曼编码
} QuType;                                          //队列元素类型
void HuffmanCode(BTNode * b)                      //求所有叶子结点的哈夫曼编码
{   int i;
    BTNode * p;
    QuType qu[MaxSize];                           //qu 存放队中元素
    int front=0,rear=0;                           //队头队尾指针
    rear++;qu[rear].s=b;                          //根结点进队
    qu[rear].d=-1;
    while (front!=rear)                           //队列不空循环
    {   front++;
        p=qu[front].s;                            //出队结点 p,它在 qu 中的下标为 front
        if (p-> lchild==NULL && p-> rchild==NULL)
        {   printf("  %c 的哈夫曼编码:",p-> data);
            for (i=0;i<=qu[front].d;i++)
                printf("%c",qu[front].hc[i]);
            printf("\n");
        }
        if (p-> lchild!=NULL)                     //p 有左孩子,将左孩子进队
        {   rear++;
            qu[rear].s=p-> lchild;
            for (i=0;i<=qu[front].d;i++)          //复制双亲结点的 hc
                qu[rear].hc[i]=qu[front].hc[i];
            qu[rear].d=qu[front].d;               //复制双亲结点的 d
            qu[rear].d++;
            qu[rear].hc[qu[rear].d]='0';          //在左孩子队列元素的 hc 中添加'0'
        }
        if (p-> rchild!=NULL)                     //p 有右孩子,将右孩子进队
        {   rear++;
            qu[rear].s=p-> rchild;
            for (i=0;i<=qu[front].d;i++)          //复制双亲结点的 hc
```

```
                qu[rear].hc[i]=qu[front].hc[i];
            qu[rear].d=qu[front].d;                       //复制双亲结点的d
            qu[rear].d++;
            qu[rear].hc[qu[rear].d]='1';                  //在右孩子队列元素的hc中添加'1'
        }
    }
}
void main()
{   BTNode *b;
    printf("(1)创建二叉链 b\n");
    CreateBTree(b,"A(B(D(F,G),E),C)");                    //对应的二叉树如图6.4所示
    printf("  b: "); DispBTree(b); printf("\n");
    char v[]="abcd";
    int w[]={1,2,3,4};
    printf("(2)给叶子结点赋值\n");
    SetLeaf(b,v,w);
    printf("  b: "); DispBTree(b); printf("\n");
    printf("(3)求每个非叶子结点的权值\n");
    Sum(b);
    printf("  b: "); DispBTree(b); printf("\n");
    printf("(4)输出所有叶子结点的哈夫曼编码\n");
    HuffmanCode(b);
    DestroyBTree(b);
}
```

上述程序的执行结果如图 6.26 所示。

图 6.26　实验程序的执行结果

C H A P T E R 7

第7章　　　图

7.1　练习题7及参考答案

7.1.1　练习题7

1. 单项选择题

(1) 在一个图中,所有顶点的度数之和等于图的边数的(　　)倍。

    A. 1/2　　　　　B. 1　　　　　C. 2　　　　　D. 4

(2) 有8个顶点的无向图最多有(　　)条边。

    A. 14　　　　　B. 28　　　　　C. 56　　　　　D. 112

(3) 有8个顶点的无向连通图最少有(　　)条边。

    A. 5　　　　　B. 6　　　　　C. 7　　　　　D. 8

(4) 有8个顶点的有向完全图有(　　)条边。

    A. 14　　　　　B. 28　　　　　C. 56　　　　　D. 112

(5) n 个顶点的强连通图中至少有(　　)条边。

    A. n　　　　　B. $n-1$　　　　　C. $2n$　　　　　D. $n(n-1)$

(6) 若一个图的邻接矩阵是对称矩阵,则该图一定是(　　)。

    A. 有向图　　　　　　　　　　B. 无向图

    C. 连通图　　　　　　　　　　D. 无向图或有向图

(7) 若用邻接矩阵 A 表示一个含有 n 个顶点不带权的有向图,则其中第 $i(0 \leqslant i \leqslant n-1)$ 列中包含的 1 的个数为(　　)。

    A. 图中顶点 i 的入度　　　　　B. 图中顶点 i 的出度

    C. 图中边的数目　　　　　　　D. 图中连通分量的数目

(8) 一个带权有向图 G 用邻接矩阵 A 存储,则顶点 i 的出度等于 A 中(　　)。

    A. 第 i 行非∞的元素之和

    B. 第 i 列非∞的元素之和

C. 第 i 行非∞且非 0 的元素个数

D. 第 i 列非∞且非 0 的元素个数

(9) 用邻接表存储图所用的空间大小（　　）。

  A. 与图的顶点和边数有关   B. 只与图的边数有关

  C. 只与图的顶点数有关   D. 与边数的二次方有关

(10) 一个图的邻接表表示中有奇数个边结点，则该图是（　　）。

  A. 有向图   B. 无向图   C. 无向图或有向图   D. 以上都不对

(11) 设无向图 $G=(V,E)$ 和 $G'=(V',E')$，如果 G' 是 G 的生成树，则下面的说法中错误的是（　　）。

  A. G' 为 G 的子图   B. G' 为 G 的连通分量

  C. G' 为 G 的极小连通子图且 $V=V'$ D. G' 是 G 的一个无环子图

(12) 用邻接表表示图进行广度优先遍历时，通常是采用（　　）来实现算法的。

  A. 栈   B. 队列   C. 树   D. 图

(13) 图的广度优先遍历算法中用到辅助队列，每个顶点最多进队（　　）次。

  A. 1   B. 2   C. 3   D. 不确定

(14) 已知一个图的邻接表如图 7.1 所示，则从顶点 0 出发得到的深度优先遍历序列是（　　）。

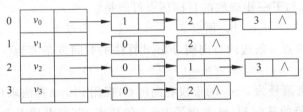

图 7.1　一个邻接表

  A. 0 1 3 2   B. 0 2 3 1   C. 0 3 2 1   D. 0 1 2 3

(15) 已知一个图的邻接表如图 7.1 所示，则从顶点 0 出发得到的广度优先遍历序列是（　　）。

  A. 0 1 3 2   B. 0 2 3 1   C. 0 3 2 1   D. 0 1 2 3

(16) 深度优先遍历类似于二叉树的（　　）。

  A. 先序遍历   B. 中序遍历   C. 后序遍历   D. 层次遍历

(17) 广度优先遍历类似于二叉树的（　　）。

  A. 先序遍历   B. 中序遍历   C. 后序遍历   D. 层次遍历

(18) 最小生成树指的是（　　）。

  A. 由连通网所得到的边数最少的生成树

  B. 由连通网所得到的顶点数相对较少的生成树

  C. 连通网中所有生成树中权值之和为最小的生成树

  D. 连通网的极小连通子图

(19) 任何一个带权连通图的最小生成树（　　）。

  A. 只有一棵   B. 一棵或多棵   C. 一定有多棵   D. 可能不存在

(20) 用 Prim 和 Kruskal 两种算法构造图的最小生成树,所得到的最小生成树(　　)。

　　A. 是相同的 　　　　　　　　　　B. 是不同的

　　C. 可能相同,也可能不同 　　　　D. 以上都不对

(21) 用 Prim 算法求一个连通的带权图的最小生成树,在算法执行的某时刻,已选取的顶点集合 U={1,2,3},已选取的边的集合 TE={(1,2),(2,3)},要选取下一条权值最小的边,应当从(　　)组边中选取。

　　A. {(1,4),(3,4),(3,5),(2,5)}

　　B. {(4,5),(1,3),(3,5)}

　　C. {(1,2),(2,3),(3,5)}

　　D. {(3,4),(3,5),(4,5),(1,4)}

(22) 用 Kruskal 算法求一个连通的带权图的最小代价生成树,在算法执行的某时刻,已选取的边集合 TE={(1,2),(2,3),(3,5)},要选取下一条权值最小的边,不可能选取的边是(　　)。

　　A. (1,3) 　　　　B. (2,4) 　　　　C. (3,6) 　　　　D. (1,4)

(23) 对含 n 个顶点 e 条边的有向图,Dijkstra 算法的时间复杂度为(　　)。

　　A. $O(n)$ 　　B. $O(n+e)$ 　　C. $O(n^2)$ 　　D. $O(ne)$

(24) 用 Dijkstra 算法求一个带权有向图 G 中从顶点 0 出发的最短路径,在算法执行的某时刻,S={0,2,3,4},下一步选取的目标顶点可能是(　　)。

　　A. 顶点 2 　　　B. 顶点 3 　　　C. 顶点 4 　　　D. 顶点 7

(25) 对含 n 个顶点 e 条边的有向图,Floyd 算法的时间复杂度为(　　)。

　　A. $O(n)$ 　　　　B. $O(ne)$ 　　　　C. $O(n^2)$ 　　　　D. $O(n^3)$

(26) 有一个顶点编号为 0~4 的带权有向图 G,现用 Floyd 算法求任意两个顶点之间的最短路径,在算法执行的某时刻,已考虑了 0~2 的顶点,现考虑顶点 3,则以下叙述中正确的是(　　)。

　　A. 只可能修改从顶点 0~2 到顶点 3 的最短路径

　　B. 只可能修改从顶点 3 到顶点 0~2 的最短路径

　　C. 只可能修改从顶点 0~2 到顶点 4 的最短路径

　　D. 所有两个顶点之间的路径都可能被修改

(27) 已知有向图 $G=(V,E)$,其中,$V=\{1,2,3,4\}$,$E=\{<1,2>,<1,3>,<2,3>,<2,4>,<3,4>\}$,图 G 的拓扑序列是(　　)。

　　A. 1,2,3,4 　　　B. 1,3,2,4 　　　C. 1,3,4,2 　　　D. 1,2,4,3

(28) 若一个有向图中的顶点不能排成一个拓扑序列,则可断定该有向图(　　)。

　　A. 是个有根有向图 　　　　　　　B. 是个强连通图

　　C. 含有多个入度为 0 的顶点 　　　D. 含有顶点个数大于 1 的强连通分量

(29) 关键路径是事件结点网络中(　　)。

　　A. 从源点到汇点的最长路径 　　　B. 从源点到汇点的最短路径

　　C. 最长的回路 　　　　　　　　　D. 最短的回路

(30) 以下对于 AOE 网的叙述中,错误的是(　　)。

　　A. 在 AOE 网中可能存在多条关键路径

B. 关键活动不按期完成就会影响整个工程的完成时间

C. 任何一个关键活动提前完成,整个工程也将提前完成

D. 所有关键活动都提前完成,整个工程也将提前完成

2. 填空题

(1) n 个顶点的连通图至少有( )条边。

(2) 在图的邻接矩阵和邻接表表示中,(①)表示一定是唯一的,而(②)表示可能不唯一。

(3) 具有 10 个顶点的无向图中,边数最多为( )。

(4) 在有 n 个顶点的有向图中,每个顶点的度最大可达( )。

(5) n 个顶点 e 条边的图,若采用邻接矩阵存储,则空间复杂度为( )。

(6) n 个顶点 e 条边的有向图,若采用邻接表存储,则空间复杂度为( )。

(7) n 个顶点 e 条边的有向图采用邻接矩阵存储,深度优先遍历算法的时间复杂度为(①);若采用邻接表存储时,该算法的时间复杂度为(②)。

(8) n 个顶点 e 条边的有向图采用邻接矩阵存储,广度优先遍历算法的时间复杂度为(①);若采用邻接表存储时,该算法的时间复杂度为(②)。

(9) 一个有 n 个顶点 e 条边的非连通图有 m 个连通分量,从某个顶点 v 出发进行深度优先遍历 DFS(G,v),则一共需要调用 DFS 算法( )次。

(10) 一个有 n 个顶点 e 条边的连通图采用邻接表表示,从某个顶点 v 出发进行广度优先遍历 BFS(G,v),则队列中最多的顶点个数是( )。

(11) 一个连通图的生成树是该图的一个( )。

(12) 用普里姆(Prim)算法求具有 n 个顶点 e 条边的图的最小生成树的时间复杂度为(①);用克鲁斯卡尔(Kruskal)算法的时间复杂度是(②)。若要求一个稀疏图 G 的最小生成树,最好用(③)算法来求解;若要求一个稠密图 G 的最小生成树,最好用(④)算法来求解。

(13) 对于如图 7.2 所示的带权有向图,采用 Dijkstra 算法求源点 0 到其他顶点的最短路径,如果当前考虑的顶点是顶点 3 时,可能修改路径的顶点是( )。

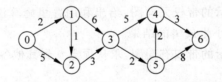

图 7.2 一个带权有向图

(14) 对于如图 7.2 所示的带权有向图,采用 Dijkstra 算法求源点 0 到其他顶点的最短路径,最后求出的 path[1..6] 的元素依次是( )。

(15) Dijkstra 算法从源点到其余各顶点的最短路径的路径长度按(①)次序依次产生,该算法在边上的权出现(②)情况时,不能正确产生最短路径。

3. 简答题

(1) 从占用的存储空间来看,对于稠密图和稀疏图,采用邻接矩阵和邻接表哪个更好些?

（2）图的 DFS 和 BFS 两种遍历算法对无向图和有向图都适用吗？

（3）给出如图 7.3 所示的无向图 G 的邻接矩阵和邻接表两种存储结构。并在给定的邻接表基础上，指出从顶点 0 出发的深度优先遍历和广度优先遍历序列。

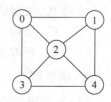

图 7.3　一个无向图

（4）若图 G 采用邻接表存储结构，有一个从图 G 中某个顶点 v 出发的深度优先遍历算法如下。

```
int visited[MAXVEX]={0};
void DFSTrav(AdjGraph * G, int v)
{   ArcNode * p;
    visited[v]=1;                        //置已访问标记
    p=G->adjlist[v].firstarc;            //p 指向顶点 v 的第一个邻接点
    while (p!=NULL)
    {   if (visited[p->adjvex]==0)       //若 p->adjvex 顶点未访问,递归访问它
            DFSTrav(G, p->adjvex);
        p=p->nextarc;                    //p 指向顶点 v 的下一个邻接点
    }
    printf("%d ", v);
}
```

对于如图 7.4 所示的有向图及其邻接表存储结构 G，给定 $v=0$，给出调用 DFSTrav(G, v) 的输出结果。

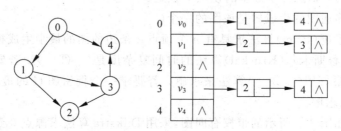

图 7.4　一个有向图及其邻接表存储结构

（5）对于如图 7.5 所示的带权无向图，给出利用普里姆算法（从顶点 0 开始构造）和克鲁斯卡尔算法构造出的最小生成树的结果。

（6）对于如图 7.6 所示的带权有向图，求从顶点 0 到其他各顶点的最短路径。

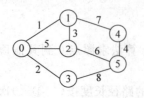

图 7.5　一个带权无向图

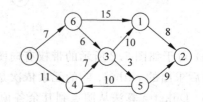

图 7.6　一个有向带权图

（7）对于一个带权连通无向图 G，可以采用 Prim 算法构造出从某个顶点 v 出发的最小生成树，问该最小生成树是否一定包含从顶点 v 到其他所有顶点的最短路径。如果回答是，

请予以证明；如果回答不是，请给出反例。

(8) 用 Dijkstra 算法求最短路径时，为何要求所有边上的权值必须大于 0？

(9) 什么样的有向图的拓扑序列是唯一的？

(10) 已知有 6 个顶点（顶点编号为 0～5）的有向带权图 G，其邻接矩阵 A 为上三角矩阵，按行为主序（行优先）保存在如下的一维数组中。

4	6	∞	∞	∞	5	∞	∞	∞	4	3	∞	∞	3	3

要求：

① 写出图 G 的邻接矩阵 A。

② 画出有向带权图 G。

③ 求图 G 的关键路径，并计算该关键路径的长度。

(11) 某带权有向图及其邻接表表示如图 7.7 所示，给出深度优先遍历序列，将该图作为 AOE 网，给出 C 的最早开始时间及活动 FC 的最迟开始时间。

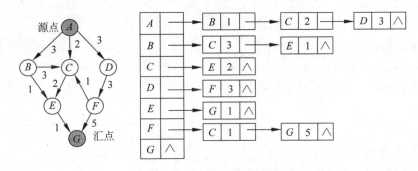

图 7.7 有向图及其邻接表

4. 算法设计题

(1) 假设不带权有向图 G 采用邻接矩阵存储，设计一个算法计算图 G 中出度为 0 的顶点数。

(2) 假设有向图 G 采用邻接表存储，设计一个算法求出图 G 中每个顶点的出度。

(3) 假设有向图 G 采用邻接表存储，设计一个算法求出图 G 中每个顶点的入度。

(4) 假设有向图 G 采用邻接表存储，设计一个算法判断有向图 G 中是否存在边 $<i,j>$。从时间复杂度角度比较采用邻接矩阵存储图时实现该功能的差别。

(5) 假设一个无向图是非连通的，采用邻接表作为存储结构。设计一个算法，利用深度优先遍历方法求出该图连通分量个数。

(6) 假设一个无向图是非连通的，采用邻接表作为存储结构。设计一个算法，利用广度优先遍历方法求出该图连通分量个数。

(7) 假设图采用邻接表存储。设计一个算法采用广度优先遍历方法判断顶点 i 到顶点 $j(i \neq j)$ 之间是否有路径。

(8) 假设图采用邻接表存储。设计一个算法求从顶点 v 出发进行深度优先遍历的过程中走过的边数。

7.1.2　练习题 7 参考答案

1. 单项选择题

(1) C	(2) B	(3) C	(4) C	(5) A
(6) D	(7) A	(8) C	(9) A	(10) A
(11) B	(12) B	(13) A	(14) D	(15) D
(16) A	(17) D	(18) C	(19) B	(20) C
(21) A	(22) A	(23) C	(24) D	(25) D
(26) D	(27) A	(28) D	(29) A	(30) C

2. 填空题

(1) $n-1$

(2) ① 邻接矩阵　② 邻接表

(3) 45

(4) $2(n-1)$

(5) $O(n^2)$

(6) $O(n+e)$

(7) ① $O(n^2)$　② $O(n+e)$

(8) ① $O(n^2)$　② $O(n+e)$

(9) m

(10) $n-1$

(11) 极小连通子图

(12) ① $O(n^2)$　② $O(e\log_2 e)$　③ Kruskal　④ Prim

(13) 4 和 5

(14) 0,1,2,5,3,4

(15) ① 递增　② 负值

3. 简答题

(1) 答：设图的顶点个数和边数分别为 n 和 e。邻接矩阵的存储空间大小为 $O(n^2)$，与 e 无关，因此适合于稠密图的存储。邻接表的存储空间大小为 $O(n+e)$（有向图）或 $O(n+2e)$（无向图），与 e 有关，因此适合于稀疏图的存储。

(2) 答：图的这两种遍历算法对无向图和有向图都适用。

但如果无向图不是连通的，调用一次遍历算法只能访问一个连通分量中的所有顶点。如果有向图不是强连通的，调用一次遍历算法可能不能访问图中全部顶点。

(3) 答：图 G 对应的邻接矩阵为

$$A=\begin{bmatrix} 0 & 1 & 1 & 1 & 0 \\ 1 & 0 & 1 & 0 & 1 \\ 1 & 1 & 0 & 1 & 1 \\ 1 & 0 & 1 & 0 & 1 \\ 0 & 1 & 1 & 1 & 0 \end{bmatrix}$$

图 G 的一种邻接表如图 7.8 所示，对于该邻接表，从顶点 0 出发的深度优先遍历和广度优先遍历序列都是 0、1、2、3、4。

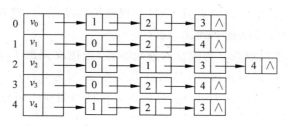

图 7.8 一个邻接表

(4) **答**：DFSTrav(G,v)算法是在顶点 v 的所有出边相邻点均访问后才输出该顶点的编号。从顶点 0 出发的深度优先遍历过程是：0→1,1→2,2 回退到 1,1→3,3→4,依次回退到 0。首先输出 2(最先没有出边相邻点),接着是 4(第 2 个没有出边相邻点),再是 3、1、0。

实际上,对于无环有向图,该算法输出序列的反序恰好是一个拓扑序列。

(5) **答**：利用普里姆算法从顶点 0 出发构造的最小生成树为：{(0,1),(0,3),(1,2),(2,5),(5,4)}。利用克鲁斯卡尔算法构造出的最小生成树为：{(0,1),(0,3),(1,2),(5,4),(2,5)}。

(6) **答**：求解过程如下。

S	0	1	2	3	4	5	6
	0	1	2	3	4	5	6
{0}	0	∞	∞	∞	11	∞	7
{0,6}	0	**22**	∞	**13**	11	∞	7
{0,6,4}	0	22	∞	13	11	∞	7
{0,6,4,3}	0	22	∞	13	11	**16**	7
{0,6,4,3,5}	0	22	**25**	13	11	16	7
{0,6,4,3,5,1}	0	22	25	13	11	16	7
{0,6,4,3,5,1,2}	0	22	25	13	11	16	7

dist 列如上（0~6）。

path	0	1	2	3	4	5	6
	0	−1	−1	−1	0	−1	0
	0	**6**	−1	**6**	0	−1	0
	0	6	−1	6	0	−1	0
	0	6	−1	6	0	**3**	0
	0	6	**5**	6	0	3	0
	0	6	5	6	0	3	0
	0	6	5	6	0	3	0

求解结果如下。

从 0 到 1 的最短路径长度为:22 路径为:0,6,1
从 0 到 2 的最短路径长度为:25 路径为:0,6,3,5,2
从 0 到 3 的最短路径长度为:13 路径为:0,6,3
从 0 到 4 的最短路径长度为:11 路径为:0,4
从 0 到 5 的最短路径长度为:16 路径为:0,6,3,5
从 0 到 6 的最短路径长度为:7 路径为:0,6

(7) **答**：不一定。如图 7.9 所示的图 G 从顶点 0 出发的最小生成树如图 7.10 所示,而从顶点 0 到顶点 2 的最短路径为 0→2,而不是最小生成树中的 0→1→2。

图 7.9 一个带权连通无向图

图 7.10 图的一棵最小生成树

(8) **答**：因为 Dijkstra 算法是一种贪心算法，没有回溯能力，在求出部分顶点的最短路径后，均假设后面顶点的最短路径更长，一旦出现权值为负的边，就有可能修改前面的已求出最短路径，而 Dijkstra 算法做不到这一点。

如图 7.11 所示，求以顶点 0 为源点的最短路径，先选取顶点 1，表示从顶点 0 到顶点 1 的最短路径长度为 2，以后不再改变，然后选取顶点 2，因为 <2,1> 的权值为负，需要修改 0→1 的最短路径为 0→2→1，而 Dijkstra 算法没有这种回溯修改路径的能力，所以要求所有边上的权值必须大于 0。

(9) **答**：这样的有向图的拓扑序列是唯一的，入度为 0 的顶点只有一个，每次输出一个入度为 0 的顶点后，剩余的图中都只有一个入度为 0 的顶点。

(10) **答**：① 图 G 的邻接矩阵 A 如图 7.12 所示。

② 有向带权图 G 如图 7.13 所示。

③ 图 7.14 中粗线所标识的 4 个活动组成图 G 的关键路径，即 0→1→2→3→5 是关键路径。

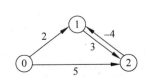

图 7.11　一个带权有向图

$$A = \begin{bmatrix} 0 & 4 & 6 & \infty & \infty & \infty \\ \infty & 0 & 5 & \infty & \infty & \infty \\ \infty & \infty & 0 & 4 & 3 & \infty \\ \infty & \infty & \infty & 0 & \infty & 3 \\ \infty & \infty & \infty & \infty & 0 & 3 \\ \infty & \infty & \infty & \infty & \infty & 0 \end{bmatrix}$$

图 7.12　邻接矩阵 A

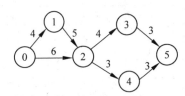

图 7.13　图 G

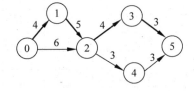

图 7.14　图 G 中的关键路径

(11) **答**：深度优先遍历序列为：A,B,C,E,G,D,F。

求最早开始时间和最迟开始时间的过程如下。

$$ve(A) = 0$$
$$ve(D) = 3$$
$$ve(F) = ve(D) + 3 = 6$$
$$ve(B) = 1$$
$$ve(C) = \text{MAX}\{ve(B) = 3, ve(A) + 2, ve(F) + 3\} = 7$$
$$ve(E) = \text{MAX}\{ve(B) + 1, ve(C) + 2\} = 9$$
$$ve(G) = \text{MAX}\{ve(E) + 1, ve(F) + 5\} = 11$$
$$vl(G) = 11$$
$$vl(E) = vl(G) - 1 = 10$$
$$vl(C) = vl(E) - 2 = 8$$

$$vl(B) = \text{MIN}\{vl(E) - 1, vl(C) - 3\} = 5$$
$$vl(F) = \text{MIN}\{vl(G) - 5, vl(C) - 1\} = 6$$
$$vl(D) = vl(F) - 3 = 3$$
$$vl(A) = \text{MIN}\{vl(B) - 1, vl(C) - 2, vl(D) - 3\} = 0$$

则 $l(FC) = vl(C) - 1 = 7$，所以，事件 C 的最早开始时间为 7，活动 FC 的最迟开始时间为 7，说明 FC 是关键活动。

4. 算法设计题

（1）**解**：用 sum 累计出度为 0 的顶点数（初始为 0）。扫描邻接矩阵 $g.$edges，对于顶点 i，累计第 i 行中非零元素个数即为出度，若为零则 sum++。最后返回 sum。对应的算法如下。

```
int ZeroOutDs(MatGraph g)              //计算图 G 中出度为 0 的顶点数
{   int i,j,n,sum=0;
    for (i=0;i<g.n;i++)
    {   n=0;
        for (j=0;j<g.n;j++)
            if (g.edges[i][j]!=0 && g.edges[i][j]!=INF)
                n++;                   //存在 i 到 j 的一条边时
        if (n==0) sum++;
    }
    return sum;
}
```

（2）**解**：对于顶点 v，累计 $G->$adjlist$[v]$ 为头结点的单链表中结点个数即顶点 v 的出度。对应的算法如下。

```
int OutDsv(AdjGraph * G,int v)         //求顶点 v 的出度
{   int n=0;
    ArcNode * p;
    p=G->adjlist[v].firstarc;
    while (p!=NULL)                    //扫描边表结点
    {   n++;                           //累计出边的数目
        p=p->nextarc;
    }
    return n;
}
void OutDs(AdjGraph * G)               //求解算法
{   for (int i=0;i<G->n;i++)
        printf("顶点%d 的出度:%d\n",i,OutDsv(G,i));
}
```

（3）**解**：扫描邻接表，对于每个顶点 i，累计 $G->$adjlist$[i]$ 为头结点的单链表中 adjvex 为 v 的结点个数，最终结果为顶点 v 的入度。对应的算法如下。

```
int InDsv(AdjGraph * G,int v)          //求顶点 v 的入度
{   int i,n=0;
    ArcNode * p;
    for (i=0;i<G->n;i++)
    {   p=G->adjlist[i].firstarc;
```

```
            while (p!=NULL)                      //扫描边表结点
            {   if (p-> adjvex==v) n++;          //累计顶点 v 的入边的数目
                p=p-> nextarc;
            }
        }
        return n;
    }
    void InDs(AdjGraph * G)                       //求解算法
    {   for (int i=0;i< G-> n;i++)
            printf("顶点%d 的入度:%d\n",i,InDsv(G,i));
    }
```

(4) **解**：若以 $G->$ adjlist$[i]$ 为头结点的单链表中存在 adjvext 为 j 的结点，表示顶点 i 到顶点 j 有边，否则无边。对应的算法如下。

```
    int Arc(ALGraph * G,int i,int j)              //判断图 G 中是否存在边< i,j>
    {   ArcNode * p;
        p=G-> adjlist[i].firstarc;
        while (p!=NULL && p-> adjvex!=j)
            p=p-> nextarc;
        if (p==NULL)
            return 0;                             //不存在 i 到 j 的边
        else
            return 1;                             //存在 i 到 j 的边
    }
```

上述算法的时间复杂度为 $O(m)$，其中，m 表示邻接表中单链表结点个数的最大值。采用邻接矩阵存储图时实现该功能的时间复杂度为 $O(1)$。

(5) **解**：若非连通无向图依顶点次序是由 $G_1,G_2,\cdots,G_k$ 连通分量构成的，则依次对 G_1，$G_2,\cdots,G_k$ 调用 DFS(G_i,i) 算法。调用 DFS 的次数即为连通分量数。对应的算法如下。

```
    int visited[MAXVEX]={0};                      //全局变量,所有元素置初值 0
    void DFS(AdjGraph * G,int v)                  //深度优先遍历算法
    {   ArcNode * p;
        visited[v]=1;                             //置已访问标记
        p=G-> adjlist[v].firstarc;               //p 指向顶点 v 的第一个相邻点
        while (p!=NULL)
        {   if (visited[p-> adjvex]==0)           //若 p-> adjvex 顶点未访问,递归访问它
                DFS(G,p-> adjvex);
            p=p-> nextarc;                        //p 指向顶点 v 的下一个相邻点
        }
    }
    int Getnum(AdjGraph * G)                       //求图 G 的连通分量
    {   int i,count=0;                             //count 累计连通分量个数
        for (i=0;i< G->n;i++)
            if (visited[i]==0)
            {   DFS(G,i);                          //从顶点 i 出发深度优先遍历
                count++;                           //调用 DFS 的次数即为连通分量数
            }
        return count;
    }
```

（6）**解**：若非连通无向图依顶点次序是由 $G_1, G_2, \cdots, G_k$ 连通分量构成的，则依次对 G_1，$G_2, \cdots, G_k$ 调用 BFS(G_i, i) 算法。调用 BFS 的次数即为连通分量数。对应的算法如下。

```
int visited[MAXVEX]={0};                    //全局变量,所有元素置初值 0
void BFS(AdjGraph * G,int v)                 //广度优先遍历算法
{   ArcNode * p;
    int qu[MAXVEX],front=0,rear=0;          //定义循环队列并初始化队头队尾
    int w;
    visited[v]=1;                           //置已访问标记
    rear=(rear+1)%MAXVEX;
    qu[rear]=v;                             //v 进队
    while (front!=rear)                     //若队列不空时循环
    {   front=(front+1)%MAXVEX;
        w=qu[front];                        //出队并赋给 w
        p=G->adjlist[w].firstarc;           //找顶点 w 的第一个相邻点
        while (p!=NULL)
        {   if (visited[p->adjvex]==0)       //若当前邻接顶点未被访问
            {   visited[p->adjvex]=1;        //置该顶点已被访问的标志
                rear=(rear+1)%MAXVEX;        //该顶点进队
                qu[rear]=p->adjvex;
            }
            p=p->nextarc;                    //找顶点 w 的下一个相邻点
        }
    }
}
int Getnum(AdjGraph * G)                     //求图 G 的连通分量
{   int i,count=0;                           //count 累计连通分量个数
    for (i=0;i<G->n;i++)
        if (visited[i]==0)
        {   BFS(G,i);                        //从顶点 i 出发广度优先遍历
            count++;                         //调用 BFS 的次数即为连通分量数
        }
    return count;
}
```

（7）**解**：先置全局数组 visited[] 所有元素为 0，然后从顶点 i 开始进行广度优先遍历。遍历结束之后，若 visited[j]=0，说明顶点 i 到顶点 j 没有路径，返回 0；否则说明顶点 i 到顶点 j 有路径，返回 1。对应的算法如下。

```
int visited[MAXVEX]={0};                    //全局变量,所有元素置初值 0
void BFS(AdjGraph * G,int v)                 //广度优先遍历算法
{   ArcNode * p;
    int qu[MAXVEX],front=0,rear=0;          //定义循环队列并初始化队头队尾
    int w;
    visited[v]=1;                           //置已访问标记
    rear=(rear+1)%MAXVEX;
    qu[rear]=v;                             //v 进队
    while (front!=rear)                     //若队列不空时循环
    {   front=(front+1)%MAXVEX;
        w=qu[front];                        //出队并赋给 w
        p=G->adjlist[w].firstarc;           //找顶点 w 的第一个相邻点
        while (p!=NULL)
        {   if (visited[p->adjvex]==0)       //若当前邻接顶点未被访问
```

```
            {   visited[p-> adjvex]=1;           //置该顶点已被访问的标志
                rear=(rear+1)%MAXVEX;           //该顶点进队
                qu[rear]=p-> adjvex;
            }
            p=p-> nextarc;                      //找顶点 w 的下一个相邻点
        }
    }
}
int BFSTrave(AdjGraph  * G, int i, int j)       //求解算法
{   int k;
    for (k=0;k< G-> n;k++) visited[k]=0;
    BFS(G,i);                                   //从顶点 i 出发广度优先遍历
    if (visited[j]==0)
        return 0;
    else
        return 1;
}
```

(8) **解**：用 sum 累计 DFS 走过的边数(初始为 0),先置全局数组 visited[]所有元素为 0,然后从顶点 v 开始进行深度优先遍历,先访问顶点 v,置 visited[v]=1,查找顶点 v 的一个尚未访问的相邻点 w,从顶点 w 出发继续深度优先遍历,这里走了边<v,w>,所以置 sum++。对应的算法如下。

```
int visited[MAXVEX]={0};                        //全局变量,所有元素置初值 0
void DFSEdges1(AdjGraph  * G, int v, int &sum)   //深度优先遍历算法
{   ArcNode  * p;
    visited[v]=1;                               //置已访问标记
    p=G-> adjlist[v]. firstarc;                 //p 指向顶点 v 的第一个相邻点
    while (p!=NULL)
    {   if (visited[p-> adjvex]==0)             //若 p-> adjvex 顶点未访问,递归访问它
        {   sum++;                              //走 v 到 p-> adjvex 的一条边
            DFSEdges1(G, p-> adjvex, sum);
        }
        p=p-> nextarc;                          //p 指向顶点 v 的下一个相邻点
    }
}
int DFSEdges(AdjGraph  * G, int v)              //求解算法
{   int sum=0;
    DFSEdges1(G, v, sum);
    return sum;
}
```

7.2 上机实验题 7 及参考答案

7.2.1 上机实验题 7

1. 基础实验题

(1) 假设带权有向图采用邻接矩阵存储。设计图的基本运算算法,包括创建图的邻接矩阵,输出图的邻接矩阵,销毁图的邻接矩阵,求图中顶点的度。并用如图 7.15 所示的图进

行测试。

（2）假设带权有向图采用邻接表存储。设计图的基本运算算法,包括创建图的邻接表,输出图的邻接表,销毁图的邻接表,求图中顶点的度。并用如图 7.15 所示的图进行测试。

（3）假设带权有向图分别采用邻接表和邻接矩阵存储,设计从顶点 v 出发的深度优先遍历和广度优先遍历。并用如图 7.15 所示的图进行测试。

（4）假设带权连通图采用邻接矩阵存储,设计从顶点 v 出发的 Prim 算法和 Kruskal 算法求一棵最小生成树。并用如图 7.5 所示的图进行测试。

（5）假设带权有向图采用邻接矩阵存储,设计求顶点 v 到其他顶点最短路径的 Dijkstra 算法和求所有顶点之间最短路径的 Floyd 算法。并用如图 7.15 所示的图进行测试。

2. 应用实验题

（1）假设有向图采用邻接表作为存储结构。设计一个算法,判断其中是否存在环(回路)。并对如图 7.16 所示的有向图进行测试。

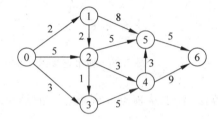

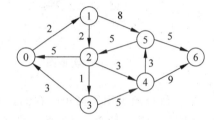

图 7.15 一个带权有向图　　　　　　　　　图 7.16 一个带权有向图

（2）假设一个不带权连通图采用邻接表存储。设计一个算法输出从顶点 u 到顶点 v 的长度恰好为 l 的所有简单路径。并对如图 7.17 所示的图进行测试。

（3）假设一个不带权连通图采用邻接表存储。设计一个算法输出从顶点 u 到顶点 v 并经过顶点 k 的所有路径及其长度。并对如图 7.17 所示的图进行测试。

（4）假设一个不带权连通图采用邻接表存储。设计一个算法,输出图 G 中经过顶点 u 的所有回路。并对如图 7.17 所示的图进行测试。

（5）假设无向图采用邻接表作为存储结构。设计一个算法,判断其中是否存在环(回路)。并对如图 7.18 所示的无向图进行测试。

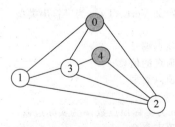

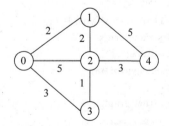

图 7.17 一个不带权连通图　　　　　　　　图 7.18 一个带权无向图

（6）设有 5 地(0～4)之间架设有 6 座桥($A\sim F$),如图 7.19 所示,设计一个算法,从某一地出发,经过每座桥恰巧一次,最后仍回到原地。并对顶点 4 进行测试。

（7）假设图 G 采用邻接表存储。设计一个算法,求不带权连通图 G 中距离顶点 v 最远

数据结构简明教程(第 2 版)学习与上机实验指导

的一个顶点(如果有多个最远点,任意输出一个)。并对如图 7.19 所示的图进行测试。

(8) 假设无向连通图采用邻接表存储。设计一个算法输出图 G 的一棵深度优先生成树。并对如图 7.18 所示的无向图进行测试。

(9) 假设无向连通图采用邻接表存储。设计一个算法输出图 G 的一棵广度优先生成树。并对如图 7.18 所示的无向图进行测试。

(10) 假设图采用邻接矩阵存储。如图 7.20 所示是一个城市连接图,图中权值表示两城市之间的里程(单位为 100km),现要设计一条铁路贯通所有城市(即从任一城市可以到达其他任何城市)。设计一个算法,求出最小代价。假设每 1km 的铁路造价为 1000 万元。

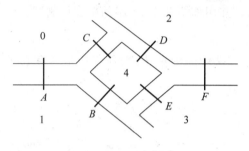

图 7.19　实地图

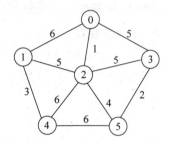

图 7.20　城市连接图

(11) 假设图采用邻接矩阵存储。修改 Dijkstra 算法,仅求从顶点 u 到顶点 v 的最短路径及其长度。并对如图 7.16 所示的有向图进行测试。

(12) 假设有向图采用邻接矩阵作为存储结构。设计一个算法求其中的最小环(回路),这里的最小环指的是该环中所有边的权值和最小。并对如图 7.16 所示的有向图进行测试。

7.2.2　上机实验题 7 参考答案

1. 基础实验题

(1) **解**:相关算法设计原理参见《教程》第 7.2.1 节。包含图基本运算函数的文件 MatGraph.cpp 如下。

```
# include < stdio. h >
# define MAXVEX 100                          //图中最大顶点个数
# define INF 32767                           //表示∞
typedef char VertexType[10];                 //定义 VertexType 为字符串类型
typedef struct vertex
{    int adjvex;                             //顶点编号
     VertexType data;                        //顶点的信息
} VType;                                      //顶点类型
typedef struct graph
{    int n, e;                               //n 为实际顶点数,e 为实际边数
     VType vexs[MAXVEX];                      //顶点集合
     int edges[MAXVEX][MAXVEX];               //边的集合
} MatGraph;                                   //图的邻接矩阵类型
void CreateGraph(MatGraph &g, int A[][MAXVEX], int n, int e)
//由邻接矩阵数组 A、顶点数 n 和边数 e 建立图 G 的邻接矩阵存储结构
{    int i, j;
```

```
    g.n=n; g.e=e;
    for (i=0;i<n;i++)
        for (j=0;j<n;j++)
            g.edges[i][j]=A[i][j];
}
void DestroyGraph(MatGraph g)                //销毁图
{ }
void DispGraph(MatGraph g)                   //显示图 G 的结构
{   int i,j;
    for (i=0;i<g.n;i++)
    {   for (j=0;j<g.n;j++)
            if (g.edges[i][j]<INF)
                printf("%4d",g.edges[i][j]);
            else
                printf("%4s","∞");
        printf("\n");
    }
}
int Degree1(MatGraph g,int v)                //求无向图 G 中顶点 v 的度
{   int i,d=0;
    if (v<0 || v>=g.n)
        return -1;                           //顶点编号错误返回-1
    for (i=0;i<g.n;i++)
        if (g.edges[v][i]>0 && g.edges[v][i]<INF)
            d++;                             //统计第 v 行既不为 0 也不为∞的边数即度
    return d;
}
int Degree2(MatGraph g,int v)                //求有向图 G 中顶点 v 的度
{   int i,d1=0,d2=0,d;
    if (v<0 || v>=g.n)
        return -1;                           //顶点编号错误返回-1
    for (i=0;i<g.n;i++)
        if (g.edges[v][i]>0 && g.edges[v][i]<INF)
            d1++;                            //统计第 v 行既不为 0 也不为∞的边数即出度
    for (i=0;i<g.n;i++)
        if (g.edges[i][v]>0 && g.edges[i][v]<INF)
            d2++;                            //统计第 v 列既不为 0 也不为∞的边数即入度
    d=d1+d2;
    return d;
}
```

设计如下主函数。

```
#include "MatGraph.cpp"                      //包含邻接矩阵的基本运算函数
void main()
{   MatGraph g;
    int A[][MAXVEX]={ { 0, 2, 5, 3, INF,INF,INF}, {INF, 0, 2, INF,INF, 8, INF},
                      {INF,INF,0, 1, 3, 5, INF}, {INF,INF,INF,0, 5, INF,INF},
                      {INF,INF,INF,INF, 0, 3, 9}, {INF,INF,INF,INF,INF,0, 5},
                      {INF,INF,INF,INF,INF,INF,0} };
    int n=7,e=12;
```

```
        CreateGraph(g,A,n,e);                    //建立图7.15的邻接矩阵
        printf("图 G 的存储结构:\n"); DispGraph(g);
        printf("图 G 中所有顶点的度:\n");
        printf("   顶点\t度\n");
        for (int i=0;i<g.n;i++)
            printf("   %d\t%d\n",i,Degree2(g,i));
        printf("销毁图\n");
        DestroyGraph(g);
    }
```

上述程序的执行结果如图 7.21 所示。

图 7.21   实验程序的执行结果

(2) **解**: 相关算法设计原理参见《教程》第 7.2.2 节。包含图基本运算函数的文件 AdjGraph.cpp 如下。

```
#include <stdio.h>
#include <malloc.h>
#define MAXVEX 100                    //图中最大顶点个数
#define INF 32767                     //表示∞
typedef char VertexType[10];          //定义 VertexType 为字符串类型
typedef struct edgenode
{   int adjvex;                       //相邻点序号
    int weight;                       //边的权值
    struct edgenode * nextarc;        //下一条边的顶点
} ArcNode;                            //每个顶点建立的单链表中边结点的类型
typedef struct vexnode
{   VertexType data;                  //顶点信息
    ArcNode * firstarc;               //指向第一条边结点
} VHeadNode;                          //单链表的头结点类型
typedef struct
{   int n,e;                          //n 为实际顶点数,e 为实际边数
    VHeadNode adjlist[MAXVEX];        //单链表头结点数组
} AdjGraph;                           //图的邻接表类型
void CreateGraph(AdjGraph * &G,int A[][MAXVEX],int n,int e)
```

```
//由邻接矩阵数组 A、顶点数 n 和边数 e 建立图 G 的邻接矩阵存储结构
{   int i,j;
    ArcNode * p;
    G=(AdjGraph * )malloc(sizeof(AdjGraph));
    G-> n=n; G-> e=e;
    for (i=0;i< G-> n;i++)                      //邻接表中所有头结点的指针域置空
        G-> adjlist[i].firstarc=NULL;
    for (i=0;i< G-> n;i++)                      //检查 A 中每个元素
        for (j=G-> n-1;j>=0;j--)
            if (A[i][j]>0 && A[i][j]< INF)      //存在一条边
            {   p=(ArcNode * )malloc(sizeof(ArcNode));     //创建一个结点 p
                p-> adjvex=j;
                p-> weight=A[i][j];
                p-> nextarc=G-> adjlist[i].firstarc;       //采用头插法插入 p
                G-> adjlist[i].firstarc=p;
            }
}
void DestroyGraph(AdjGraph * &G)                //销毁图
{   int i;
    ArcNode * pre, * p;
    for (i=0;i< G-> n;i++)                      //释放边结点所占空间
    {   pre=G-> adjlist[i].firstarc;
        if (pre!=NULL)
        {   p=pre-> nextarc;
            while (p!=NULL)
            {   free(pre);
                pre=p; p=p-> nextarc;
            }
            free(pre);
        }
    }
    free(G);                                    //释放 G 所指的内存空间
}
void DispGraph(AdjGraph * G)                    //输出图的邻接表
{   ArcNode * p;
    int i;
    for (i=0;i< G-> n;i++)
    {   printf("  [%2d]",i);
        p=G-> adjlist[i].firstarc;             //p 指向第一个相邻点
        if (p!=NULL)
            printf(" →");
        while (p!=NULL)
        {   printf(" %d(%d)",p-> adjvex,p-> weight);
            p=p-> nextarc;                     //p 移向下一个相邻点
        }
        printf("\n");
    }
}
int Degree1(AdjGraph * G,int v)                 //求无向图 G 中顶点 v 的度
{   int d=0;
    ArcNode * p;
```

数据结构简明教程(第 2 版)学习与上机实验指导

```
        if (v<0 || v>=G->n)
            return -1;                      //顶点编号错误返回-1
        p=G->adjlist[v].firstarc;
        while (p!=NULL)                     //统计 v 顶点的单链表中边结点个数即度
        {   d++;
            p=p->nextarc;
        }
        return d;
    }
    int Degree2(AdjGraph *G,int v)          //求有向图 G 中顶点 v 的度
    {   int i,d1=0,d2=0,d;
        ArcNode *p;
        if (v<0 || v>=G->n)
            return -1;                      //顶点编号错误返回-1
        p=G->adjlist[v].firstarc;
        while (p!=NULL)                     //统计 v 顶点的单链表中边结点个数即出度
        {   d1++;
            p=p->nextarc;
        }
        for (i=0;i<G->n;i++)                //统计边结点中 adjvex 为 v 的个数即入度
        {   p=G->adjlist[i].firstarc;
            while (p!=NULL)
            {   if (p->adjvex==v) d2++;
                p=p->nextarc;
            }
        }
        d=d1+d2;
        return d;
    }
```

设计如下主函数。

```
#include "AdjGraph.cpp"                     //包含邻接表的基本运算函数
void main()
{   AdjGraph *G;
    int A[][MAXVEX]={{ 0, 2, 5, 3, INF,INF,INF}, {INF, 0, 2, INF,INF, 8, INF},
                    {INF,INF,0, 1, 3, 5, INF}, {INF,INF,INF,0, 5, INF,INF},
                    {INF,INF,INF,INF, 0, 3, 9}, {INF,INF,INF,INF,INF,0, 5},
                    {INF,INF,INF,INF,INF,INF,0}};
    int n=7,e=12;
    CreateGraph(G,A,n,e);                   //建立图 7.15 的邻接表
    printf("图 G 的存储结构:\n"); DispGraph(G);
    printf("图 G 中所有顶点的度:\n");
    printf("  顶点\t 度\n");
    for (int i=0;i<G->n;i++)
        printf("  %d\t%d\n",i,Degree2(G,i));
    printf("销毁图\n");
    DestroyGraph(G);
}
```

上述程序的执行结果如图 7.22 所示。

图 7.22 实验程序的执行结果

（3）**解**：相关遍历算法设计原理参见《教程》第 7.3 节。包含图的各种遍历算法的文件 GSearch. cpp 如下。

```cpp
#include "AdjGraph.cpp"
#include "MatGraph.cpp"
int visited[MAXVEX];
void DFS(AdjGraph * G,int v)            //对邻接表 G 从顶点 v 出发深度优先遍历
{   int w;
    ArcNode * p;
    printf("%d ",v);                    //访问 v 顶点
    visited[v]=1;
    p=G->adjlist[v].firstarc;           //找 v 的第一个邻接点
    while (p!=NULL)                      //找 v 的所有邻接点
    {   w= p->adjvex;                    //顶点 v 的相邻点 w
        if (visited[w]==0)               //顶点 w 未访问过
            DFS(G,w);                    //从 w 出发深度优先遍历
        p=p->nextarc;                    //找 v 的下一个邻接点
    }
}
void DFS1(MatGraph g,int v)             //对邻接矩阵 g 从顶点 v 出发深度优先遍历
{   int w;
    printf("%d ",v);                     //输出被访问顶点的编号
    visited[v]=1;                        //置已访问标记
    for (w=0;w<g.n;w++)                  //找顶点 v 的所有相邻点
      if (g.edges[v][w]!=0 && g.edges[v][w]!=INF
          && visited[w]==0)
        DFS1(g,w);                       //找顶点 v 的未访问过的相邻点 w
}
void BFS(AdjGraph * G,int v)            //对邻接表 G 从顶点 v 出发广度优先遍历
{   int i,w,visited[MAXVEX];
    int Qu[MAXVEX],front=0,rear=0;       //定义一个循环队列 Qu
    ArcNode * p;
    printf("%d ",v);                     //访问初始顶点
```

```
        visited[v]=1;
        rear=(rear=1)%MAXVEX;
        Qu[rear]=v;                          //初始顶点 v 进队
        while (front!=rear)                  //队不为空时循环
        {   front=(front+1) % MAXVEX;
            w=Qu[front];                     //出队顶点 w
            p=G—> adjlist[w].firstarc;       //查找 w 的第一个邻接点
            while (p!=NULL)                  //查找 w 的所有邻接点
            {   if (visited[p—> adjvex]==0)  //未访问过则访问之
                {   printf("%d ",p—> adjvex); //访问该点并进队
                    visited[p—> adjvex]=1;
                    rear=(rear+1) % MAXVEX;
                    Qu[rear]=p—> adjvex;
                }
                p=p—> nextarc;               //查找 w 的下一个邻接点
            }
        }
    }
void BFS1(MatGraph g,int v)                  //对邻接矩阵 g 从顶点 v 出发广度优先遍历
{   int i,w,visited[MAXVEX];
    int Qu[MAXVEX],front=0,rear=0;           //定义一个循环队列 Qu
    printf("%d ",v);                         //访问初始顶点
    visited[v]=1;
    rear=(rear=1)%MAXVEX;
    Qu[rear]=v;                              //初始顶点 v 进队
    while (front!=rear)                      //队不为空时循环
    {   front=(front+1) % MAXVEX;
        w=Qu[front];                         //出队顶点 w
        for (i=0;i<g.n;i++)                  //找与顶点 w 相邻的顶点
            if (g.edges[w][i]!=0 && g.edges[w][i]!=INF && visited[i]==0)
            {   printf("%d ",i);             //访问 w 的未被访问的相邻顶点 i
                visited[i]=1;                //置该顶点已被访问的标志
                rear=(rear+1)%MAXVEX;
                Qu[rear]=i;                  //该顶点进队
            }
    }
}
```

设计如下主函数。

```
# include < stdio.h >
# include "GSearch.cpp"
void main()
{   AdjGraph * G;
    int A[][MAXVEX]={
        { 0, 2, 5, 3, INF,INF,INF},{INF, 0, 2, INF,INF, 8, INF},
        {INF,INF,0, 1, 3, 5, INF},{INF,INF,INF,0, 5, INF,INF},
        {INF,INF,INF,INF, 0, 3, 9}, {INF,INF,INF,INF,INF,0, 5},
        {INF,INF,INF,INF,INF,INF,0}};
    int n=7,e=12,i;
    CreateGraph(G,A,n,e);                    //建立图 7.15 的邻接表
```

```
        printf("邻接表 G:\n"); DispGraph(G);
        printf("v=0 的各种遍历序列:\n");
        for (i=0;i<G->n;i++) visited[i]=0;
        printf("  DFS: "); DFS(G,0); printf("\n");
        for (i=0;i<G->n;i++) visited[i]=0;
        printf("  BFS: "); BFS(G,0); printf("\n");
        DestroyGraph(G);
        MatGraph g;
        CreateGraph(g,A,n,e);                        //建立图 7.15 的邻接矩阵
        printf("\n 邻接矩阵 g:\n"); DispGraph(g);
        printf("v=0 的各种遍历序列:\n");
        for (i=0;i<G->n;i++) visited[i]=0;
        printf("  DFS1: "); DFS1(g,0); printf("\n");
        for (i=0;i<G->n;i++) visited[i]=0;
        printf("  BFS1: "); BFS1(g,0); printf("\n");
        DestroyGraph(g);
}
```

上述程序的执行结果如图 7.23 所示。

图 7.23　实验程序的执行结果

　　(4) **解**：相关算法设计原理参见《教程》第 7.4 节。包含求图最小生成树的两个算法的
文件 MCST.cpp 如下。

```
#include <stdio.h>
#include "MatGraph.cpp"
#define MAXE 100                         //图中最多的边数
//------------------------------Prim 算法-----------------------------
void Prim(MatGraph g,int v)              //输出求得的最小生树的所有边
{    int lowcost[MAXVEX];               //建立数组 lowcost
     int closest[MAXVEX];               //建立数组 closest
     int min,i,j,k;
     for (i=0;i<g.n;i++)                //给 lowcost[]和 closest[]置初值
```

```
    {   lowcost[i]=g.edges[v][i];
        closest[i]=v;
    }
    for (i=1;i<g.n;i++)                    //构造 n−1 条边
    {   min=INF;k=−1;
        for (j=0;j<g.n;j++)                //在(V−U)中找出离 U 最近的顶点 k
            if (lowcost[j]!=0 && lowcost[j]<min)
            {   min=lowcost[j];
                k=j;                       //k 记录最近顶点的编号
            }
        printf("  边(%d,%d),权值为%d\n",closest[k],k,min);
        lowcost[k]=0;                      //标记 k 已经加入 U
        for (j=0;j<g.n;j++)                //修正数组 lowcost 和 closest
        if (lowcost[j]!=0 && g.edges[k][j]<lowcost[j])
        {   lowcost[j]=g.edges[k][j];
            closest[j]=k;
        }
    }
}
//----------------------------Kruskal算法----------------------------
typedef struct
{   int u;                                 //边的起始顶点
    int v;                                 //边的终止顶点
    int w;                                 //边的权值
} Edge;                                    //边数组元素类型
void SortEdge(Edge E[],int e)              //对 E 数组按权值递增排序
{   int i,j,k=0;
    Edge temp;
    for (i=1;i<e;i++)
    {   temp=E[i];
        j=i−1;                             //从右向左在有序区 E[0..i−1]中找 E[i]的插入位置
        while (j>=0 && temp.w<E[j].w)
        {   E[j+1]=E[j];                   //将权值大于 E[i].w 的记录后移
            j−−;
        }
        E[j+1]=temp;                       //在 j+1 处插入 E[i]
    }
}
void Kruskal(MatGraph g)                   //输出求得的最小生成树的所有边
{   int i,j,u1,v1,sn1,sn2,k;
    int vset[MAXVEX];                      //建立数组 vset
    Edge E[MAXE];                          //建立存放所有边的数组 E
    k=0;                                   //E 数组的下标从 0 开始计
    for (i=0;i<g.n;i++)                    //由图的邻接矩阵 g 产生的边集数组 E
        for (j=0;j<=i;j++)
            if (g.edges[i][j]!=0 && g.edges[i][j]!=INF)
            {   E[k].u=i;
                E[k].v=j;
                E[k].w=g.edges[i][j];
                k++;                       //累计边数
            }
    SortEdge(E,k);                         //采用直接插入排序对 E 数组按权值递增排序
    for (i=0;i<g.n;i++) vset[i]=i;         //初始化辅助数组
    k=1;                                   //k 表示当前构造生成树的第几条边,初值为 1
```

```
    j=0;                          //E 中边的下标,初值为 0
    while (k<g.n)                 //生成的边数小于 n 时循环
    {   u1=E[j].u; v1=E[j].v;     //取一条边的头尾顶点
        sn1=vset[u1];
        sn2=vset[v1];             //分别得到两个顶点所属的集合编号
        if (sn1!=sn2)             //两顶点属于不同的集合,该边是最小生成树的一条边
        {
            printf("   边(%d,%d),权值为%d\n",u1,v1,E[j].w);
            k++;                  //生成边数增 1
            for (i=0;i<g.n;i++)   //两个集合统一编号
                if (vset[i]==sn2) //集合编号为 sn2 的改为 sn1
                    vset[i]=sn1;
        }
        j++;                      //扫描下一条边
    }
}
```

设计如下主函数。

```
# include "MCST.cpp"             //包含构造最小生成树的算法
void main()
{   MatGraph g;
    int n=6,e=8;
    int A[MAXVEX][MAXVEX]={{0,1,5,2,INF,INF},    {1,0,3,INF,7,INF},
                {5,3,0,INF,INF,6},    {2,INF,INF,0,INF,8},
                {INF,7,INF,INF,0,4},    {INF,INF,6,8,4,0} };
    CreateGraph(g,A,n,e);           //建立图 7.5 的邻接矩阵
    printf("图 G 的存储结构:\n"); DispGraph(g);
    printf("Prim:从顶点 0 出发构造的最小生成树:\n");
    Prim(g,0);
    printf("Kruskal:构造的最小生成树:\n");
    Kruskal(g);
    DestroyGraph(g);
}
```

上述程序的执行结果如图 7.24 所示。

图 7.24 实验程序的执行结果

(5) **解**：相关算法设计原理参见《教程》第 7.5 节。包含求图最短路径的两个算法的文件 MinPath. cpp 如下。

```c
# include < stdio. h >
# include "MatGraph.cpp"
//-------------------------------Dijkstra算法-------------------------------
void Dispdistpath(int dist[],int path[],int n)    //输出 dist 数组和 path 数组
{    int i;
    printf("\tdist\t\t\tpath\n");
    for (i=0;i< n;i++)
        if (dist[i]==INF)
            printf("%3s","∞");
        else
            printf("%3d",dist[i]);
    printf("\t");
    for (i=0;i< n;i++)
        printf("%3d",path[i]);
    printf("\n");
}
void DispAllPath(MatGraph g,int dist[],int path[],int S[],int v)
//输出从顶点 v 出发的所有最短路径
{    int i,j,k,count=0;
    int apath[MAXVEX],d;             //存放一条最短路径(逆向)及其顶点个数
    for (i=0;i< g.n;i++)
        if (path[i]!=-1)
            count++;
    if (count==1)                    //path 中只有一个不为-1 时表示没有路径
    {    printf("从指定的顶点到其他顶点都没有路径!!!\n");
        return;
    }
    for (i=0;i< g.n;i++)             //循环输出从顶点 v 到 i 的路径
        if (S[i]==1 && i!=v)
        {    printf("  从%d 到%d 最短路径长度为:%d\t 路径:",v,i,dist[i]);
            d=0; apath[d]=i;         //添加路径上的终点
            k=path[i];
            if (k==-1)               //没有路径的情况
                printf("无路径\n");
            else                     //存在路径时输出该路径
            {    while (k!=v)
                {    d++; apath[d]=k;
                    k=path[k];
                }
                d++; apath[d]=v;     //添加路径上的起点
                printf("%d",apath[d]);    //先输出起点
                for (j=d-1;j>=0;j--)      //再输出其他顶点
                    printf("→%d",apath[j]);
                printf("\n");
            }
        }
}
```

```
void Dijkstra(MatGraph g, int v)          //求从 v 到其他顶点的最短路径
{   int dist[MAXVEX];                     //建立 dist 数组
    int path[MAXVEX];                     //建立 path 数组
    int S[MAXVEX];                        //建立 S 数组
    int mindis, i, j, u=0;
    for (i=0; i<g.n; i++)
    {   dist[i]=g.edges[v][i];            //距离初始化
        S[i]=0;                           //S[]置空
        if (g.edges[v][i]<INF)            //路径初始化
            path[i]=v;                    //顶点 v 到顶点 i 有边时, 置顶点 i 的前一个顶点为 v
        else
            path[i]=-1;                   //顶点 v 到顶点 i 没边时, 置顶点 i 的前一个顶点为-1
    }
    Dispdistpath(dist, path, g.n);        //输出 dist 初始值和 path 初始值
    S[v]=1;                               //源点编号 v 放入 s 中
    for (i=0; i<g.n-1; i++)               //循环向 S 中添加 n-1 个顶点
    {   mindis=INF;                       //mindis 置最小长度初值
        for (j=0; j<g.n; j++)             //选取不在 s 中且具有最小距离的顶点 u
            if (S[j]==0 && dist[j]<mindis)
            {   u=j;
                mindis=dist[j];
            }
        printf("将顶点%d 加入 S 中\n", u);
        S[u]=1;                           //顶点 u 加入 s 中
        for (j=0; j<g.n; j++)             //修改不在 s 中的顶点的距离
            if (S[j]==0)
                if (g.edges[u][j]<INF && dist[u]+g.edges[u][j]<dist[j])
                {   dist[j]=dist[u]+g.edges[u][j];
                    path[j]=u;
                }
        Dispdistpath(dist, path, g.n);    //输出 dist 值和 path 值
    }
    DispAllPath(g, dist, path, S, v);     //输出所有最短路径及长度
}
//------------------------------Floyd 算法-----------------------------
void DispApath(int A[][MAXVEX], int path[][MAXVEX], int n, int k)
//输出 A 和 path 数组
{   int i, j;
    printf("\tA[%d]\t\t\t\tpath[%d]\n", k, k);
    for (i=0; i<n; i++)
    {   for (j=0; j<n; j++)
            if (A[i][j]==INF)
                printf("%4s", "∞");
            else
                printf("%4d", A[i][j]);
        printf("\t");
        for (j=0; j<n; j++)
            printf("%3d", path[i][j]);
        printf("\n");
    }
}
```

```
void DispAllPath(MatGraph g,int A[][MAXVEX],int path[][MAXVEX])
//输出所有的最短路径和长度
{   int i,j,k,s;
    int apath[MAXVEX],d;            //存放一条最短路径中间顶点(反向)及其顶点个数
    for (i=0;i<g.n;i++)
        for (j=0;j<g.n;j++)
        {   if (A[i][j]!=INF && i!=j)            //若顶点i和j之间存在路径
            {   printf("   顶点%d 到%d 的最短路径长度:%d\t 路径:",i,j,A[i][j]);
                k=path[i][j];
                d=0; apath[d]=j;                //路径上添加终点
                while (k!=-1 && k!=i)           //路径上添加中间点
                {   d++; apath[d]=k;
                    k=path[i][k];
                }
                d++; apath[d]=i;                //路径上添加起点
                printf("%d",apath[d]);          //输出起点
                for (s=d-1;s>=0;s--)            //输出路径上的中间顶点
                    printf("→%d",apath[s]);
                printf("\n");
            }
        }
}

void Floyd(MatGraph g)                          //求每对顶点之间的最短路径
{   int A[MAXVEX][MAXVEX];                       //建立 A 数组
    int path[MAXVEX][MAXVEX];                    //建立 path 数组
    int i,j,k;
    for (i=0;i<g.n;i++)                          //给数组 A 和 path 置初值即求 A-1[i][j]
        for (j=0;j<g.n;j++)
        {   A[i][j]=g.edges[i][j];
            if (i!=j && g.edges[i][j]<INF)
                path[i][j]=i;
            else
                path[i][j]=-1;
        }
    DispApath(A,path,g.n,-1);                    //输出初始 A 和初始 path
    for (k=0;k<g.n;k++)                          //求 Ak[i][j]
    {   for (i=0;i<g.n;i++)
            for (j=0;j<g.n;j++)
                if (A[i][j]>A[i][k]+A[k][j])     //找到更短路径
                {   A[i][j]=A[i][k]+A[k][j];     //修改路径长度
                    path[i][j]=path[k][j];       //修改最短路径为经过顶点 k
                }
        DispApath(A,path,g.n,k);                 //输出 A 和 path
    }
    DispAllPath(g,A,path);                       //输出最短路径和长度
}
```

设计如下主函数。

```
#include "MinPath.cpp"                           //含有两个求带权有向图中最短路径的函数
void main()
```

```
{   MatGraph g;
    int n=7,e=12,v=0;
    int A[][MAXVEX]={{ 0, 2, 5, 3, INF,INF,INF},{INF, 0, 2, INF,INF, 8, INF},
                     {INF,INF,0, 1, 3, 5, INF},{INF,INF,INF,0, 5, INF,INF},
                     {INF,INF,INF,INF, 0, 3, 9}, {INF,INF,INF,INF,INF,0, 5},
                     {INF,INF,INF,INF,INF,INF,0}};
    CreateGraph(g,A,n,e);                          //建立图 7.15 的邻接矩阵
    printf("图 G 的存储结构:\n"); DispGraph(g);
    printf("Dijkstra 求解结果如下:\n");
    Dijkstra(g,v);
    printf("\nFloyd 求解结果如下:\n");
    Floyd(g);
    DestroyGraph(g);
}
```

上述程序的执行结果如下。

图 G 的存储结构:

```
0    2    5    3    ∞    ∞    ∞
∞    0    2    ∞    ∞    8    ∞
∞    ∞    0    1    3    5    ∞
∞    ∞    ∞    0    5    ∞    ∞
∞    ∞    ∞    ∞    0    3    9
∞    ∞    ∞    ∞    ∞    0    5
∞    ∞    ∞    ∞    ∞    ∞    0
```

Dijkstra 求解结果如下。

```
       dist                          path
0  2  5  3  ∞  ∞  ∞         0  0  0  0  −1  −1  −1
```
将顶点 1 加入 S 中
```
       dist                          path
0  2  4  3  ∞  10  ∞        0  0  1  0  −1  1  −1
```
将顶点 3 加入 S 中
```
       dist                          path
0  2  4  3  8  10  ∞        0  0  1  0  3  1  −1
```
将顶点 2 加入 S 中
```
       dist                          path
0  2  4  3  7  9  ∞         0  0  1  0  2  2  −1
```
将顶点 4 加入 S 中
```
       dist                          path
0  2  4  3  7  9  16        0  0  1  0  2  2  4
```
将顶点 5 加入 S 中
```
       dist                          path
0  2  4  3  7  9  14        0  0  1  0  2  2  5
```
将顶点 6 加入 S 中
```
       dist                          path
0  2  4  3  7  9  14        0  0  1  0  2  2  5
```
从 0 到 1 最短路径长度为:2   路径:0→1
从 0 到 2 最短路径长度为:4   路径:0→1→2
从 0 到 3 最短路径长度为:3   路径:0→3
从 0 到 4 最短路径长度为:7   路径:0→1→2→4
从 0 到 5 最短路径长度为:9   路径:0→1→2→5

数据结构简明教程(第2版)学习与上机实验指导

从0到6最短路径长度为:14   路径:0→1→2→5→6

Floyd 求解结果如下：

```
            A[-1]                            path[-1]
0   2   5   3   ∞   ∞   ∞       -1   0   0   0  -1  -1  -1
∞   0   2   ∞   ∞   8   ∞       -1  -1   1  -1  -1   1  -1
∞   ∞   0   1   3   5   ∞       -1  -1  -1   2   2   2  -1
∞   ∞   ∞   0   5   ∞   ∞       -1  -1  -1  -1   3  -1  -1
∞   ∞   ∞   ∞   0   3   9       -1  -1  -1  -1  -1   4   4
∞   ∞   ∞   ∞   ∞   0   5       -1  -1  -1  -1  -1  -1   5
∞   ∞   ∞   ∞   ∞   ∞   0       -1  -1  -1  -1  -1  -1  -1

            A[0]                             path[0]
0   2   5   3   ∞   ∞   ∞       -1   0   0   0  -1  -1  -1
∞   0   2   ∞   ∞   8   ∞       -1  -1   1  -1  -1   1  -1
∞   ∞   0   1   3   5   ∞       -1  -1  -1   2   2   2  -1
∞   ∞   ∞   0   5   ∞   ∞       -1  -1  -1  -1   3  -1  -1
∞   ∞   ∞   ∞   0   3   9       -1  -1  -1  -1  -1   4   4
∞   ∞   ∞   ∞   ∞   0   5       -1  -1  -1  -1  -1  -1   5
∞   ∞   ∞   ∞   ∞   ∞   0       -1  -1  -1  -1  -1  -1  -1

            A[1]                             path[1]
0   2   4   3   ∞  10   ∞       -1   0   1   0  -1   1  -1
∞   0   2   ∞   ∞   8   ∞       -1  -1   1  -1  -1   1  -1
∞   ∞   0   1   3   5   ∞       -1  -1  -1   2   2   2  -1
∞   ∞   ∞   0   5   ∞   ∞       -1  -1  -1  -1   3  -1  -1
∞   ∞   ∞   ∞   0   3   9       -1  -1  -1  -1  -1   4   4
∞   ∞   ∞   ∞   ∞   0   5       -1  -1  -1  -1  -1  -1   5
∞   ∞   ∞   ∞   ∞   ∞   0       -1  -1  -1  -1  -1  -1  -1

            A[2]                             path[2]
0   2   4   3   7   9   ∞       -1   0   1   0   2   2  -1
∞   0   2   3   5   7   ∞       -1  -1   1   2   2   2  -1
∞   ∞   0   1   3   5   ∞       -1  -1  -1   2   2   2  -1
∞   ∞   ∞   0   5   ∞   ∞       -1  -1  -1  -1   3  -1  -1
∞   ∞   ∞   ∞   0   3   9       -1  -1  -1  -1  -1   4   4
∞   ∞   ∞   ∞   ∞   0   5       -1  -1  -1  -1  -1  -1   5
∞   ∞   ∞   ∞   ∞   ∞   0       -1  -1  -1  -1  -1  -1  -1

            A[3]                             path[3]
0   2   4   3   7   9   ∞       -1   0   1   0   2   2  -1
∞   0   2   3   5   7   ∞       -1  -1   1   2   2   2  -1
∞   ∞   0   1   3   5   ∞       -1  -1  -1   2   2   2  -1
∞   ∞   ∞   0   5   ∞   ∞       -1  -1  -1  -1   3  -1  -1
∞   ∞   ∞   ∞   0   3   9       -1  -1  -1  -1  -1   4   4
∞   ∞   ∞   ∞   ∞   0   5       -1  -1  -1  -1  -1  -1   5
∞   ∞   ∞   ∞   ∞   ∞   0       -1  -1  -1  -1  -1  -1  -1

            A[4]                             path[4]
0   2   4   3   7   9  16       -1   0   1   0   2   2   4
∞   0   2   3   5   7  14       -1  -1   1   2   2   2   4
∞   ∞   0   1   3   5  12       -1  -1  -1   2   2   2   4
∞   ∞   ∞   0   5   8  14       -1  -1  -1  -1   3   4   4
∞   ∞   ∞   ∞   0   3   9       -1  -1  -1  -1  -1   4   4
∞   ∞   ∞   ∞   ∞   0   5       -1  -1  -1  -1  -1  -1   5
∞   ∞   ∞   ∞   ∞   ∞   0       -1  -1  -1  -1  -1  -1  -1
```

A[5]　　　　　　　　　　　　　path[5]

0	2	4	3	7	9	14		−1	0	1	0	2	2	5
∞	0	2	3	5	7	12		−1	−1	1	2	2	2	5
∞	∞	0	1	3	5	10		−1	−1	−1	2	2	2	5
∞	∞	∞	0	5	8	13		−1	−1	−1	−1	3	4	5
∞	∞	∞	∞	0	3	8		−1	−1	−1	−1	−1	4	5
∞	∞	∞	∞	∞	0	5		−1	−1	−1	−1	−1	−1	5
∞	∞	∞	∞	∞	∞	0		−1	−1	−1	−1	−1	−1	−1

A[6]　　　　　　　　　　　　　path[6]

0	2	4	3	7	9	14		−1	0	1	0	2	2	5
∞	0	2	3	5	7	12		−1	−1	1	2	2	2	5
∞	∞	0	1	3	5	10		−1	−1	−1	2	2	2	5
∞	∞	∞	0	5	8	13		−1	−1	−1	−1	3	4	5
∞	∞	∞	∞	0	3	8		−1	−1	−1	−1	−1	4	5
∞	∞	∞	∞	∞	0	5		−1	−1	−1	−1	−1	−1	5
∞	∞	∞	∞	∞	∞	0		−1	−1	−1	−1	−1	−1	−1

顶点 0 到 1 的最短路径长度:2　　路径:0→1
顶点 0 到 2 的最短路径长度:4　　路径:0→1→2
顶点 0 到 3 的最短路径长度:3　　路径:0→3
顶点 0 到 4 的最短路径长度:7　　路径:0→1→2→4
顶点 0 到 5 的最短路径长度:9　　路径:0→1→2→5
顶点 0 到 6 的最短路径长度:14　　路径:0→1→2→5→6
顶点 1 到 2 的最短路径长度:2　　路径:1→2
顶点 1 到 3 的最短路径长度:3　　路径:1→2→3
顶点 1 到 4 的最短路径长度:5　　路径:1→2→4
顶点 1 到 5 的最短路径长度:7　　路径:1→2→5
顶点 1 到 6 的最短路径长度:12　　路径:1→2→5→6
顶点 2 到 3 的最短路径长度:1　　路径:2→3
顶点 2 到 4 的最短路径长度:3　　路径:2→4
顶点 2 到 5 的最短路径长度:5　　路径:2→5
顶点 2 到 6 的最短路径长度:10　　路径:2→5→6
顶点 3 到 4 的最短路径长度:5　　路径:3→4
顶点 3 到 5 的最短路径长度:8　　路径:3→4→5
顶点 3 到 6 的最短路径长度:13　　路径:3→4→5→6
顶点 4 到 5 的最短路径长度:3　　路径:4→5
顶点 4 到 6 的最短路径长度:8　　路径:4→5→6
顶点 5 到 6 的最短路径长度:5　　路径:5→6

2. 应用实验题

（1）解：采用深度优先遍历方法,从有向图中每个顶点出发搜索图中是否有环,一旦找到环,返回 1。

从有向图中某个顶点 v 出发搜索环的过程是,对每个访问的顶点 w 做标记(visited[w]=1)。若搜索过顶点 w,再搜索到某个顶点 i,表示从顶点 w 到顶点 i 存在一条路径。如果顶点 i 的相邻顶点是 w(即前面已经访问过的某个顶点),表示顶点 i 到顶点 w 有一条边,这样就发现了一个环(该环上包含顶点 w 和 i),如图 7.25 所示,此时算法返回 1。如果从顶点 v 出发所有的搜索都没有返回 1,表示从顶点 v 出发的搜索没有发现环,则返回 0。

说明:本题方法仅适合有向图中判断是否有环,不适合无向。例如,在有向图中有边 $<0,1>$ 和 $<1,0>$ 时,可以将(0,1,0)看成一个环,而在无向图中有边(0,1)时,一般不会将

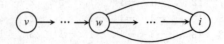

当 visited[w]=1,visited[i]=1 时表
示顶点 w 到 i 存在一条路径

若顶点 i 有一个相邻点 w，表示 i
到 w 存在一条路径，从而构成回路

图 7.25 有向图中存在环的示意图

$(0,1,0)$ 看成一个环,也就是说,无向图中环的长度应该大于 2,而有向图中环的长度可以等于 2。

对应的实验程序如下。

```
# include < stdio.h >
# include "AdjGraph.cpp"
int visited[MAXVEX];                    //全局数组
int Cyclev(AdjGraph * G,int v)          //从顶点 v 出发搜索环
{   ArcNode * p;
    int w;
    visited[v]=1;                       //置已访问标记
    p=G->adjlist[v].firstarc;           //p 指向顶点 v 的第一个相邻点
    while (p!=NULL)
    {   w=p->adjvex;
        if (visited[w]==0)              //若顶点 w 未访问,递归访问它
        {   if (Cyclev(G,w))            //从 w 出发找到一个环
                return 1;
        }
        else
            return 1;                   //顶点 v 存在一个已经访问的顶点 w,说明有回路
        p=p->nextarc;                   //找下一个相邻点
    }
    return 0;
}
int Cycle(AdjGraph * G)                 //求图 G 中是否有环
{   for (int i=0;i<G->n;i++)            //处理所有的顶点
    {   for (int j=0;j<G->n;j++)        //初始化 visited 数组
            visited[j]=0;
        if (Cyclev(G,i))
            return 1;
    }
    return 0;
}
void main()
{   AdjGraph * G;
    int A[][MAXVEX]={{ 0,2, INF, INF, INF,INF,INF},{INF, 0, 2, INF,INF, 8, INF},
                     {5, INF,0, 1, 3, INF, INF},{3,INF,INF,0, 5, INF,INF},
                     {INF,INF,INF,INF, 0, 3, 9},{INF,INF,5,INF,INF,0, 5},
                     {INF,INF,INF,INF,INF,INF,0}};
    int n=7,e=12;
    CreateGraph(G,A,n,e);               //建立图 7.16 的邻接表
```

```
printf("邻接表 G:\n"); DispGraph(G);
printf("求解结果:\n");
if (Cycle(G))
    printf("    图 G 中存在环!\n");
else
    printf("    图 G 中不存在环!\n");
DestroyGraph(G);
}
```

上述程序的执行结果如图 7.26 所示,表示该图中有环。实际上图中存在多个环,如 0→1→2→0、0→1→2→3→0 等。

图 7.26 实验程序的执行结果

(2) **解**: 采用带回溯的深度优先遍历算法求解,与《教程》例 7.11 类似,仅将输出 path 的条件改为 $u==v$ && $d==l$。对应的实验程序如下。

```
#include <stdio.h>
#include "AdjGraph.cpp"
int visited[MAXVEX];                     //全局数组
int count=0;                             //累计简单路径条数
void FindallPath(AdjGraph * G,int u,int v,int l,int path[],int d)
{   ArcNode * p;
    int w,i;
    visited[u]=1;
    d++; path[d]=u;                      //顶点 u 加入路径中
    if (u==v && d==l)                    //找到一条长度等于 l 的简单路径
    {   printf("    路径%d: ",++count);
        for (i=0;i<d;i++)                //输出找到的一条路径
            printf("%d→",path[i]);
        printf("%d\n",path[d]);
    }
    p=G->adjlist[u].firstarc;            //p 指向 u 的第一个相邻点
    while (p!=NULL)
    {   w=p->adjvex;                     //相邻点的编号为 w
        if (visited[w]==0)
            FindallPath(G,w,v,l,path,d); //递归调用
        p=p->nextarc;                    //p 指向下一个相邻点
    }
    visited[u]=0;                        //回溯找所有简单路径
```

```
    }
    void main()
    {   AdjGraph * G;
        int n=5,e=8;
        int A[MAXVEX][MAXVEX]={{0,1,1,1,0},{1,0,1,1,0},{1,1,0,1,1},{1,1,1,0,1},{0,0,1,1,0}};
        CreateGraph(G,A,n,e);                //建立图7.17的邻接表
        printf("邻接表 G:\n"); DispGraph(G);
        for (int i=0;i<G->n;i++)
            visited[i]=0;
        int path[MAXVEX],d=-1;
        int u=0,v=4,l=3;
        printf("从顶点%d到%d的长度为%d的简单路径:\n",u,v,l);
        FindallPath(G,u,v,l,path,d);
        DestroyGraph(G);
    }
```

上述程序的执行结果如图7.27所示,求出图7.17中从顶点0到4的长度为3的简单路径有4条。

图7.27 实验程序的执行结果

(3) **解**：采用带回溯的深度优先遍历算法求解,与《教程》例7.11类似,设置全局变量 findk 表示路径上是否出现顶点 k,在搜索路径中访问到顶点 k 时置 findk=1,在回退顶点 k 时置 findk=0。将输出 path 的条件改为 $u==v$ && $d>=2$ && findk。对应的实验程序如下。

```
    #include <stdio.h>
    #include "AdjGraph.cpp"
    int visited[MAXVEX];                  //全局数组
    int count=0;                          //累计满足条件的简单路径条数
    int findk=0;                          //路径上是否有顶点 k
    void FindallPath(AdjGraph * G,int u,int v,int k,int path[],int d)
    {   ArcNode * p;
        int w,i;
        visited[u]=1;
        if (u==k) findk=1;
        d++; path[d]=u;                   //顶点 u 加入路径中
        if (u==v && d>=2 && findk)        //找到一条满足条件的简单路径
        {   printf("   路径%d: ",++count);
```

```
        for (i=0;i<d;i++)                //输出找到的一条路径
            printf("%d→",path[i]);
        printf("%d\n",path[d]);
    }
    p=G->adjlist[u].firstarc;            //p指向u的第一个相邻点
    while (p!=NULL)
    {   w=p->adjvex;                      //相邻点的编号为w
        if (visited[w]==0)
            FindallPath(G,w,v,k,path,d);  //递归调用
        p=p->nextarc;                     //p指向下一个相邻点
    }
    visited[u]=0;                         //回溯找所有简单路径
    if (u==k) findk=0;
}
void main()
{   AdjGraph *G;
    int n=5,e=8;
    int A[MAXVEX][MAXVEX]={{0,1,1,1,0},{1,0,1,1,0},{1,1,0,1,1},{1,1,1,0,1},{0,0,1,1,0}};
    CreateGraph(G,A,n,e);                 //建立图7.17的邻接表
    printf("邻接表G:\n"); DispGraph(G);
    for (int i=0;i<G->n;i++)
        visited[i]=0;
    int path[MAXVEX],d=-1;
    int u=0,v=4,k=3;
    printf("从顶点%d到%d的经过顶点%d的简单路径:\n",u,v,k);
    FindallPath(G,u,v,k,path,d);
    DestroyGraph(G);
}
```

上述程序的执行结果如图 7.28 所示,求出图 7.17 中从顶点 0 到 4 的经过顶点 3 的简单路径有 8 条。

图 7.28　实验程序的执行结果

(4) **解**:采用带回溯的深度优先遍历算法。搜索从顶点 u 到 v 的简单路径($v=u$ 时为简单回路)。对于顶点 u 的一个相邻点 w,如果它已访问过且等于 v,即满足条件 $w==v \ \&\& \ d \geqslant 2$($w$ 为当前搜索的顶点),则表示找到一条回路,输出 path 中的顶点构成的回路。

数据结构简明教程(第 2 版)学习与上机实验指导

对应的实验程序如下。

```
# include <stdio.h>
# include "AdjGraph.cpp"
int visited[MAXVEX];                        //全局数组
int count=0;                                 //累计满足条件的简单路径条数
void FindallPath(AdjGraph * G, int u, int v, int path[], int d)
{   ArcNode * p;
    int w, i;
    visited[u]=1;
    d++; path[d]=u;                          //顶点 u 加入路径中
    p=G-> adjlist[u].firstarc;               //p 指向 u 的第一个相邻点
    while (p!=NULL)
    {   w=p-> adjvex;                         //相邻点的编号为 w
        if (visited[w]==0)
            FindallPath(G, w, v, path, d);    //递归调用
        else if (w==v && d>1)                //任何回路的长度应该大于 1(不含起点)
        {   printf("  路径%d: ", ++count);
            for (i=0; i<=d; i++)              //输出找到的一条路径
                printf("%d→", path[i]);
            printf("%d\n", v);
        }
        p=p-> nextarc;                        //p 指向下一个相邻点
    }
    visited[u]=0;                             //回溯找所有简单路径
}
void CycleAll(AdjGraph * G, int u)          //输出经过顶点 u 的所有回路
{   int path[MAXVEX];
    int d=-1;
    printf("经过%d 顶点的所有回路如下:\n", u);
    FindallPath(G, u, u, path, d);
}
void main()
{   AdjGraph * G;
    int n=5, e=8;
    int A[MAXVEX][MAXVEX]={{0,1,1,1,0},{1,0,1,1,0},{1,1,0,1,1},{1,1,1,0,1},{0,0,1,1,0}};
    CreateGraph(G, A, n, e);                 //建立图 7.17 的邻接表
    printf("邻接表 G:\n"); DispGraph(G);
    for (int i=0; i<G-> n; i++) visited[i]=0;
    int u=0;
    CycleAll(G, u);
    DestroyGraph(G);
}
```

上述程序的执行结果如图 7.29 所示,求出图 7.17 中经过顶点 0 的简单回路有 18 条。

(5) 解:采用深度优先遍历方法,从图中每个顶点出发搜索图中是否有环,一旦找到环,是否返回 1。

这里是无向图,不能直接采用有向图中判断是否存在环的方式,因为有向图中<0,1>和<1,0>可以看成一个环,而无向图中(0,1)和(1,0)一般不能看成一个环。

图 7.29 实验程序的执行结果

这里从图中顶点 u 出发查找到 v 的路径(初始时 $v=u$),用 d 记录路径长度,当从顶点 u 找到相邻点 w,如果 $w=v$ 并且 $d>1$,则表示存在一个环,算法返回 1。如果从顶点 u 出发所有的搜索都没有返回 1,表示从顶点 u 出发的搜索没有发现环,则返回 0。

对应的实验程序如下。

```
# include < stdio.h >
# include "AdjGraph.cpp"
int visited[MAXVEX];                //全局数组
int Cycleuv(AdjGraph  * G, int u, int v, int d)
//从顶点 u 出发搜索是否存在达到顶点 v 的长度大于 2 的路径
{   ArcNode  * p;
    int w;
    visited[u]=1;                   //置已访问标记
    d++;                            //路径长度增 1
    p=G-> adjlist[u].firstarc;      //p 指向顶点 u 的第一个相邻点
    while (p!=NULL)
    {   w=p-> adjvex;
        if (visited[w]==0)          //若顶点 w 未访问,递归访问它
        {   if (Cycleuv(G,w,v,d))   //从顶点 w 出发搜索
                return 1;
        }
        else if (w==v && d>1)       //搜索到顶点 v 并且环长度大于 1(不含起点)
            return true;
        p=p-> nextarc;              //找下一个相邻点
    }
    return 0;
}
int Cycle(AdjGraph  * G)            //求图 G 中是否有环
```

```
{   for (int i=0;i<G->n;i++)              //处理所有的顶点
    {   for (int j=0;j<G->n;j++)          //初始化 visited 数组
            visited[j]=0;
        if (Cycleuv(G,i,i,-1))
            return 1;
    }
    return 0;
}
void main()
{   AdjGraph *G;
    int A[][MAXVEX]={{0,2,5,3,INF},{2, 0,2,INF,5},{5,2,0,1,3},
                    {3, INF,1,0,INF},{INF,5,3,INF,0} };
    int n=5,e=7;
    CreateGraph(G,A,n,e);                 //建立图7.18的邻接表
    printf("邻接表 G:\n"); DispGraph(G);
    printf("求解结果:\n");
    if (Cycle(G))
        printf("   图 G 中存在环!\n");
    else
        printf("   图 G 中不存在环!\n");
    DestroyGraph(G);
}
```

上述程序的执行结果如图7.30所示,说明图7.18中存在环,实际上图中环有多个,如
$0-1-2-0$、$0-1-4-2-0$ 等。

(6) **解**:题目中实地图对应的一个无向图如图7.31所示,本题变为从指定点 k 出发找
经过所有6条边回到 k 顶点的路径,由于所有顶点的度均为偶数,可以找到这样的路径。

图 7.30 实验程序的执行结果

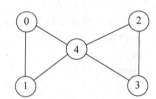

图 7.31 一个无向图

采用带回溯的深度优先遍历方法。要求由于走过的边而不是顶点不重复出现,为此设
置边访问数组 vedge,其中,vedge$[i][j]$ 表示 (i,j) 边是否访问过,初始时所有元素设置为0,
另外设置路径数组 path$[0..d]$。对于起点 k,将 k 添加到 path 中,找到 k 的每个相邻点 v 即
(k,v) 边,然后递归搜索求解。

对应的实验程序如下。

```
#include <stdio.h>
#include "AdjGraph.cpp"
int vedge[MAXVEX][MAXVEX];              //边访问数组
int count=0;                            //累计路径条数
```

```
void Traversal(AdjGraph * G,int u,int v,int k,int path[],int d)
//d 是到当前为止已走过的路径长度,调用时初值为 0
{    int w,i;
     ArcNode * p;
     d++; path[d]=v;                          //(u,v)加入 path 中
     vedge[u][v]=vedge[v][u]=1;               //设置(u,v)边已访问
     p=G-> adjlist[v].firstarc;               //p 指向顶点 v 的第一条边
     while (p!=NULL)
     {    w=p-> adjvex;                        //(v,w)有一条边
          if (w==k && d==G->e-1)              //找到一个长度为 e-1(不含起点)的回路,输出
          {    printf("   路径%d: ",++count);
               for (i=0;i<=d;i++)
                    printf("%d->",path[i]);
               printf("%d\n",w);
          }
          if (vedge[v][w]==0)                  //(v,w)未访问过,则递归访问
               Traversal(G,v,w,k,path,d);
          p=p-> nextarc;                       //找 v 的下一条边
     }
     vedge[u][v]=vedge[v][u]=0;                //回溯:使该边点可重新使用
}
void FindCPath(AdjGraph * G,int k)            //输出经过顶点 k 和所有边的全部回路
{    int path[MAXVEX];
     int i,j,v;
     ArcNode * p;
     for (i=0;i< G-> n;i++)                    //初始化 vedge 数组
          for (j=0;j< G-> n;j++)
               if (i==j) vedge[i][j]=1;
               else vedge[i][j]=0;
     printf("经过顶点%d 的走过所有边的回路:\n",k);
     path[0]=k;                                //path 中添加起点
     p=G-> adjlist[k].firstarc;
     while (p!=NULL)                           //处理顶点 k 的每个相邻点 v
     {    v=p-> adjvex;
          Traversal(G,k,v,k,path,0);
          p=p-> nextarc;
     }
}
void main()
{    AdjGraph * G;
     int A[MAXVEX][MAXVEX]={{0,1,0,0,1}, {1,0,0,0,1},{0,0,0,1,1},
                       {0,0,1,0,1},{1,1,1,1,0}};
     int n=5,e=6;
     CreateGraph(G,A,n,e);                     //建立图 7.31 的邻接表
     printf("邻接表 G:\n"); DispGraph(G);
     printf("求解结果:\n");
     int v=4;
     FindCPath(G,v);
     printf("\n");
     DestroyGraph(G);
}
```

上述程序的执行结果如图 7.32 所示,说明图 7.31 中从顶点 4 经过所有边并且不重复边回到顶点 4 的回路有 8 条。

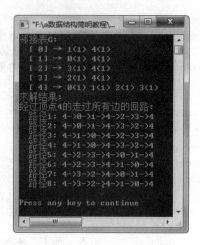

图 7.32　实验程序的执行结果

(7) **解**：从顶点 v 出发进行广度遍历时,最后一层的顶点距离 v 最远。遍历时利用队列逐层暂存各个顶点,队列中的最后一个顶点 k 一定在最后一层,因此只要将该顶点作为结果即可。对应的实验程序如下。

```
#include "AdjGraph.cpp"
int Maxdist(AdjGraph  * G,int v)
{   ArcNode  * p;
    int Qu[MAXVEX],front=0,rear=0;        //队列及头、尾指针
    int visited[MAXVEX],i,j,k;
    for (i=0;i<G->n;i++)                   //初始化访问标志数组
        visited[i]=0;
    rear++;Qu[rear]=v;                     //顶点 v 进队
    visited[v]=1;                          //标记 v 已访问
    while (rear!=front)
    {   front=(front+1)%MAXVEX;
        k=Qu[front];                       //出队顶点 k
        p=G->adjlist[k].firstarc;          //找第 1 个相邻点
        while (p!=NULL)                    //所有未访问过的相邻点进队
        {   j=p->adjvex;
            if (visited[j]==0)             //若 j 未访问过
            {   visited[j]=1;              //将顶点 j 进队
                rear=(rear+1)%MAXVEX;
                Qu[rear]=j;
            }
            p=p->nextarc;                  //找下一个相邻点
        }
    }
    return k;
}
void main()
{   AdjGraph  * G;
    int A[MAXVEX][MAXVEX]={{0,1,0,0,1}, {1,0,0,0,1},{0,0,0,1,1},
                {0,0,1,0,1},{1,1,1,1,0}};
```

```
    int n＝5,e＝6;
    CreateGraph(G,A,n,e);                //建立图 7.31 的邻接表
    printf("邻接表 G:\n"); DispGraph(G);
    printf("求解结果:\n");
    for (int v＝0;v＜G—>n;v++)
        printf("  距离顶点%d 最远的顶点是%d\n",v,Maxdist(G,v));
    DestroyGraph(G);
}
```

上述程序的执行结果如图 7.33 所示。距离 v 最远顶点可能有多个,这里仅仅求一个最远顶点。

图 7.33　实验程序的执行结果

(8) **解**:采用深度优先遍历方式。对于顶点 v,若找到一个未访问过的相邻点 $p—>$ adjvex 时,输出生成树的一条边$(v,p—>\text{adjvex})$,然后递归调用 DFSTree$(G,p—>\text{adjvex})$。对应的实验程序如下。

```
＃include "AdjGraph.cpp"
int visited[MAXVEX]＝{0};              //全局数组(元素初始化为 0)
void DFSTree(AdjGraph * G,int v)       //输出图 G 的深度优先生成树
{   ArcNode * p;
    visited[v]＝1;                     //置已访问标记
    p＝G—>adjlist[v].firstarc;         //p 指向顶点 v 的第一个相邻点
    while (p!＝NULL)
    {   if (visited[p—>adjvex]＝＝0)     //若 p—>adjvex 顶点未访问,递归访问它
        {   printf("  选择边(%d,%d)\n",v,p—>adjvex);        //输出生成树的一条边
            DFSTree(G,p—>adjvex);
        }
        p＝p—>nextarc;                 //p 指向顶点 v 的下一个相邻点
    }
}
void main()
{   AdjGraph * G;
    int A[][MAXVEX]＝{{0,2,5,3,INF},{2, 0,2,INF,5},{5,2,0,1,3},
                    {3, INF,1,0,INF},{INF,5,3,INF,0} };
    int n＝5,e＝7;
    CreateGraph(G,A,n,e);             //建立图 7.18 的邻接表
    printf("邻接表 G:\n"); DispGraph(G);
    printf("DFS(0)生成树如下:\n");
    DFSTree(G,0);
```

```
    DestroyGraph(G);
}
```

上述程序的执行结果如图 7.34 所示,对应图 7.18 的一棵(从顶点 0 出发)深度优先生成树。

图 7.34　实验程序的执行结果

(9) **解**:采用广度优先遍历方式。对于顶点 v,若找到它所有未访问过的相邻点 $p->$ adjvex 时,输出生成树的边 $(v, p-> adjvex)$,并将顶点 $p-> adjvex$ 进队。对应的实验程序如下。

```
# include "AdjGraph.cpp"
int visited[MAXVEX]={0};                    //全局数组(元素初始化为0)
void BFSTree(AdjGraph * G, int v)           //输出一棵广度优先生成树
{   ArcNode * p;
    int Qu[MAXVEX], front=0, rear=0;        //定义循环队列并初始化队头队尾
    int w;
    visited[v]=1;                           //置已访问标记
    rear=(rear+1)%MAXVEX;
    Qu[rear]=v;                             //v进队
    while (front!=rear)                     //若队列不空时循环
    {   front=(front+1)%MAXVEX;
        w=Qu[front];                        //出队并赋给 w
        p=G->adjlist[w].firstarc;           //找顶点 w 的第一个相邻点
        while (p!=NULL)
        {   if (visited[p->adjvex]==0)      //若当前邻接顶点未被访问
            {   printf("  选择边(%d,%d)\n", w, p->adjvex);      //输出生成树的一条边
                visited[p->adjvex]=1;       //置该顶点已被访问的标记
                rear=(rear+1)%MAXVEX;       //该顶点进队
                Qu[rear]=p->adjvex;
            }
            p=p->nextarc;                   //找顶点 w 的下一个相邻点
        }
    }
    printf("\n");
}
void main()
{   AdjGraph * G;
    int A[][MAXVEX]={{0,2,5,3,INF},{2, 0,2,INF,5},{5,2,0,1,3},
                     {3, INF,1,0,INF},{INF,5,3,INF,0} };
    int n=5, e=7;
```

```
CreateGraph(G,A,n,e);                    //建立图 7.18 的邻接表
printf("邻接表 G:\n"); DispGraph(G);
printf("BFS(0)生成树如下:\n");
BFSTree(G,0);
DestroyGraph(G);
}
```

上述程序的执行结果如图 7.35 所示,对应图 7.18 的一棵(从顶点 0 出发)广度优先生成树。

图 7.35 实验程序的执行结果

(10) **解**:采用 Kruskal 算法求出最小生成树,统计修建该树上铁路的造价之和即可。对应的实验程序如下。

```
#include "MatGraph.cpp"
#define MAXE 100
typedef struct
{   int u;                               //边的起始顶点
    int v;                               //边的终止顶点
    int w;                               //边的权值
} Edge;
void InsertSort(Edge E[],int n)          //对 E[0..n−1]按递增有序进行直接插入排序
{   int i,j;
    Edge temp;
    for (i=1;i<n;i++)
    {   temp=E[i];
        j=i−1;                           //从右向左在有序区 E[0..i−1]中找 E[i]的插入位置
        while (j>=0 && temp.w<E[j].w)
        {   E[j+1]=E[j];                 //将关键字大于 E[i].w 的记录后移
            j−−;
        }
        E[j+1]=temp;                     //在 j+1 处插入 E[i]
    }
}
int MinCost(MatGraph g)                  //求最小总造价
{   Edge E[MAXE];
    int c=0;
    int i,j,m1,m2,sn1,sn2,k;
    int vset[MAXVEX];
    k=0;                                 //将各边存到 E[0..g.e−1]数组中
    for (i=0;i<g.n;i++)
```

```
            for (j=0;j<g.n;j++)
                if (g.edges[i][j]!=0 && g.edges[i][j]!=INF)
                {   E[k].u=i;E[k].v=j;E[k].w=g.edges[i][j];
                    k++;
                }
        InsertSort(E,g.e);                      //调用内排序中堆排序算法
        for (i=0;i<g.n;i++) vset[i]=i;          //初始化辅助数组
        k=1;                                    //k 表示当前构造最小生成树的第几条边,初值为 1
        j=0;                                    //E 中边的下标,初值为 0
        while (k<g.n)                           //生成的边数小于 n 时循环
        {   m1=E[j].u;m2=E[j].v;                //取一条边的头尾顶点
            sn1=vset[m1];sn2=vset[m2];          //分别得到两个顶点所属的集合编号
            if (sn1!=sn2)                       //两顶点属不同集合,该边是最小生成树的一条边
            {   printf("  道路(%d,%d): %dkm\n",m1,m2,E[j].w*100);
                c=c+E[j].w*100*1000;            //生成边数增 1
                k++;
                for (i=0;i<g.n;i++)             //两个集合统一编号
                    if (vset[i]==sn2)           //集合编号为 sn2 的改为 sn1
                        vset[i]=sn1;
            }
            j++;                                //扫描下一条边
        }
        return(c);                              //返回最小总造价
}
void main()
{   MatGraph g;
    int A[][MAXVEX]={{0,6,1,5,INF,INF},{6,0,5,INF,3,INF},
                    {1,5,0,5,6,4}, {5,INF,5,0,INF,2},
                    {INF,3,6,INF,0,6},{INF,INF,4,2,6,0} };
    int n=6,e=10;
    CreateGraph(g,A,n,e);                       //建立图 7.20 的邻接表
    printf("邻接矩阵 g:\n"); DispGraph(g);
    printf("贯通所有城市的铁路:\n");
    printf("  总造价=%d 万元\n",MinCost(g));
    DestroyGraph(g);
}
```

上述程序的执行结果如图 7.36 所示,得到图 7.20 的一棵最小生成树及其总造价。

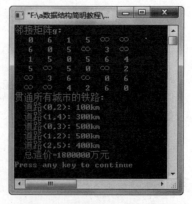

图 7.36 实验程序的执行结果

（11）**解**：整个算法思路与 Dijkstra 算法相同。从顶点 u 出发找最短路径，当扩展到顶点 v 时，退出循环，通过 path 回推最短路径，$dist[v]$ 中存放的是从顶点 u 到顶点 v 的最短路径长度。对应的实验程序如下。

```cpp
# include "MatGraph.cpp"
int FindSpath(MatGraph g,int u,int v,int apath[],int &d)
{   int dist[MAXVEX],path[MAXVEX];
    int S[MAXVEX];
    int mindis,i,j,k;
    for (i=0;i<g.n;i++)
    {   dist[i]=g.edges[u][i];          //距离初始化
        S[i]=0;                         //S[]置空
        if (g.edges[u][i]<INF)
            path[i]=u;
        else
            path[i]=-1;
    }
    S[u]=1;path[u]=0;                   //源点编号 u 放入 s 中
    for (i=1;i<g.n;i++)                 //循环直到求出最短路径
    {   mindis=INF;                     //mindis 置最小长度初值
        for (j=0;j<g.n;j++)            //选取不在 s 中且具有最小距离的顶点 k
            if (S[j]==0 && dist[j]<mindis)
            {   k=j;
                mindis=dist[j];
            }
        S[k]=1;                        //顶点 k 加入 s 中
        for (j=0;j<g.n;j++)           //修改不在 s 中的顶点的距离
            if (S[j]==0)
                if (g.edges[k][j]<INF && dist[k]+g.edges[k][j]<dist[j])
                {   dist[j]=dist[k]+g.edges[k][j];
                    path[j]=k;
                }
        if (k==v) break;               //找到终点,退出循环
    }
    d=0; apath[d]=v;                   //求逆路径 apath
    i=path[v];
    while(i!=u)
    {   d++; apath[d]=i;
        i=path[i];
    }
    d++; apath[d]=u;
    return dist[v];
}
void main()
{   MatGraph g;
    int A[][MAXVEX]={{0,2, INF, INF, INF,INF,INF},{INF, 0, 2, INF,INF, 8, INF},
                     {5, INF,0, 1, 3, INF, INF},{3,INF,INF,0, 5, INF,INF},
                     {INF,INF, INF, INF, 0, 3, 9 },{INF,INF,5,INF,INF,0, 5},
                     {INF,INF,INF,INF,INF,INF,0} };
    int n=7,e=12;
```

```
CreateGraph(g,A,n,e);              //建立图7.16的邻接表
printf("邻接矩阵 g:\n"); DispGraph(g);
printf("求解结果:\n");
int apath[MAXVEX];
int u=0,d;
for (int v=1;v<g.n;v++)
{   int mind=FindSpath(g,u,v,apath,d);
    printf("  %d 到 %d 的最短路径长度=%d, ",u,v,mind);
    printf("最短路径: ");
    for (int i=d;i>0;i--)
        printf("%d→",apath[i]);
    printf("%d\n",apath[0]);
}
DestroyGraph(g);
}
```

上述程序的执行结果如图7.37所示,得到图7.16中从顶点0到其他顶点的最短路径长度和最短路径。

图 7.37　实验程序的执行结果

(12) **解**:对于给定有向图的邻接矩阵 g,调用 Floyd 算法求出所有顶点之间的最短路径长度 A 和最短路径 path。

若 $A[i][j]<$INF 并且 $g.edges[j][i]<$INF$(i\neq j)$,说明顶点 i 到 j 有路径并且顶点 j 到 i 有一条边,则存在一个环,其长度 $=A[i][j]+g.edges[j][i]$,通过长度比较求出最小环(对应的顶点 i 和 j 分别用 mini、minj 表示)的长度为 mindist,通过 path 求出该最小环的路径 apath。最后输出 mindist 和 apath。对应的实验程序如下。

```
#include "MatGraph.cpp"                 //包含邻接矩阵的基本运算函数
MatGraph g;                             //图的邻接矩阵设置为全局变量
int A[MAXVEX][MAXVEX];                  //A 数组设置为全局变量
int path[MAXVEX][MAXVEX];               //path 数组设置为全局变量
int B[][MAXVEX]={{0, 2, INF, INF, INF,INF,INF},{INF, 0, 2, INF,INF, 8, INF},
                {5, INF,0, 1, 3, INF, INF},{3,INF,INF,0, 5, INF,INF},
                {INF,INF,INF,INF, 0, 3, 9},{INF,INF,5,INF,INF,0, 5},
                {INF,INF,INF,INF,INF,INF,0} };    //图 7.16 的邻接矩阵数组
int n=7,e=12;
```

```
void Floyd()                                        //Floyd 算法
{   int i,j,k;
    for (i=0;i<g.n;i++)                             //给数组 A 和 path 置初值
        for (j=0;j<g.n;j++)
        {   A[i][j]=g.edges[i][j];
            if (i!=j && g.edges[i][j]<INF)
                path[i][j]=i;
            else
                path[i][j]=-1;
        }
    for (k=0;k<g.n;k++)                             //考虑顶点 0 到 k 求 A[i][j]
    {   for (i=0;i<g.n;i++)
            for (j=0;j<g.n;j++)
                if (A[i][j]>A[i][k]+A[k][j])        //找到更短路径
                {   A[i][j]=A[i][k]+A[k][j];        //修改路径长度
                    path[i][j]=path[k][j];          //修改最短路径为经过顶点 k
                }
    }
}
void CyclePath(int i,int j,int apath[],int &d)
//求顶点 i 到顶点 j 的最短路径 path[0..d]
{   int k;
    k=path[i][j];
    d=0; apath[d]=j;                                //路径上添加终点
    while (k!=-1 && k!=i)                           //路径上添加中间点
    {   d++; apath[d]=k;
        k=path[i][k];
    }
    d++; apath[d]=i;                                //路径上添加起点
}
int Mincycle(int &mini,int &minj)                   //找一个最小环(mini,minj)长度
{   int i,j,minlength=INF;
    for (i=0;i<g.n;i++)
        for (j=0;j<g.n;j++)
            if (i!=j && g.edges[j][i]<INF)
            {   if (A[i][j]+g.edges[j][i]<minlength)
                {   minlength=A[i][j]+g.edges[j][i];
                    mini=i; minj=j;
                }
            }
    return minlength;
}
void Solve()                                        //求解算法
{   int mini,minj,mindist;
    printf("求解结果:\n");
    Floyd();                                        //调用 Floyd 算法
    mindist=Mincycle(mini,minj);                    //求最小环
    int apath[MAXVEX],d;
    CyclePath(mini,minj,apath,d);                   //求最小环的路径
    printf("  最小环: ");                            //输出最小环上的顶点
    for (int i=d;i>=0;i--)
```

```
            printf("%d→",apath[i]);
        printf("%d\n",mini);                        //环路径添加起点
        printf("   最小环长度:%d\n",mindist);
    }
    void main()
    {   CreateGraph(g,B,n,e);                        //建立图的邻接矩阵
        printf("邻接矩阵 g:\n"); DispGraph(g);
        Solve();
        DestroyGraph(g);
    }
```

上述程序的执行结果如图 7.38 所示,表示图 7.16 中有环,其中最小环是 0→1→2→3→0,其长度为 8(2+2+1+3=8)。

图 7.38　实验程序的执行结果

查　找

8.1　练习题 8 及参考答案

8.1.1　练习题 8

1. 单项选择题

(1) 顺序查找法适合于存储结构为(　　)的线性表。

　　A. 哈希存储　　　　　　　　　　B. 顺序存储或链式存储

　　C. 压缩存储　　　　　　　　　　D. 索引存储

(2) 采用顺序查找方法查找长度为 n 的线性表时,成功查找的平均查找长度为(　　)。

　　A. n　　　　　B. $n/2$　　　　　C. $(n+1)/2$　　D. $(n-1)/2$

(3) 采用顺序查找方法查找长度为 n 的线性表时,不成功查找的平均查找长度为(　　)。

　　A. n　　　　　B. $n/2$　　　　　C. $(n+1)/2$　　D. $(n-1)/2$

(4) 适合于折半查找的数据是(　　)。

　　A. 以链表存储的线性表　　　　　B. 以顺序表存储的线性表

　　C. 以链表存储的有序线性表　　　D. 以顺序表存储的有序线性表

(5) 折半查找有序表(4,6,10,12,20,30,50,70,88,100)。若查找表中元素 58,则它将依次与表中(　　)比较大小,查找结果是失败。

　　A. 20,70,30,50　　　　　　　　B. 30,88,70,50

　　C. 20,50　　　　　　　　　　　D. 30,88,50

(6) 对 22 个元素的有序顺序表做折半查找,当查找失败时,最多的关键字比较次数是(　　)。

　　A. 3　　　　　　B. 4　　　　　　C. 5　　　　　　D. 6

(7) 设有 100 个元素的有序表,采用折半查找方法,成功时最大的比较次数是(　　)。

　　A. 25　　　　　　B. 50　　　　　　C. 10　　　　　　D. 7

(8) 采用折半查找方法,第 $i(i>1)$ 次查找成功的元素个数最多为(　　)。

　　A. 2^i　　　　　　B. 2^{i+1}　　　　　　C. 2^i-1　　　　　　D. 2^{i-1}

(9) 对表长为 n 的有序顺序表进行折半查找,其判定树的高度为(　　)。

　　A. $\lceil \log_2(n+1) \rceil$　　　　　　　　　　B. $\lfloor \log_2(n+1) \rfloor -1$

　　C. $\lceil \log_2 n \rceil$　　　　　　　　　　　　D. $\lfloor \log_2(n-1) \rfloor$

(10) 用 n 个关键字构造一棵二叉排序树,其最低高度为(　　)。

　　A. $n/2$　　　　　　B. n　　　　　　C. $\lfloor \log_2 n \rfloor$　　　　　　D. $\lfloor \log_2(n+1) \rfloor$

(11) 一棵二叉排序树采用二叉链存储,对于关键字最小的结点,它的(　　)。

　　A. 左指针一定为空　　　　　　　　　　B. 右指针一定为空

　　C. 左、右指针均为空　　　　　　　　　　D. 左、右指针均不为空

(12) 在二叉排序树的(　　)序列是一个递增有序序列。

　　A. 先序遍历　　　　B. 中序遍历　　　　C. 后序遍历　　　　D. 层次遍历

(13) 有一棵含有 8 个结点的二叉排序树,其结点值为 $a \sim h$,以下(　　)是其后序遍历结果。

　　A. $adbceg\,fh$　　　　B. $bcageh\,fd$　　　　C. $bcaefdhg$　　　　D. $bdace\,fhg$

(14) 在关键字随机分布的情况下,用二叉排序树的方法进行查找,其成功查找的平均查找长度与(　　)相当。

　　A. 顺序查找　　　　B. 折半查找　　　　C. 分块查找　　　　D. 以上都不对

(15) 有一个关键字序列,采用依次插入方法建立一棵二叉排序树,该二叉排序树的形状取决于(　　)。

　　A. 该序列的存储结构　　　　　　　　B. 序列中的关键字的取值范围

　　C. 关键字的输入次序　　　　　　　　D. 使用的计算机的软、硬件条件

(16) 在一棵平衡二叉树中,每个结点的平衡因子的取值范围是(　　)。

　　A. $-1 \sim 1$　　　　B. $-2 \sim 2$　　　　C. $1 \sim 2$　　　　D. $0 \sim 1$

(17) 具有 5 层结点的 AVL 树至少有(　　)个结点。

　　A. 10　　　　　　B. 12　　　　　　C. 15　　　　　　D. 17

(18) 在平衡二叉树中插入一个结点后造成了不平衡,设最低不平衡结点为 A,并已知结点 A 的左孩子的平衡因子为 0,右孩子的平衡因子为 1,则应做(　　)型调整使其平衡。

　　A. LL　　　　　　B. LR　　　　　　C. RL　　　　　　D. RR

(19) 下列叙述中,不符合 m 阶 B 树定义要求的是(　　)。

　　A. 根结点最多有 m 棵子树　　　　　　B. 所有叶子结点都在同一层上

　　C. 各结点内关键字均升序或降序排列　　D. 叶子结点之间通过指针链接

(20) 高度为 5(不计外部结点)的 3 阶 B−树至少有(　　)个结点。

　　A. 32　　　　　　B. 31　　　　　　C. 64　　　　　　D. 108

(21) 下面关于 B−树和 B+树的叙述中,不正确的是(　　)。

　　A. B−树和 B+树都能有效地支持顺序查找

　　B. B−树和 B+树都能有效地支持随机查找

　　C. B−树和 B+树都是平衡的多分叉树

　　D. B−树和 B+树都可用于文件索引结构

(22) 哈希查找的基本思想是根据(　　)来决定元素的存储地址。

    A. 元素的序号　　　　　　　　　　　　B. 元素个数

    C. 关键字值　　　　　　　　　　　　　D. 非关键字属性值

(23) 下列关于哈希函数的说法正确的是(　　)。

    A. 哈希函数越复杂越好

    B. 哈希函数越简单越好

    C. 用除余法构造的哈希函数是最好的

    D. 在冲突尽可能少的情况下,哈希函数越简单越好

(24) 假定有 k 个关键字互为同义词,若用线性探测法把这 k 个关键字存入哈希表中,至少要进行(　　)次探测。

    A. $k-1$　　　　　　B. k　　　　　　C. $k+1$　　　　　　D. $k(k+1)/2$

(25) 哈希表在查找成功时的平均查找长度(　　)。

    A. 与处理冲突方法有关,而与装填因子 α 无关

    B. 与处理冲突方法无关,而与装填因子 α 有关

    C. 与处理冲突方法和装填因子 α 都有关

    D. 与处理冲突方法无关,也与装填因子 α 无关

2. 填空题

(1) 顺序查找含 n 个元素的顺序表,若查找成功,则比较关键字的次数最多为(　①　)次;若查找不成功,则比较关键字的次数为(　②　)次。

(2) 假设在有序顺序表 $A[1..20]$ 上进行折半查找,比较 1 次查找成功的元素数为(　①　),比较 2 次查找成功的元素数为(　②　),比较 3 次查找成功的元素数为(　③　),比较 4 次查找成功的元素数为(　④　),比较 5 次查找成功的元素数为(　⑤　),等概率情况下成功查找的平均查找长度约为(　⑥　)。

(3) 已知有序表为(12,18,24,35,47,50,62,83,90,115,134),当用折半法查找 90 时,需进行(　①　)次关键字比较可确定成功;查找 47 时需进行(　②　)次关键字比较可确定成功;查找 100 时,需进行(　③　)次关键字比较才能确定失败。

(4) 在分块查找方法中,首先查找(　①　),然后再查找相应的(　②　)。

(5) 在含有 n 个结点的二叉排序树中,添加上外部结点,则外部结点的个数为(　　)。

(6) 如果按关键字递增顺序依次将 n 个关键字插入一棵初始为空的二叉排序树中,则对这样的二叉排序树查找时,关键字的平均比较次数是(　　)。

(7) 按关键字 13、24、37、90、53 的次序建立一棵平衡二叉树,则该平衡二叉树的高度是(　①　),根结点关键字为(　②　),其左子树中的关键字是(　③　),其右子树中的关键字是(　④　)。

(8) 高度为 5(不计外部结点)的 3 阶 B-树至少有(　　)个结点。

(9) 在哈希表中,装填因子 α 的值越大,则(　①　); α 的值越小,则(　②　)。

3. 简答题

(1) 简述顺序查找法、折半查找法和分块查找法对被查找的表中元素的要求。对长度为 n 的表来说,三种查找法在查找成功时的平均查找长度各是多少?

（2）折半查找适不适合链表结构的序列？为什么？用折半查找的查找速度必然比顺序查找的速度快,这种说法对吗？

（3）给定关键字序列为(3,5,7,9,11,13,15,17),回答以下问题：

① 按表中元素的顺序依次插入一棵初始值为空的二叉排序树。画出插入完成后的二叉排序树,并求其在等概率情况下查找成功的平均查找长度。

② 按表中元素顺序构造一棵平衡二叉树,并求其在等概率情况下查找成功的平均查找长度,与①比较,可得出什么结论？

（4）给定一棵非空二叉排序树的先序序列,可以唯一确定该二叉排序树吗？为什么？

（5）输入一个正整数序列(40,28,6,72,100,3,54,1,80,91,38),建立一棵二叉排序树,然后删除结点 72,分别画出该二叉树及删除结点 72 后的二叉树。

（6）在如图 8.1 所示的 AVL 树中,画出依次插入关键字为 6 和 10 的两个结点后的 AVL 树。

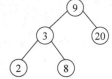

图 8.1　一棵 AVL 树

（7）设有一组关键字(19,01,23,14,55,20,84,27,68,11,10,77),采用哈希函数为：$h(key)=key \% 13$。采用开放地址法的线性探测法解决冲突,试在 0～18 的哈希地址空间中对该关键字序列构造哈希表,并求成功和不成功情况下的平均查找长度。

（8）线性表的关键字集合(87,25,310,08,27,132,68,95,187,123,70,63,47)共有 13 个元素,已知哈希函数为：$h(k) = k \% 13$。采用拉链法处理冲突。设计出这种链表结构,并计算该表的成功和不成功情况下的平均查找长度。

4．算法设计题

（1）对含有 n 个元素的整型数组 A,设计一个较优的算法同时找最大元素和最小元素。

（2）设计折半查找的递归算法。

（3）若有一个无序顺序表 R_1 和递增有序顺序表 R_2,它们均含有 n 个元素,且可能存在相同关键字的元素。设计两个算法分别输出 R_1 和 R_2 中第一个关键字为 k 的元素位置,并分析不成功查找的平均查找长度。

（4）假设二叉排序树 bt 的各元素值均不相同,设计一个算法按递增次序输出所有结点值。

（5）设计一个递归算法,从大到小输出二叉排序树中所有其值不小于 k 的关键字。

（6）假设二叉排序树中所有结点关键字不同,设计一个算法,求出指定关键字的结点所在的层次。

8.1.2　练习题 8 参考答案

1．单项选择题

（1）B　　（2）C　　（3）A　　（4）D

（5）A。查找范围为 $R[0..9]=(4,6,10,12,20,30,50,70,88,100),mid=(0+9)/2=4,58>R[4](20)$。查找范围为 $R[5..9],mid=(5+9)/2=7,58<R[7](70)$。查找范围为 $R[5..6],mid=(5+6)/2=5,58>R[5](30)$。查找范围为 $R[6..6],mid=(6+6)/2=6,58\neq R[6](60)$,查找失败。

（6）C。查找失败最多关键字比较次数＝$\lceil \log_2(n+1)\rceil$＝$\lceil \log_2 23\rceil$＝5。

（7）D。成功时最大比较次数为$\lceil \log_2(n+1)\rceil$＝$\lceil \log_2 101\rceil$＝7。

（8）D。在折半查找的判定树中第 i 层的结点个数最多为 2^{i-1}。

（9）A　　　　（10）D

（11）A。在二叉排序树中关键字最小的结点是根结点的最左下结点，一定没有左孩子。

（12）B

（13）C。该二叉排序树的中序序列为 $abcdefgh$，选项 A、B 和 D 都不能与该中序序列构造出正确的二叉树，只有选项 C 可以。

（14）B　　　　（15）C　　　　（16）A

（17）B。设 N_h 表示高度为 h 的平衡二叉树中含有的最少结点数，有 $N_1=1,N_2=2$，$N_h=N_{h-1}+N_{h-2}+1$，由此求出 $N_5=12$。

（18）C。A 结点的左子树是平衡的，所以调整选择右孩子 B，而右孩子 B 的平衡因子为 1，说明其左子树高，调整应选择 B 的左孩子 C，这样 A、B、C 三个结点构成 RL 调整。

（19）D

（20）B。$m=3$，结点关键字个数 1～2 个，最少结点的情况是每个结点只有 1 个关键字，此时类似一棵高度为 5 的满二叉树，其结点个数＝$2^h-1=31$。

（21）A　　　　（22）C　　　　（23）D

（24）D。这 k 个同义词 $R_1 \sim R_k$ 在哈希表中是依次相邻排列的，存入 R_i 需要进行的探测次数为 i，总的探测次数为 $1+2+\cdots+k=k(k+1)/2$。

（25）C

2. 填空题

（1）① n　　② n

（2）① 1　② 2　③ 4　④ 8　⑤ 5　⑥ 3.7

（3）① 2　② 4　③ 3

（4）① 索引表　② 主数据表

（5）$n+1$

（6）$(n+1)/2$。这样的二叉排序树是一个右单支树，此时查找退化为顺序查找，关键字的平均比较次数是 $(n+1)/2$。

（7）① 3　② 24　③ {13}　④ {37,53,90}

（8）31

（9）① 存取元素时发生冲突的可能性就越大 ② 存取元素时发生冲突的可能性就越小

3. 简答题

（1）答：三种方法对查找的要求分别如下。

① 顺序查找法：表中元素可以任意次序存放。适合顺序表和链表的存储结构。

② 折半查找法：表中元素必须按关键字有序排列，且更适合顺序表存储结构。

③ 分块查找法：表中元素每块内的元素可以任意次序存放，但块与块之间必须以关键

字的大小递增(或递减)排列,即前一块内所有元素的关键字都不能大(或小)于后一块内任何元素的关键字。

三种方法的平均查找长度分别如下。

① 顺序查找法:查找成功的平均查找长度为$(n+1)/2$。

② 折半查找法:查找成功的平均查找长度为 $\log_2(n+1)-1$。

③ 分块查找法:若用顺序查找确定所在的块,平均查找长度为$(b+s)/2+1$;若用折半查找确定所在块,平均查找长度约为 $\log_2(b+1)+s/2$。其中,s 为每块含有的元素个数;b 为块数。

(2) **答:** 折半查找不适合链表结构的序列。虽然有序单链表的结点是按关键字有序排列的,但难以确定查找的区间(对应的时间为 $O(n)$),故不适合进行折半查找。

在一般情况下折半查找的效率更高(所需要的关键字比较次数更少),但在特殊情况下未必如此,例如查找第一个元素时,或者查找的元素个数很少时,顺序查找可能更快。

(3) **答:** ① 按输入顺序构造的二叉排序树如图 8.2 所示。在等概率情况下查找成功的平均查找长度为

$$\text{ASL}_{\text{succ}} = \frac{1+2+3+4+5+6+7+8}{8} = 4.5$$

② 构造的一棵平衡二叉树如图 8.3 所示。在等概率情况下查找成功的平均查找长度为

$$\text{ASL}_{\text{succ}} = \frac{1 \times 1 + 2 \times 2 + 3 \times 4 + 4 \times 1}{8} = 2.625$$

由此可见在同样序列的查找中,平衡二叉树比二叉排序树的平均查找长度要小,查找效率更高。

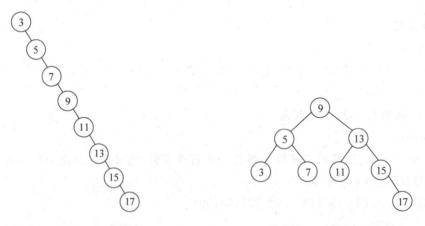

图 8.2　一棵二叉排序树　　　　　　图 8.3　一棵平衡二叉树

(4) **答:** 可以。由二叉排序树的先序序列可以确定其结点个数,将所有结点值递增排序构成其中序序列,由先序序列和中序序列可以唯一构造该二叉排序树。

(5) **答:** 构造的二叉排序树如图 8.4 所示。为了删除结点 72,在其左子树中找到最大结点 54(只有一个结点),用其代替结点 72。删除之后的二叉排序树如图 8.5 所示。

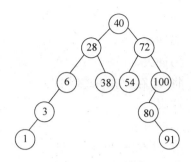

图 8.4　二叉排序树

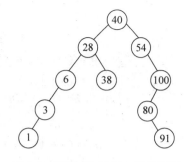

图 8.5　删除 72 后的二叉排序树

（6）**答**：插入关键字为 6 和 10 的两个结点，其调整过程如图 8.6 所示。

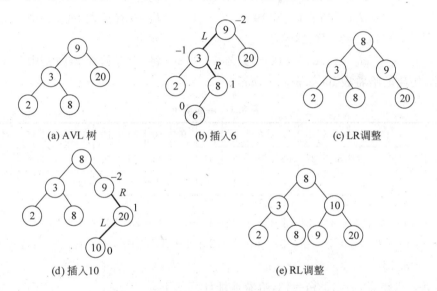

图 8.6　插入两个结点，AVL 树调整过程

（7）**答**：依题意，$m=19$，线性探测法计算下一地址计算公式为

$$d_0 = h(\text{key})$$

$$d_j = (d_{j-1}+1) \% m \quad j=1,2,\cdots$$

构造哈希表 ha 的过程如下。

$h(19)=19 \% 13=6$ 　　　　　　　将 19 存放在 ha[6]中

$h(01)=01 \% 13=1$ 　　　　　　　将 01 存放在 ha[1]中

$h(23)=23 \% 13=10$ 　　　　　　将 23 存放在 ha[10]中

$h(14)=14 \% 13=1$ 　　　　　　　冲突

$\quad d_0=1, d_1=(1+1) \% 19=2$ 　　将 14 存放在 ha[2]中

$h(55)=55 \% 13=3$ 　　　　　　　将 55 存放在 ha[3]中

$h(20)=20 \% 13=7$ 　　　　　　　将 20 存放在 ha[7]中

$h(84)=84 \% 13=6$ 　　　　　　　冲突

$\quad d_0=6, d_1=(6+1) \% 19=7$ 　　仍冲突

$\quad d_2=(7+1) \% 19=8$ 　　　　　将 84 存放在 ha[8]中

$$h(27) = 27 \ \% \ 13 = 1 \qquad\qquad 冲突$$
$$d_0 = 1, d_1 = (1+1) \ \% \ 19 = 2 \qquad 仍冲突$$
$$d_2 = (2+1) \ \% \ 19 = 3 \qquad 仍冲突$$
$$d_3 = (3+1) \ \% \ 19 = 4 \qquad 将 27 存放在 ha[4]中$$
$$h(68) = 68 \ \% \ 13 = 3 \qquad\qquad 冲突$$
$$d_0 = 3, d_1 = (3+1) \ \% \ 19 = 4 \qquad 仍冲突$$
$$d_2 = (4+1) \ \% \ 19 = 5 \qquad 将 68 存放在 ha[5]中$$
$$h(11) = 11 \ \% \ 13 = 11 \qquad 将 11 存放在 ha[11]中$$
$$h(10) = 10 \ \% \ 13 = 10 \qquad\qquad 冲突$$
$$d_0 = 10, d_1 = (10+1) \ \% \ 19 = 11 \qquad 仍冲突$$
$$d_2 = (11+1) \ \% \ 19 = 12 \qquad 将 10 存放在 ha[12]中$$
$$h(77) = 77 \ \% \ 13 = 12 \qquad\qquad 冲突$$
$$d_0 = 12, d_1 = (12+1) \ \% \ 19 = 13 \quad 将 77 存放在 ha[13]中$$

因此,构建的哈希表 ha 如表 8.1 所示。

表 8.1   哈希表 ha

下标	0	1	2	3	4	5	6	7	8	9	10	11	12	13	14	15	16	17	18
k		01	14	55	27	68	19	20	84		23	11	10	77					
探测次数		1	2	1	4	3	1	1	3		1	1	3	2					

$$\text{ASL}_{成功} = (1+2+1+4+3+1+1+3+1+1+3+2)/12 = 1.92$$
$$\text{ASL}_{不成功} = (1+9+8+7+6+5+4+3+2+1+5+4+3+2+1+1+1+1+1)/19$$
$$= 3.42$$

(8) 答:依题意,$n=13, m=13$,哈希地址计算如下。

$$h(87) = 87 \ \% \ 13 = 9$$
$$h(25) = 25 \ \% \ 13 = 12$$
$$h(310) = 310 \ \% \ 13 = 11$$
$$h(08) = 08 \ \% \ 13 = 8$$
$$h(27) = 27 \ \% \ 13 = 1$$
$$h(132) = 132 \ \% \ 13 = 2$$
$$h(68) = 68 \ \% \ 13 = 3$$
$$h(95) = 95 \ \% \ 13 = 4$$
$$h(187) = 187 \ \% \ 13 = 5$$
$$h(123) = 123 \ \% \ 13 = 6$$
$$h(70) = 70 \ \% \ 13 = 5$$
$$h(63) = 63 \ \% \ 13 = 11$$
$$h(47) = 47 \ \% \ 13 = 8$$

采用拉链法处理冲突的哈希表如图 8.7 所示。成功查找的平均查找长度为
$$\text{ASL}_{成功} = (1 \times 10 + 2 \times 3)/13 = 1.23$$

$$\text{ASL}_{\text{不成功}} = (1 \times 7 + 2 \times 3)/13 = 1$$

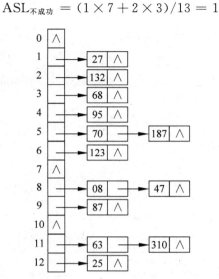

图 8.7　采用拉链法处理冲突的哈希表

4. 算法设计题

（1）**解**：通过一趟扫描并比较，可以找出最大元素 max 和最小元素 min。对应的算法如下。

```
void MaxMin(int A[], int n, int &min, int &max)
{    int i;
     min=max=A[0];
     for (i=1;i<n;i++)
        if (R[i]<min)
            min=R[i];
        else if (R[i]>max)
            max=R[i];
}
```

（2）**解**：对应的递归算法如下。

```
int BinSearch1(SqType R[], KeyType k, int low, int high)
{    int mid;
     if (low>high)
        return(-1);
     else
     {   mid=(low+high)/2;
        if (k==R[mid].key)
            return(mid);
        else if (k>R[mid].key)
            return(BinSearch1(R,k,mid+1,high));     //在左子树中递归查找
        else
            return(BinSearch1(R,k,low,mid-1));      //在右子树中递归查找
     }
}
```

（3）**解**：对应的两个算法如下。

```
void Findk1(SqType R1[],int n,KeyType k)        //无序顺序表 R1 的查找
{    int i=0;
     while (i<n)
     {    if (R1[i].key=k)                       //找到后退出
          {   printf("%d",i);
              break;
          }
          i++;
     }
}
void Findk2(SqType R2[],int n,KeyType k)        //递增有序顺序表 R2 的查找
{    int i=0;
     while (i<n)
     {    if (R2[i].key==k)                      //找到后退出
          {   printf("%d",i);
              break;
          }
          else if (k<R2[i].key)                  //当前元素关键字大于 k 时退出
              break;
          i++;
     }
}
```

无序顺序表 R1 的查找算法 Findk1()是从头到尾进行的，找到 k 后结束，而不成功查找需要与每个元素比较一次，所以不成功查找的平均查找长度=n。

递增有序顺序表 R2 的查找算法 Findk2()是从头开始，找到 k 后结束，当遇到大于 k 的元素时退出循环表示查找失败。所以查找失败时可以在任何元素上（只要该元素的关键字大于 k）退出，共有 n 种退出情况，则不成功查找的平均查找长度=$(1+2+\cdots+n)/n=(n+1)/2$。

所以当查找表有序时，不成功查找的效率更高。

（4）**解**：按中序序列遍历二叉排序树即按递增次序遍历，对应值的算法如下。

```
void incrorder(BSTNode * bt)
{    if (bt!=NULL)
     {    incrorder(bt->lchild);
          printf("%d ",bt->data);
          incrorder(bt->rchild);
     }
}
```

（5）**解**：由二叉排序树的性质可知，右子树中所有结点值大于根结点值，左子树中所有结点值小于根结点值。为了从大到小输出，要先遍历右子树，再访问根结点，后遍历左子树。对应的算法如下。

```
void Output(BSTNode * bt,KeyType k)
{    if (bt!=NULL)
     {    Output(bt->rchild,k);
          if (bt->key>=k)
              printf("%d ",bt->key);
          Output(bt->lchild,k);
```

```
        }
    }
```

(6) **解**：设二叉排序树采用二叉链存储结构。采用二叉排序树非递归查找算法，用 h 保存查找层次。对应的算法如下。

```
int level(BSTNode * bt, KeyType k)
{   int h=0;
    if (bt!=NULL)
    {   h++;
        while (bt-> data!=k)
        {   if (k< bt-> data)
                bt=bt-> lchild;              //在左子树中查找
            else
                bt=bt-> rchild;              //在右子树中查找
            h++;                             //层数增 1
        }
        return h;
    }
}
```

8.2　上机实验题 8 及参考答案

8.2.1　上机实验题 8

1．基础实验题

(1) 设计整数顺序表的顺序查找程序，并用相关数据进行测试。

(2) 设计整数递增有序顺序表的折半查找程序，并用相关数据进行测试。

(3) 设计整数顺序表的分块查找程序，并用相关数据进行测试。

(4) 设计二叉排序树插入、创建、查找和删除算法，并用相关数据进行测试。

2．应用实验题

(1) 设计一个折半查找算法，求查找关键字为 k 的元素所需关键字的比较次数。假设 k 与 $R[i].key$ 的比较得到三种情况，即 $k==R[i].key, k<R[i].key$ 或者 $k>R[i].key$，计为一次比较。并用相关数据进行测试。

(2) 有一个递增的整数有序序列 $a[0..n-1]$，所有元素均不相同。设计一个高效算法判断是否存在某一整数 i，恰好存放在 $a[i]$ 中。并用相关数据进行测试。

(3) 已知一个递增整数序列 $a[1..4n]$，假设所有整数均不相同。按如下方法查找一个为 k 的整数：先在编号为 $4,8,12,\cdots,4n$ 的元素中进行顺序查找，或者查找成功，或者由此确定一个继续进行折半查找的范围。

① 设计满足上述过程的查找算法，并用相关数据进行测试。

② 分析成功查找情况下的平均查找长度，和对整个序列进行折半查找相比哪个算法较好？

③ 为了提高效率，对本算法可以做何改进。

(4) 一个长度为 $L(L\geqslant1)$ 的升序序列 S，处在第 $\lceil L/2 \rceil$ 个位置的数称为 S 的中位数。例如,若序列 $S_1=(11,13,15,17,19)$,则 S_1 的中位数是 15。两个序列的中位数是含它们所有元素的升序序列的中位数。例如,若 $S_2=(2,4,6,8,20)$,则 S_1 和 S_2 的中位数是 11。现有两个等长升序序列 A 和 B,设计一个在时间和空间两方面都尽可能高效的算法,找出两个序列 A 和 B 的中位数。并用相关数据进行测试。

(5) 设计一个算法,递减有序输出一棵二叉排序树的所有结点的关键字。并用相关数据进行测试。

(6) 设计一个算法,判断给定的一棵二叉树是否是二叉排序树,假设二叉排序树中所有关键字均为正整数。并用相关数据进行测试。

(7) 设计一个算法,输出在一棵二叉排序树中成功查找到关键字 k 的查找序列。并用相关数据进行测试。

(8) 假设二叉排序树 bt 中所有的关键字是由整数构成的,在其中查找某关键字 k 时会得到一个查找序列。设计一个算法,判断一个序列(存放在 b 数组中)是否是从 bt 中搜索关键字 k 的序列。并用相关数据进行测试。

(9) 对于二叉排序树 bt,设计一个算法求关键字分别为 x、y 的结点(假设 bt 中存在这样的结点)的最近公共祖先(Latest Common Ancestors,LCA)。并用相关数据进行测试。

(10) 利用二叉树遍历的思想设计一个算法,判断一棵二叉排序树是否为平衡二叉树的算法。并用相关数据进行测试。

8.2.2 上机实验题 8 参考答案

1. 基础实验题

(1) **解**:顺序表的顺序查找算法设计原理参见《教程》的第 8.2.1 节。包含顺序表顺序查找函数的文件 SqSearch.cpp 如下。

```
# include < stdio.h >
# define MaxSize 100
typedef int KeyType;
typedef char ElemType;
typedef struct
{    KeyType key;                          //存放关键字,KeyType 为关键字类型
     ElemType data;                        //其他数据,ElemType 为其他数据的类型
} SqType;
int SqSearch(SqType R[], int n, int k)     //顺序查找算法
{    int i=0;
     while (i< n && R[i].key!=k)            //从表头往后找
         i++;
     if (i>=n)                             //未找到返回 0
         return 0;
     else
         return i+1;                       //找到后返回其逻辑序号 i+1
}
```

设计如下应用主函数。

```
# include "SqSearch.cpp"
void main()
{    int i,j;
```

```
KeyType a[]={3,9,1,5,8,10,6,7,2,4};
int n=sizeof(a)/sizeof(a[0]);
SqType R[MaxSize];
for (i=0;i<n;i++)
    R[i].key=a[i];
printf("求解结果:\n");
for (j=0;j<n;j++)
{   i=SqSearch(R,n,a[j]);
    printf("  关键字%2d的逻辑序号:%d\n",a[j],i);
}
}
```

上述程序的执行结果如图 8.8 所示。

图 8.8 实验程序的执行结果

(2) **解**：顺序表的折半查找算法设计原理参见《教程》的第 8.2.2 节。包含递增有序顺序表折半查找函数的文件 BinSearch.cpp 如下。

```
#include<stdio.h>
#define MaxSize 100
typedef int KeyType;
typedef char ElemType;
typedef struct
{   KeyType key;                            //存放关键字,KeyType为关键字类型
    ElemType data;                          //其他数据,ElemType为其他数据的类型
} SqType;
int BinSearch(SqType R[],int n,int k)       //折半查找算法
{   int low=0,high=n-1,mid;
    while (low<=high)                       //当前区间存在元素时循环
    {   mid=(low+high)/2;                   //求查找区间的中间位置
        if (R[mid].key==k)                  //查找成功返回其逻辑序号mid+1
            return mid+1;                   //找到后返回其逻辑序号mid+1
        else if (R[mid].key>k)              //继续在R[low..mid-1]中查找
            high=mid-1;
        else                                //R[mid].key<k
            low=mid+1;                       //继续在R[mid+1..high]中查找
    }
    return 0;                               //若当前查找区间没有元素时返回0
}
```

设计如下应用主函数。

```
#include "BinSearch.cpp"
void main()
{    int i,j;
     KeyType a[]={2,4,7,9,10,14,18,26,32,40};
     int n=sizeof(a)/sizeof(a[0]);
     SqType R[MaxSize];
     for (i=0;i<n;i++)
         R[i].key=a[i];
     printf("求解结果\n");
     for (j=0;j<n;j++)
     {    i=BinSearch(R,n,a[j]);
          printf("    关键字%2d 的逻辑序号:%d\n",a[j],i);
     }
}
```

上述程序的执行结果如图 8.9 所示。

图 8.9   实验程序的执行结果

　　(3) **解**：整数顺序表的分块查找算法设计原理参见《教程》的第 8.2.3 节。包含整数顺序表的分块查找函数的文件 BlkSearch.cpp 如下。

```
#include <stdio.h>
#define MaxSize 100
typedef int KeyType;
typedef struct
{    KeyType key;                        //仅含关键字
} SqType;
typedef struct
{    KeyType key;                        //块关键字
     int low,high;                       //块标识
} IdxType;
int BlkSearch(SqType R[],int n,IdxType I[],int b,int k)
//在主数据表为 R[0..n-1],索引表为 I[0..b-1]中找 k 所在的元素的逻辑序号
{    int low=0,high=b-1,mid,i;
     int s=(n+b-1)/b;                    //s 为每块的元素个数,应为 n/b 的向上取整
     while (low<=high)                   //在索引表中进行折半查找,找到的位置为 high+1
     {    mid=(low+high)/2;
          if (I[mid].key>=k)
              high=mid-1;
          else
```

```
            low＝mid＋1；
        }
        //在索引表的 high＋1 块中,再用顺序表在该块中顺序查找
        i＝I[high＋1].low；
        while (i＜=I[high＋1].high && R[i].key!=k)
            i++；
        if (i＜=I[high＋1].high)
            return i+1；                        //查找成功,返回该元素的逻辑序号
        else
            return 0；                          //查找失败,返回 0
}
```

设计如下应用主函数。

```
#include "BlkSearch.cpp"
void main()
{   int n＝16,b＝4,i,j；
    SqType R[MaxSize]＝{9,22,12,14,35,42,44,38,48,60,58,47,78,80,77,82}；    //主数据表
    IdxType I[MaxSize]＝{{22,0,3},{44,4,7},{60,8,11},{82,12,15}}；           //块索引表
    printf("求解结果\n")；
    for (j＝0;j＜n;j++)
    {   i＝BlkSearch(R,n,I,b,R[j].key)；
        printf("  关键字为%d的逻辑序号:%d\n",R[j],i)；
    }
}
```

上述程序的执行结果如图 8.10 所示。

图 8.10　实验程序的执行结果

(4) 解：二叉排序树插入、创建、查找和删除算法设计原理参见《教程》的第 8.3.1 节。
包含二叉排序树操作的相关函数的文件 BST.cpp 如下。

```
#include <stdio.h>
#include <malloc.h>
typedef int KeyType；
typedef char ElemType；
typedef struct tnode
```

```
{    KeyType key;
     ElemType data;
     struct tnode * lchild, * rchild;
} BSTNode;
BSTNode * BSTSearch(BSTNode * bt, KeyType k)      //在 bt 中查找关键字为 k 的结点
{    BSTNode * p=bt;
     while (p!=NULL)
     {    if (p-> key==k)                          //找到关键字为 k 的结点
              return p;
          else if (k< p-> key)
              p=p-> lchild;                        //沿左子树查找
          else
              p=p-> rchild;                        //沿右子树查找
     }
     return NULL;                                  //未找到时返回 NULL
}
int BSTInsert(BSTNode * &bt, KeyType k)           //在 bt 中插入关键字为 k 的结点
{    BSTNode * f, * p=bt;
     while (p!=NULL)                               //找插入位置,即找插入新结点的双亲 f 结点
     {    if (p-> key==k)                          //不能插入相同的关键字
              return 0;
          f=p;                                     //f 指向 p 结点的双亲结点
          if (k< p-> key)
              p=p-> lchild;                        //在左子树中查找
          else
              p=p-> rchild;                        //在右子树中查找
     }
     p=(BSTNode * )malloc(sizeof(BSTNode));
     p-> key=k;                                    //建立一个存放关键字 k 的新结点
     p-> lchild=p-> rchild=NULL;                   //新结点总是作为叶子结点插入的
     if (bt==NULL)                                 //原树为空时,p 作为根结点插入
         bt=p;
     else if (k< f-> key)
         f-> lchild=p;                             //插入 p 作为 f 的左孩子
     else
         f-> rchild=p;                             //插入 p 作为 f 的右孩子
     return 1;                                     //插入成功返回 1
}
void CreateBST(BSTNode * &bt, KeyType a[], int n)   //由 a[0..n-1]创建 bt
{    bt=NULL;                                      //初始时 bt 为空树
     int i=0;
     while (i< n)
     {    BSTInsert(bt, a[i]);                     //将关键字 a[i]插入二叉排序树 bt 中
          i++;
     }
}
void DestroyBST(BSTNode * &bt)                     //销毁 bt
{    if (bt!=NULL)
     {    DestroyBST(bt-> lchild);                 //销毁左子树
          DestroyBST(bt-> rchild);                 //销毁右子树
          free(bt);                                //释放根结点
```

```
        }
    }
void DispBST(BSTNode * bt)                    //采用括号表示输出 bt
{   if (bt!=NULL)
    {   printf("%d",bt->key);                 //输出根结点
        if (bt->lchild!=NULL || bt->rchild!=NULL)
        {   printf("(");                      //根结点有左或右孩子时输出'('
            DispBST(bt->lchild);              //递归输出左子树
            if (bt->rchild!=NULL)             //有右孩子时输出','
                printf(",");
            DispBST(bt->rchild);              //递归输出右子树
            printf(")");                      //输出一个')'
        }
    }
}
int BSTDelete(BSTNode * &bt,KeyType k)        //在 bt 中删除关键字为 k 的结点
{   BSTNode * p=bt, * f, * q, * q1, * f1;
    f=NULL;                                   //p 指向待比较的结点,f 指向 p 的双亲结点
    if (bt==NULL) return 0;                   //空树返回 0
    while (p!=NULL)                           //查找关键字为 k 的结点 p 及双亲 f
    {   if (p->key==k)                        //找到关键字为 k 的结点,退出 while 循环
            break;
        f=p;
        if (k<p->key)
            p=p->lchild;                      //在左子树中查找
        else
            p=p->rchild;                      //在右子树中查找
    }
    if (p==NULL) return 0;                    //未找到关键字为 k 的结点,返回 0
    else if (p->lchild==NULL)                 //被删结点 p 没有左子树的情况
    {   if (f==NULL)                          //p 是根结点,则用右孩子替换它
            bt=p->rchild;
        else if (f->lchild==p)                //p 是双亲结点的左孩子,则用其右孩子替换它
            f->lchild=p->rchild;
        else if(f->rchild==p)                 //p 是双亲结点的右孩子,则用其右孩子替换它
            f->rchild=p->rchild;
        free(p);                              //释放被删结点
    }
    else if (p->rchild==NULL)                 //被删结点 p 没有右子树的情况
    {   if (f==NULL)                          //p 是根结点,则用左孩子替换它
            bt=p->lchild;
        if (f->lchild==p)                     //p 是双亲结点的左孩子,则用其左孩子替换它
            f->lchild=p->lchild;
        else if(f->rchild==p)                 //p 是双亲结点的右孩子,则用其左孩子替换它
            f->rchild=p->lchild;
        free(p);                              //释放被删结点
    }
    else                                      //被删结点 p 既有左子树又有右子树的情况
    {   q=p->lchild;                          //q 指向 p 结点的左孩子
        if (q->rchild==NULL)                  //若 q 结点无右孩子
        {   p->key=q->key;                    //将 p 结点值用 q 结点值代替
```

```
                p-> data=q-> data;
                p-> lchild=q-> lchild;              //删除 q 结点
                free(q);                            //释放 q 结点
            }
            else                                    //若 q 结点有右孩子
            {   f1=q;q1=f1-> rchild;
                while (q1-> rchild!=NULL)            //查找 q 结点的最右下结点 q1,f1 指向其双亲
                {   f1=q1;
                    q1=q1-> rchild;
                }
                p-> key=q1-> key;                   //将 p 结点值用 q1 结点值代替
                p-> data=q1-> data;
                if (f1-> lchild==q1)                 //删除 q1 结点:q1 是 f1 的左孩子,删除 q1
                    f1-> lchild=q1-> rchild;
                else if (f1-> rchild==q1)            //删除 q1 结点:q1 是 f1 的右孩子,删除 q1
                    f1-> rchild=q1-> lchild;
                free(q1);                           //释放 q1 所占空间
            }
        }
        return 1;                                    //删除成功返回 1
}
```

设计如下应用主函数。

```
#include "BST.cpp"
void main()
{   KeyType a[]={25,18,46,2,53,39,32,4,74,67,60,11},k;
    int n=12;
    BSTNode * bt;
    printf("(1)创建二叉排序树 bt\n");
    CreateBST(bt,a,n);
    printf("  BST:"); DispBST(bt); printf("\n");
    k=32;
    printf("(2)查找关键字%d\n",k);
    BSTNode * p=BSTSearch(bt,k);
    if (p!=NULL)
        printf("  查找成功!\n");
    else
        printf("  查找失败!\n");
    k=25;
    printf("(3)删除关键字%d\n",k);
    if (BSTDelete(bt,k))
    {   printf("  BST:");
        DispBST(bt); printf("\n");
    }
    else
        printf("未找到关键字为%d 的结点\n",k);
    printf("(4)插入关键字%d\n",k);
    if (BSTInsert(bt,k))
    {   printf("  BST:");
        DispBST(bt); printf("\n");
```

```
        }
        else
            printf("存在重复的关键字%d\n",k);
        printf("(5)销毁 bt\n");
        DestroyBST(bt);
}
```

上述程序的执行结果如图 8.11 所示。

图 8.11 实验程序的执行结果

2. 应用实验题

(1) **解**：用 count 元素记录关键字比较次数(初始为 0)。采用折半查找关键字为 k 的元素并累计关键字的比较次数,最后返回 count。

在测试时给出一个关键字查找序列,输出每个关键字查找的比较次数及其查找中比较的元素,包含查找成功和查找不成功两种情况。对应的实验程序如下。

```
#include <stdio.h>
#define MaxSize 100
typedef int KeyType;
typedef char ElemType;
typedef struct
{   KeyType key;                        //存放关键字
    ElemType data;                      //其他数据
} SqType;
int BinSearch(SqType R[],int n,KeyType k,int &count)
{   int low=0,high=n-1,mid;
    count=0;
    while (low<=high)
    {   mid=(low+high)/2;
        count++;
        printf("R[%d] ",mid);
        if (R[mid].key==k)
            return 1;
        else if (k<R[mid].key)
            high=mid-1;
        else
            low=mid+1;
    }
    return 0;
```

```
    }
    void main()
    {    int i,j,t;
        KeyType a[]={1,5,9,10,12,18,20,25,30,36};
        int n=sizeof(a)/sizeof(a[0]);
        SqType R[MaxSize];
        for (i=0;i<n;i++)
            R[i].key=a[i];
        int b[]={0,4,1,5,9,10,12,15,18,20,25,26,30,36,88};
        int m=sizeof(b)/sizeof(b[0]);
        printf("关键字序列:\n");
        for (i=0;i<n;i++)
            printf("%3d",i);
        printf("\n");
        for (i=0;i<n;i++)
            printf("%3d",a[i]);
        printf("\n");
        printf("求解结果:\n");
        int count;
        for (j=0;j<m;j++)
        {    printf("  查找%2d: 比较序列 ",b[j]);
            t=BinSearch(R,n,b[j],count);
            if (count<3) printf("\t");               //用于屏幕输出对齐
            if (t)
                printf("\t→ 查找成功,关键字比较次数=%d\n",count);
            else
                printf("\t→ 查找失败,关键字比较次数=%d\n",count);
        }
    }
```

上述程序的执行结果如图 8.12 所示。

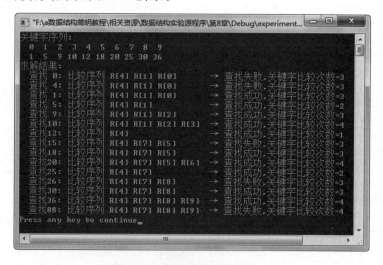

图 8.12　实验程序的执行结果

（2）**解**：采用折半查找方法，当出现 $a[i]=i$ 时返回 i，当找完所有数序后仍没有找到时返回 -1。对应的实验程序如下。

```c
#include <stdio.h>
int BinFind(int a[],int n)                    //求解算法
{   int low=0,high=n-1,mid;
    while (low<=high)
    {   mid=(low+high)/2;
        if (a[mid]==mid)                      //找到这样的元素返回 1
            return mid;
        else if (a[mid]>mid)                  //继续在 a[low..mid-1]中查找
            high=mid-1;
        else
            low=mid+1;                        //继续在 a[mid+1..high]中查找
    }
    return -1;                                //没找到这样的元素返回-1
}
void display(int a[],int n)                   //输出测试结果
{   int i,j;
    printf("  有序序列: ");
    for (i=0;i<n;i++)
        printf("%d ",a[i]);
    j=BinFind(a,n);
    if (j!=-1)
        printf(", 存在 a[%d]=%d\n",j,j);
    else
        printf(", 不存在 a[j]=j\n");
}
void main()
{   printf("求解结果:\n");
    int a[]={-2,0,2,5,8,9,12,15};
    int n=sizeof(a)/sizeof(a[0]);
    display(a,n);
    int b[]={1,2,3,4,5,6,7,8,10};
    int m=sizeof(b)/sizeof(b[0]);
    display(b,m);
}
```

上述程序的执行结果如图 8.13 所示。

图 8.13　实验程序的执行结果

（3）**解**：① 先在编号为 $4,8,12,\cdots,4n$ 的元素中进行顺序查找，找到刚好大于 k 的位置 i，然后在 $a[i-3..i-1]$ 的范围内进行折半查找。对应的实验程序如下。

```c
#include <stdio.h>
int FindElem(int a[],int n,int k)             //求解算法
```

```
{    int i=4,low,high,mid;
     if (k < a[1] || k > a[4 * n])
         return -1;
     while(i<=4 * n)                           //顺序查找
     {   if (a[i]==k)
             return i;                         //查找成功返回
         else if (a[i]< k)
             i+=4;
         else                                  //找到大于 k 的位置 i
             break;
     }
     low=i-3;high=i-1;
     while (low <=high)                        //折半查找
     {   mid=(low+high)/2;
         if (a[mid]==k)                        //查找成功返回
             return mid;
         if (a[mid]> k)                        //继续在 a[low..mid-1]中查找
             high=mid-1;
         else
             low=mid+1;                        //继续在 a[mid+1..high]中查找
     }
     return -1;
}
void main()
{    int a[]={0,1,2,3,4,10,11,12,13,20,21,22,23,30,31,32,33,52,53,54,55};
     int n=5;
     int b[]={2,4,6,8,20,42,52,80};           //查找序列
     int m=sizeof(b)/sizeof(b[0]);
     printf("求解结果:\n");
     for (int i=0;i< m;i++)
     {   int j=FindElem(a,n,b[i]);
         if (j!=-1)
             printf("  查找%d 成功: a[%d]=%d\n",b[i],j,b[i]);
         else
             printf("  查找%d 失败\n",b[i]);
     }

}
```

上述程序的执行结果如图 8.14 所示。

图 8.14　实验程序的执行结果

② 在成功查找的情况下,顺序查找中平均关键字比较次数为$(n+1)/2$,然后在三个元素的范围内进行折半查找,其平均关键字比较次数为 $\log_2 4-1=1$,所以总的平均查找长度为$(n+1)/2+1=(n+3)/2$。若对整个表进行折半查找,平均查找长度为$=\log_2(4n+1)-1$,显然采用折半查找更好些。

③ 对本算法可做这样的改进:由于编号为 $4,8,12,\cdots,4n$ 的元素是递增有序的,可以将顺序查找改为折半查找,然后在确定范围内再进行折半查找。

(4) **解**:升序序列 A、B 采用数组存放。分别求出 A、B 的中位数,设为 a 和 b。若 $a=b$,则 a 或 b 即为所求的中位数;否则,舍弃 a、b 中较小者所在序列之较小一半,同时舍弃较大者所在序列之较大一半,要求两次舍弃的元素个数相同。在保留的两个升序序列中,重复上述过程,直到两个序列中均只含一个元素时为止,则较小者即为所求的中位数。对应的实验程序如下。

```c
#include <stdio.h>
void dispAB(int A[],int low1,int high1,int B[],int low2,int high2)
{                                              //输出当前比较的序列
    int i;
    printf("A: ");
    for (i=low1;i<=high1;i++)
        printf("%d ",A[i]);
    printf("   B: ");
    for (i=low2;i<=high2;i++)
        printf("%d ",B[i]);
    printf("\n");
}
int Middle(int A[],int B[],int n)              //求解算法
{   int low1,high1,mid1,low2,high2,mid2;
    low1=0; high1=n-1;
    low2=0; high2=n-1;
    while(low1!=high1 || low2!=high2)
    {   mid1=(low1+high1)/2;
        mid2=(low2+high2)/2;
        dispAB(A,low1,high1,B,low2,high2);
        if(A[mid1]==B[mid2])
            return A[mid1];
        if(A[mid1]<B[mid2])
        {                                      //分别考虑奇数和偶数,保持两个子数组元素个数相等
            if((low1+high1)%2==0)
            {                                  //若元素为奇数个
                low1=mid1;                     //舍弃 A 中间点以前的部分且保留中间点
                high2=mid2;                    //舍弃 B 中间点以后的部分且保留中间点
            }
            else
            {                                  //若元素为偶数个
                low1=mid1+1;                   //舍弃 A 的前半部分
                high2=mid2;                    //舍弃 B 的后半部分
            }
        }
        else
```

```
        {   if((low1+high1)%2==0)
            {                                   //若元素为奇数个
                high1=mid1;                     //舍弃 A 中间点以后的部分且保留中间点
                low2=mid2;                      //舍弃 B 中间点以前的部分且保留中间点
            }
            else
            {                                   //若元素为偶数个
                high1=mid1;                     //舍弃 A 的后半部分
                low2=mid2+1;                    //舍弃 B 的前半部分
            }
        }
    }
    dispAB(A,low1,high1,B,low2,high2);
    return A[low1]<B[low2]?A[low1]:B[low2];
}
void main()
{   int a[]={11,13,15,17,19};
    int b[]={2,4,6,8,20};
    int n=sizeof(a)/sizeof(a[0]);
    printf("中位数: %d\n",Middle(a,b,n));

}
```

上述程序的执行结果如图 8.15 所示。

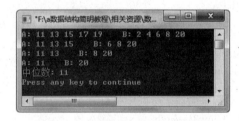

图 8.15　实验程序的执行结果

(5) **解**：二叉排序树的中序序列是递增的,按中序反序输出即可。采用这样的遍历方式：遍历右子树；访问根结点；遍历左子树。因为右子树中所有结点关键字大于根结点关键字,而根结点关键字大于左子树中所有结点的关键字。对应的实验程序如下。

```
#include "BST.cpp"
void ReOrder(BSTNode * bt)                      //求解算法
{   if (bt!=NULL)
    {   ReOrder(bt->rchild);
        printf("%d ",bt->key);
        ReOrder(bt->lchild);
    }
}
void main()
{   KeyType a[]={25,18,46,2,53,39,32,4,74,67,60,11};
    int n=12;
    BSTNode * bt;
    CreateBST(bt,a,n);
```

```
printf("二叉排序树 bt: ");
DispBST(bt); printf("\n");
printf("递减序列: ");
ReOrder(bt); printf("\n");
DestroyBST(bt);
}
```

上述程序的执行结果如图 8.16 所示。

图 8.16　实验程序的执行结果

（6）解：可以证明，若一个二叉树的中序序列是一个有序序列，则该二叉树一定是一棵二叉排序树。对二叉排序树 bt 来说，其中序遍历序列为一个递增有序序列，因此，对给定的二叉树进行中序遍历，如果始终能保持前一个值比后一个值小，则说明该二叉树是一棵二叉排序树。对应的实验程序如下。

```
# include "BST.cpp"              //包含二叉排序树的基本运算函数
KeyType predt=0;                 //predt 为全局变量,保存当前结点中序前驱的值,初值为最小值
int judgeBST(BSTNode * bt)       //返回 1 表示是一棵二叉排序树,返回 0 表示不是
{   int b1,b2;
    if (bt==NULL)               //空树是一棵二叉排序树
        return 1;
    else
    {   b1=judgeBST(bt-> lchild);  //判断左子树
        if (b1==false)
            return 0;              //若左子树不是 BST,则返回 0
        if (predt>=bt-> key)
            return 0;              //若当前结点值小于等于中序前驱结点值,则返回 0
        predt=bt-> key;           //保存当前结点的关键字
        b2=judgeBST(bt-> rchild);  //判断右子树
        return b2;
    }
}
void main()
{   KeyType a[]={25,18,46,2,53,39,32,4,74,67,60,11};
    int n=12;
    BSTNode * bt;
    CreateBST(bt,a,n);
    printf("bt: "); DispBST(bt); printf("\n");
    if (judgeBST(bt))
        printf("bt 是一棵二叉排序树\n");
    else
        printf("bt 不是一棵二叉排序树\n");
    printf("将 bt 的根结点改为 10\n");
    bt-> key=20;
```

```
        printf("bt: "); DispBST(bt); printf("\n");
        if (judgeBST(bt))
            printf("bt 是一棵二叉排序树\n");
        else
            printf("bt 不是一棵二叉排序树\n");
        DestroyBST(bt);
}
```

上述程序的执行结果如图 8.17 所示。

图 8.17　实验程序的执行结果

(7) **解**：使用 path 数组存储经过的结点，当找到所要找的结点时，输出 path 数组中的元素值，从而以根结点到当前结点输出路径。对应的实验程序如下。

```
# include "BST.cpp"                                    //包含二叉排序树的基本运算函数
# define MaxSize 100
void disppath(int path[], int d)                       //输出查找序列
{   printf("查找序列: ");
    for (int i=0;i<=d;i++)
        printf("%d ",path[i]);
    printf("\n");
}
int SearchBSTk(BSTNode * bt,KeyType k,KeyType path[],int &d)   //求解算法
{   if (bt==NULL)
        return 0;
    else if (k==bt->key)
    {   d++; path[d]=bt->key;
        return 1;                                       //查找成功返回 1
    }
    else
    {   d++; path[d]=bt->key;                            //添加到路径中
        if (k<bt->key)
            return SearchBSTk(bt->lchild,k,path,d);      //在左子树中递归查找
        else
            return SearchBSTk(bt->rchild,k,path,d);      //在右子树中递归查找
    }
    return 0;                                            //没有找到返回 0
}
void main()
{   KeyType a[]={25,18,46,2,53,39,32,4,74,67,60,11};
    int n=12;
    BSTNode * bt;
    CreateBST(bt,a,n);
    printf("bt: "); DispBST(bt); printf("\n");
```

```
    int path[MaxSize],d=-1;
    int k=11;
    if (SearchBSTk(bt,k,path,d))
        printf("成功查找到%d,",k);
    else
        printf("没有找到%d,",k);
    disppath(path,d);
    k=50; d=-1;
    if (SearchBSTk(bt,k,path,d))
        printf("成功查找到%d,",k);
    else
        printf("没有找到%d,",k);
    disppath(path,d);
    DestroyBST(bt);
}
```

上述程序的执行结果如图 8.18 所示。

图 8.18   实验程序的执行结果

(8) **解**: 设查找序列 b 中有 n 个关键字, 如果查找成功, $b[n-1]$ 应等于 k。用 i 扫描 b (初值为 0), p 用于在二叉排序树 bt 中查找 (p 的初值指向根结点), 每查找一层, 比较该层的结点关键字 $p->key$ 是否等于 $b[i]$, 若不相等, 表示 b 不是 bt 中查找关键字 k 的序列, 返回 0, 否则继续查找下去。若一直未找到关键字 k, 则 p 最后必为 NULL, 表示 b 不是查找序列, 返回 0, 否则表示在 bt 中查找到 k, p 指向该结点, 表示 b 是查找序列, 返回 1。对应的实验程序如下。

```
#include "BST.cpp"                          //包含二叉排序树的基本运算函数
void dispb(int b[],int m)                    //输出序列 b
{   printf("序列: ");
    for (int i=0;i<m;i++)
        printf("%d ",b[i]);
}
int SearchBSTk(BSTNode *bt,int k,int a[],int n)   //求解算法
{   BSTNode *p=bt;
    int i=0;
    if (a[n-1]!=k)                           //未找到 k,返回 0
        return 0;
    while (p!=NULL)
    {   if (p->key!=a[i])                    //若不等,表示 a 不是 k 的查找序列
            return 0;
        if (k<p->key) p=p->lchild;           //在左子树中查找
        if (k>p->key) p=p->rchild;           //在右子树中查找
        i++;                                 //查找序列指向下一个关键字
    }
```

```
    if (p!=NULL) return 1;                        //找到了 k,返回 1
    else return 0;                                //未找到 k,返回 0
}
void main()
{   KeyType a[]={25,18,46,2,53,39,32,4,74,67,60,11};
    int n=12;
    BSTNode * bt;
    CreateBST(bt,a,n);
    printf("bt: "); DispBST(bt); printf("\n");
    int b1[]={25,46,39,32};                        //测试 1
    int m=sizeof(b1)/sizeof(b1[0]);
    int k=32;
    dispb(b1,m);
    if (SearchBSTk(bt,k,b1,m))
        printf(" 是搜索关键字%d 的序列\n",k);
    else
        printf(" 不是搜索关键字%d 的序列\n",k);
    int b2[]={25,18,4};                            //测试 2
    m=sizeof(b2)/sizeof(b2[0]);
    k=4;
    dispb(b2,m);
    if (SearchBSTk(bt,k,b2,m))
        printf(" 是搜索关键字%d 的序列\n",k);
    else
        printf(" 不是搜索关键字%d 的序列\n",k);
    DestroyBST(bt);
}
```

上述程序的执行结果如图 8.19 所示。

图 8.19　实验程序的执行结果

(9) **解**：设 $f(bt,x,y)$ 返回二叉排序树 bt 中 x、y 结点(假设 bt 中存在这样的结点)的最近公共祖先结点指针。对应的递归模型如下。

$f(bt,x,y)=NULL$　　　　　　　　当 bt=NULL
$f(bt,x,y)=f(bt->lchild,x,y)$　　若 x、y 均小于 bt 结点
$f(bt,x,y)=f(bt->rchild,x,y)$　　若 x、y 均大于 bt 结点
$f(bt,x,y)=bt$　　　　　　　　　其他情况(x、y 结点分别在 bt 的左右子树中)

对应的实验程序如下。

```
#include "BST.cpp"                    //包含二叉排序树的基本运算函数
BSTNode * LCA(BSTNode * bt,KeyType x,KeyType y)
//在二叉排序树 bt 中求 x 和 y 结点的 LCA,并返回该结点的指针
{   if (bt==NULL) return NULL;
    if (x<bt->key && y<bt->key)
```

```
                return LCA(bt->lchild,x,y);
        else if (x>bt->key && y>bt->key)
                return LCA(bt->rchild,x,y);
        else return bt;
}
void display(BSTNode *bt,int x,int y)        //输出测试结果
{   BSTNode *p=LCA(bt,x,y);
    if (p!=NULL)
        printf("   %d 和%d 的最近公共为%d\n",x,y,p->key);
    else
        printf("   bt 为空树\n");
}
void main()
{   KeyType a[]={25,18,46,2,53,39,32,4,74,67,60,11};
    int n=12;
    BSTNode *bt;
    CreateBST(bt,a,n);
    printf("bt: "); DispBST(bt); printf("\n");
    printf("求解结果:\n");
    int x=32,y=53;
    display(bt,x,y); display(bt,y,x);
    x=2; y=4; display(bt,x,y);
    x=4; y=32; display(bt,x,y);
    DestroyBST(bt);
}
```

上述程序的执行结果如图 8.20 所示。

图 8.20　实验程序的执行结果

(10) **解**: 对于二叉排序树 bt,若所有结点是平衡的,即为平衡二叉树。算法中采用引用型参数 h 表示根结点 bt 的子树高度。

采用后序递归遍历方法,空树和一个结点的树是平衡二叉树;否则求出左子树的高度 hl 和右子树的高度 hr,以及左子树的平衡情况 bl 和右子树的平衡情况 br,如果当前结点的左、右子树高度相差的绝对值大于等于 2,返回 0;否则返回 bl & br 的结果。对应的实验程序如下。

```
#include "BST.cpp"                          //包含二叉排序树的基本运算函数
#include <math.h>
int judgeAVL(BSTNode *bt,int &h)
{   int bl,br,hl,hr;
    if (bt==NULL)                           //空树
    {   h=0;
        return 1;
```

```
        }
        if (bt-> lchild==NULL && bt-> rchild==NULL)    //叶子结点
        {   h=1;
            return 1;
        }
        bl=judgeAVL(bt-> lchild,hl);                    //判断左子树
        br=judgeAVL(bt-> rchild,hr);                    //判断右子树
        h=(hl> hr?hl:hr)+1;
        if (abs(hl-hr)< 2)                              //h1 和 hr 的绝对值是否小于 2
            return bl & br;                             //"&"为整数的与运算
        else
            return 0;
}
void display(BSTNode * bt)                              //输出测试结果
{    printf("   bt: ");
     DispBST(bt); printf("\n");
     int balance,h;
     balance=judgeAVL(bt,h);
     if (balance)
         printf("   bt 是一棵 AVL\n");
     else
         printf("   bt 不是一棵 AVL\n");
}
void main()
{    BSTNode * bt1, * bt2;
     KeyType a[]={3,2,1,4,5,6};
     int n=sizeof(a)/sizeof(a[0]);
     CreateBST(bt1,a,n);
     KeyType b[]={3,2,1,5,4,6};
     int m=sizeof(b)/sizeof(b[0]);
     CreateBST(bt2,b,m);
     printf("求解结果:\n");
     printf("测试 1\n"); display(bt1);
     printf("测试 2\n"); display(bt2);
     DestroyBST(bt1);
     DestroyBST(bt2);
}
```

上述程序的执行结果如图 8.21 所示。

图 8.21　实验程序的执行结果

## CHAPTER 9

排　序

9.1　练习题9及参考答案

9.1.1　练习题9

1. 单项选择题

(1) 内排序方法中,每趟从无序区中依次取出元素与有序区中的元素进行比较,将其放入有序区正确位置上的排序方法,称为(　　)。

    A. 希尔排序　　　　　　　　　　B. 冒泡排序

    C. 直接插入排序　　　　　　　　D. 简单选择排序

(2) 对有 n 个元素的表进行直接插入排序,在最坏情况下需进行(　　)次关键字比较。

    A. $n-1$　　　　　　　　　　　B. $n+1$

    C. $n/2$　　　　　　　　　　　　D. $n(n-1)/2$

(3) 在下列算法中,(　　)算法可能出现这样的情况:在最后一趟开始之前,所有的元素都可能不在其最终的位置上。

    A. 堆排序　　　　　　　　　　　B. 冒泡排序

    C. 直接插入排序　　　　　　　　D. 快速排序

(4) 对数据序列(15,9,7,8,20,−1,4)进行排序,进行一趟后数据的排序变为(9,15,7,8,20,−1,4),则采用的可能是(　　)算法。

    A. 简单选择排序　　　　　　　　B. 冒泡排序

    C. 直接插入排序　　　　　　　　D. 堆排序

(5) 数据序列(5,4,15,10,3,1,9,6,2)是某排序方法第一趟后的结果,该排序算法可能是(　　)。

    A. 冒泡排序　　　　　　　　　　B. 二路归并排序

    C. 堆排序　　　　　　　　　　　D. 简单选择排序

(6) 从无序区中挑选出最大或者最小元素,并将其插入有序区一端的排序方法,称为( )。

    A. 希尔排序　　　　B. 二路归并排序　　C. 直接插入排序　　D. 简单选择排序

(7) 在以下排序方法中,关键字比较的次数与元素的初始排列次序无关的是( )。

    A. 希尔排序　　　　B. 冒泡排序　　　　C. 直接插入排序　　D. 简单选择排序

(8) 对 n 个不同的关键字进行递增冒泡排序,在下列哪种情况下比较的次数最多?( )

    A. 元素无序　　　　B. 元素递增有序　　C. 元素递减有序　　D. 都一样

(9) 对数据序列(8,9,10,4,5,6,20,1,2)进行递增排序,采用每趟冒出一个最小元素的冒泡排序算法,需要进行的趟数至少是( )。

    A. 3　　　　　　　　B. 4　　　　　　　　C. 5　　　　　　　　D. 8

(10) 为实现快速排序法,待排序序列最好采用的存储方式是( )。

    A. 顺序存储　　　　B. 哈希存储　　　　C. 链式存储　　　　D. 索引存储

(11) 快速排序在下列哪种情况下最易发挥其长处?( )

    A. 被排序的数据中含有多个相同排序码

    B. 被排序的数据已基本有序

    C. 被排序的数据随机分布

    D. 被排序的数据中最大值和最小值相差悬殊

(12) 序列(5,2,4,1,8,6,7,3)是第一趟递增排序后的结果,则采用的排序方法可能是( )。

    A. 快速排序　　　　　　　　　　　　B. 冒泡排序

    C. 堆排序　　　　　　　　　　　　　D. 直接插入排序

(13) 序列(3,2,4,1,5,6,8,7)是第一趟递增排序后的结果,则采用的排序方法可能是( )。

    A. 快速排序　　　　　　　　　　　　B. 冒泡排序

    C. 堆排序　　　　　　　　　　　　　D. 简单选择排序

(14) 以下关于快速排序的叙述中正确的是( )。

    A. 快速排序在所有排序方法中为最快,而且所需辅助空间也最少

    B. 在快速排序中,不可以用队列替代栈

    C. 快速排序的空间复杂度为 $O(n)$

    D. 快速排序在待排序的数据随机分布时效率最高

(15) 采用排序算法对 n 个元素进行排序,其排序趟数总是 $n-1$ 趟的排序方法是( )。

    A. 直接插入和快速　　　　　　　　　B. 冒泡和快速

    C. 简单选择和直接插入　　　　　　　D. 简单选择和冒泡

(16) 在以下排序方法中,平均时间复杂度为 $O(n^2)$,且是不稳定的是( )。

    A. 冒泡排序　　　　B. 直接插入排序　　C. 简单选择排序　　D. 以上都不对

(17) 堆排序是一种( )类型的排序方法。

    A. 插入　　　　　　B. 选择　　　　　　C. 交换　　　　　　D. 归并

(18) 以下序列不是堆的是( )。

    A. (100,85,98,77,80,60,82,40,20,10,66)

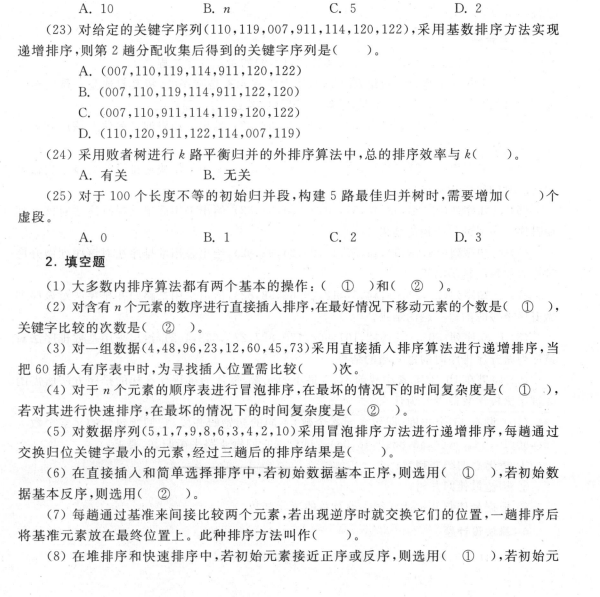

B.　(100,98,85,82,80,77,66,60,40,20,10)

C.　(10,20,40,60,66,77,80,82,85,98,100)

D.　(100,85,40,77,80,60,66,98,82,10,20)

(19) 有一组数据(15,9,7,8,20,−1,7,4),用堆排序的筛选方法建立的初始堆为(　　)。

    A.　(−1,4,8,9,20,7,15,7)　　　　　　　　B.　(−1,7,15,7,4,8,20,9)

    C.　(−1,4,7,8,20,15,7,9)　　　　　　　　D.　以上都不对

(20) 下述几种排序方法中,要求辅助内存最大的是(　　)。

    A.　直接插入排序　　B.　快速排序　　　C.　二路归并排序　　D.　选择排序

(21) 以下排序方法中,(　　)不需要进行关键字的比较。

    A.　快速排序　　　　B.　归并排序　　　C.　基数排序　　　　D.　堆排序

(22) 有 n 个十进制整数进行基数排序,其中最大的整数为 5 位,则基数排序过程中临时建立的队数个数是(　　)。

    A.　10　　　　　　　B.　n　　　　　　　C.　5　　　　　　　D.　2

(23) 对给定的关键字序列(110,119,007,911,114,120,122),采用基数排序方法实现递增排序,则第 2 趟分配收集后得到的关键字序列是(　　)。

    A.　(007,110,119,114,911,120,122)

    B.　(007,110,119,114,911,122,120)

    C.　(007,110,911,114,119,120,122)

    D.　(110,120,911,122,114,007,119)

(24) 采用败者树进行 k 路平衡归并的外排序算法中,总的排序效率与 k(　　)。

    A.　有关　　　　　　B.　无关

(25) 对于 100 个长度不等的初始归并段,构建 5 路最佳归并树时,需要增加(　　)个虚段。

    A.　0　　　　　　　　B.　1　　　　　　　C.　2　　　　　　　D.　3

2. 填空题

(1) 大多数内排序算法都有两个基本的操作:(　①　)和(　②　)。

(2) 对含有 n 个元素的数序进行直接插入排序,在最好情况下移动元素的个数是(　①　),关键字比较的次数是(　②　)。

(3) 对一组数据(4,48,96,23,12,60,45,73)采用直接插入排序算法进行递增排序,当把 60 插入有序表中时,为寻找插入位置需比较(　　)次。

(4) 对于 n 个元素的顺序表进行冒泡排序,在最坏的情况下的时间复杂度是(　①　),若对其进行快速排序,在最坏的情况下的时间复杂度是(　②　)。

(5) 对数据序列(5,1,7,9,8,6,3,4,2,10)采用冒泡排序方法进行递增排序,每趟通过交换归位关键字最小的元素,经过三趟后的排序结果是(　　)。

(6) 在直接插入和简单选择排序中,若初始数据基本正序,则选用(　①　),若初始数据基本反序,则选用(　②　)。

(7) 每趟通过基准来间接比较两个元素,若出现逆序时就交换它们的位置,一趟排序后将基准元素放在最终位置上。此种排序方法叫作(　　)。

(8) 在堆排序和快速排序中,若初始元素接近正序或反序,则选用(　①　),若初始元

素基本无序,则最好选用(　②　)。

(9) 对于 n 个元素的顺序表进行二路归并排序时,平均时间复杂度是(　①　),空间复杂度是(　②　)。

(10) 对于 n 个元素的表进行二路归并排序,整个归并排序需进行(　　)趟。

(11) 已知序列(18,12,16,10,5,15,2,8,7)是大根堆,删除一个元素后再调整为大根堆,调整后的大根堆是(　　)。

(12) 在一个大根堆中,元素值最小的结点是(　　)。

(13) 已知关键字序列 $k_1,k_2,\cdots,k_n$ 构成一个小根堆,则最小关键字是(　①　),并且在该序列对应的完全二叉树中,从根结点到叶子结点的路径上关键字组成的序列具有(　②　)的特点。

(14) 外排序有两个基本阶段,第一阶段是(　①　),第二阶段是(　②　)。

(15) 对于 98 个长度不等的初始归并段,构建 5 路最佳归并树时,需要增加(　　)个虚段。

3. 简答题

(1) 给出关键字序列(4,5,1,2,8,6,7,3,10,9)的希尔排序过程。

(2) 一个有 n 个整数的数组 $R[1..n]$,其中所有元素是有序的,将其看成是一棵完全二叉树,该树构成一个堆吗? 若不是,请给一个反例,若是,请说明理由。

(3) 已知序列(75,23,98,44,57,12,29,64,38,82),给出采用冒泡排序法对该序列做升序排序时的每一趟的结果。

(4) 已知序列(75,23,98,44,57,12,29,64,38,82),给出采用快速排序法对该序列做升序排序时的每一趟的结果。

(5) 已知序列(75,23,98,44,57,12,29,64,38,82),给出采用简单选择排序法对该序列做升序排序时的每一趟的结果。

(6) 已知序列(75,23,98,44,57,12,29,64,38,82),给出采用堆排序法对该序列做升序排序时的每一趟的结果。

(7) 已知序列(75,23,98,44,57,12,29,64,38,82),给出采用二路归并排序法对该序列做升序排序时的每一趟的结果。

(8) 已知序列(503,187,512,161,908,170,897,275,653,462),给出采用基数排序法对该序列做升序排序时的每一趟的结果。

(9) 如果在 10^6 个元素中找前 10 个最小的元素,你认为采用什么样的排序方法所需的关键字比较次数最少? 为什么?

(10) 设有 11 个长度(即包含元素个数)不同的初始归并段,它们所包含的元素个数为(25,40,16,38,77,64,53,88,9,48,98)。试根据它们做 4 路平衡归并,要求:

① 指出总的归并趟数;

② 构造最佳归并树;

③ 根据最佳归并树计算每一趟及总的读元素数。

4. 算法设计题

(1) 设计一个直接插入算法将初始数据从大到小递减排序。

（2）设计一个这样的直接插入算法：设元素序列为 $R[0..n-1]$，其中，$R[i-1..n-1]$ 为有序区，$R[0..i]$ 为无序区，对于元素 $R[i]$，将其关键字与有序区元素（从头开始）进行比较，找到一个刚好大于 $R[i].key$ 的元素 $R[j]$，将 $R[i..j-1]$ 元素前移，然后将原 $R[i]$ 插入到 $R[j-1]$ 处。要求给出每趟结束后的结果。

（3）设计一个这样的折半插入排序算法：设元素序列为 $R[0..n-1]$，其中，$R[i-1..n-1]$ 为有序区，$R[0..i]$ 为无序区，对于元素 $R[i]$，将其有序折半插入有序区中，直到整个数据有序。

（4）设计一个算法，对 $R[i..j]$ 的部分数据采用冒泡排序方法实现递增排序。

（5）设计一个算法，对 $R[i..j]$ 的部分数据采用简单选择排序方法实现递增排序。

（6）设计一个算法，判断一个数据序列是否构成一个小根堆。

9.1.2　练习题 9 参考答案

1. 单项选择题

（1）C	（2）D	（3）C	（4）C	（5）B
（6）D	（7）D	（8）C	（9）C	（10）A
（11）C	（12）D	（13）A	（14）D	（15）C
（16）C	（17）B	（18）D	（19）C	（20）C
（21）C	（22）A	（23）C	（24）B	（25）B

2. 填空题

（1）① 比较　② 移动

（2）① 0　② $n-1$

（3）2。在插入 60 时，有序区为 $(4,12,23,48,96)$，依次与 96、48 进行比较，比较次数为 2。

（4）① $O(n^2)$　② $O(n^2)$

（5）$(1,2,3,5,4,7,9,8,6,10)$

（6）① 直接插入　② 简单选择排序

（7）快速排序

（8）① 堆排序　② 快速排序

（9）① $O(n\log_2 n)$　② $O(n)$

（10）$\lceil \log_2 n \rceil$

（11）$(16,12,15,10,5,7,2,8)$。堆中删除操作总是删除根结点。

（12）某个叶子结点

（13）① k_1　② 递增

（14）① 生成初始归并段　② 对初始归并段采用多路归并方法归并为一个有序段。

（15）3

3. 简答题

（1）答：希尔排序过程如图 9.1 所示。

数据结构简明教程(第 2 版)学习与上机实验指导

```
排序前:4,5,1,2,8,6,7,3,10,9
d=5:    4,5,1,2,8,6,7,3,10,9
d=2:    1,2,4,3,7,5,8,6,10,9
d=1:    1,2,3,4,5,6,7,8,9,10
排序后:1,2,3,4,5,6,7,8,9,10
```

图 9.1　希尔排序各趟排序结果

(2) **答**:该数组一定构成一个堆,递增有序数组构成一个小根堆,递减有序数组构成一个大根堆。

以递增有序数组为例,假设数组元素为 $k_1,k_2,\cdots,k_n$ 是递增有序的,从中看出下标越大的元素值也越大,对于任一元素 k_i,有 $k_i < k_{2i}, k_i < k_{2i+1}(i<n/2)$,这正好满足小根堆的特性,所以构成一个小根堆。

(3) **答**:采用冒泡排序法排序的各趟的结果如下。

```
初始序列:            75  23  98  44  57  12  29  64  38  82
i=0(归位元素:12):12  75  23  98  44  57  29  38  64  82
i=1(归位元素:23):12  23  75  29  98  44  57  38  64  82
i=2(归位元素:29):12  23  29  75  38  98  44  57  64  82
i=3(归位元素:38):12  23  29  38  75  44  98  57  64  82
i=4(归位元素:44):12  23  29  38  44  75  57  98  64  82
i=5(归位元素:57):12  23  29  38  44  57  75  64  98  82
i=6(归位元素:64):12  23  29  38  44  57  64  75  82  98
```

(4) **答**:采用快速排序法排序的各趟的结果如下。

```
初始序列:          75  23  98  44  57  12  29  64  38  82
区间:0~9 基准:75:38  23  64  44  57  12  29  75  98  82
区间:0~6 基准:38:29  23  12  38  57  44  64  75  98  82
区间:0~2 基准:29:12  23  29  38  57  44  64  75  98  82
区间:0~1 基准:12:12  23  29  38  57  44  64  75  98  82
区间:4~6 基准:57:12  23  29  38  44  57  64  75  98  82
区间:8~9 基准:98:12  23  29  38  44  57  64  75  82  98
```

(5) **答**:采用直接选择法排序的各趟的结果如下。

```
初始序列:          75  23  98  44  57  12  29  64  38  82
i=0 归位元素:12  12  23  98  44  57  75  29  64  38  82
i=1 归位元素:23  12  23  98  44  57  75  29  64  38  82
i=2 归位元素:29  12  23  29  44  57  75  98  64  38  82
i=3 归位元素:38  12  23  29  38  57  75  98  64  44  82
i=4 归位元素:44  12  23  29  38  44  75  98  64  57  82
i=5 归位元素:57  12  23  29  38  44  57  98  64  75  82
i=6 归位元素:64  12  23  29  38  44  57  64  98  75  82
i=7 归位元素:75  12  23  29  38  44  57  64  75  98  82
i=8 归位元素:82  12  23  29  38  44  57  64  75  82  98
```

(6) **答**:采用堆排序法排序的各趟的结果如下。

```
初始序列:            75  23  98  44  57  12  29  64  38  82
```

初始堆:				98	82	75	64	57	12	29	44	38	23
归位元素:98 调整成堆[1..9]:	82	64	75	44	57	12	29	23	38	98
归位元素:82 调整成堆[1..8]:	75	64	38	44	57	12	29	23	82	98
归位元素:75 调整成堆[1..7]:	64	57	38	44	23	12	29	75	82	98
归位元素:64 调整成堆[1..6]:	57	44	38	29	23	12	64	75	82	98
归位元素:57 调整成堆[1..5]:	44	29	38	12	23	57	64	75	82	98
归位元素:44 调整成堆[1..4]:	38	29	23	12	44	57	64	75	82	98
归位元素:38 调整成堆[1..3]:	29	12	23	38	44	57	64	75	82	98
归位元素:29 调整成堆[1..2]:	23	12	29	38	44	57	64	75	82	98
归位元素:23 调整成堆[1..1]:	12	23	29	38	44	57	64	75	82	98

（7）答：采用二路归并排序法排序的各趟的结果如下。

初始序列:	75	23	98	44	57	12	29	64	38	82
length＝1:	23	75	44	98	12	57	29	64	38	82
length＝2:	23	44	75	98	12	29	57	64	38	82
length＝4:	12	23	29	44	57	64	75	98	38	82
length＝8:	12	23	29	38	44	57	64	75	82	98

（8）答：采用基数排序法排序的各趟的结果如下。

初始序列:　　　 503,187,512,161,908,170,897,275,653,462
按个位排序结果:170,161,512,462,503,653,275,187,897,908
按十位排序结果:503,908,512,653,161,462,170,275,187,897
按百位排序结果:161,170,187,275,462,503,512,653,897,908

（9）答：采用堆排序方法,建立初始堆时间为 $4n$,每次选取一个最小元素后再筛选的时间为 $\log_2 n$,找前 10 个最小元素的时间＝ $4n+9\log_2 n$。而冒泡排序和简单选择排序需 $10n$ 的时间。而直接插入排序、希尔排序和二路归并排序等必须全部排好序后才能找前 10 个最小的元素,显然不能采用。

（10）答：① 总的归并趟数＝ $\lceil \log_4 11 \rceil$ ＝2。

② $m＝11,k＝4,(m-1)\% (k-1)＝1\neq0$,需要附加 $k-1-(m-1)\% (k-1)＝2$ 个长度为 0 的虚归并段,最佳归并树如图 9.2 所示。

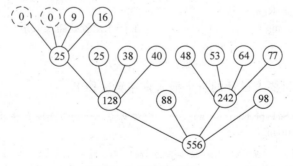

图 9.2　最佳归并树

③ 根据最佳归并树计算每一趟及总的读元素数：
第 1 趟的读元素数＝9＋16＝25
第 2 趟的读元素数＝25＋25＋38＋40＋48＋53＋64＋77＝370

第 3 趟的读元素数＝128＋88＋242＋98＝556

总的读元素数＝25＋370＋556＝951

4. 算法设计题

(1) **解**：只需将原直接插入排序(递增排序)算法中的关键字比较">"改为"<"即可。对应的算法如下。

```
void InsertSort(SqType R[],int n)        //对 R[0..n−1]按递减有序进行直接插入排序
{   int i,j;
    SqType tmp;
    for (i=1;i<n;i++)                    //从第二个元素即 R[1]开始
    {   if (R[i−1].key<R[i].key)         //反序
        {   tmp=R[i];                    //取出无序区的第一个元素
            j=i−1;                       //从右向左在有序区 R[0..i−1]中找 R[i]的插入位置
            do
            {   R[j+1]=R[j];             //将关键字小于 tmp.key 的元素后移
                j−−;                     //继续向前比较
            } while (j>=0 && R[j].key<tmp.key);
            R[j+1]=tmp;                  //在 j+1 处插入 R[i]
        }
    }
}
```

(2) **解**：按照题目要求设计的直接插入排序算法如下。

```
void InsertSort(SqType R[],int n)
{   int i,j,k;
    SqType tmp;
    for (i=n−2;i>=0;i−−)
    {   tmp=R[i];
        j=i+1;
        while (j<n && tmp.key>R[j].key)
            j++;                         //在有序区找到一个刚大于 tmp.key 的位置 R[j]
        for (k=i;k<j−1;k++)              //R[i..j−1]元素前移,以便腾出一个位置插入 tmp
            R[k]=R[k+1];
        R[j−1]=tmp;                      //在 j−1 位置处插入 tmp
    }
}
```

(3) **解**：按照题目要求设计的折半插入排序算法如下。

```
void BinInsertSort(SqType R[],int n)     //对 R[0..n−1]按递增有序进行折半插入排序
{   int i,j,low,high,mid;
    SqType tmp;
    for (i=n−2;i>=0;i−−)
    {   tmp=R[i];                        //将 R[i]保存到 tmp 中
        low=i+1;high=n−1;
        while (low<=high)                //在 R[low..high]中折半查找有序插入的位置
        {   mid=(low+high)/2;            //取中间位置
            if (tmp.key<R[mid].key)
                high=mid−1;              //插入点在左半区
```

```
                else
                    low＝mid＋1;                   //插入点在右半区
            }
            for (j＝i;j＜high;j++)                  //元素前移
                R[j]＝R[j＋1];
            R[high]＝tmp;                            //插入 R[i]
        }
    }
```

(4) **解**：只需将原冒泡排序算法中的 $R[0..n-1]$ 的排序区间改为 $R[i..j]$ 即可。对应的算法如下。

```
void BubbleSort(SqType R[],int i,int j)
{    int i1,j1,exchange;
     SqType tmp;
     for (i1＝i;i1＜j;i1++)
     {    exchange＝0;
          for (j1＝j;j1＞i1;j1－－)                  //比较,找出最小关键字的元素
              if (R[j1].key＜R[j1－1].key)
              {    tmp＝R[j1];                        //R[j1]与 R[j1－1]进行交换,将最小关键字元素前移
                   R[j1]＝R[j1－1]; R[j1－1]＝tmp;
                   exchange＝1;
              }
          if (!exchange)                            //本趟没有发生交换,中途结束算法
              return;
     }
}
```

(5) **解**：只需将原简单选择排序算法中的 $R[0..n-1]$ 的排序区间改为 $R[i..j]$ 即可。对应的算法如下。

```
void SelectSort(SqType R[],int i,int j)
{    int i1,j1,k;
     SqType tmp;
     for (i1＝i;i1＜j;i1++)                          //做第 i1 趟排序
     {    k＝i1;
          for (j1＝i1＋1;j1＜＝j;j1++)                 //在当前无序区 R[i1..j]中选 key 最小的 R[k]
              if (R[j1].key＜R[k].key)
                  k＝j1;                              //k 记下目前找到的最小关键字所在的位置
          if (k!＝i1)                                //交换 R[i]和 R[k]
          {    tmp＝R[i1];
               R[i1]＝R[k]; R[k]＝tmp;
          }
     }
}
```

(6) **解**：当数据个数 n 为偶数时,最后一个分支结点(编号为 $n/2$)只有左孩子(编号为 n),其余分支结点均为双分支结点;当 n 为奇数时,所有分支结点均为双分支结点。对每个分支结点进行判断,只有一个分支结点不满足小根堆的定义,返回 0;如果所有分支结点均满足小根堆的定义,返回 1。对应的算法如下。

```
int IsHeap(SqType R[],int n)                    //判断 R[1..n]是否为小根堆
{   int i;
    if (n%2==0)                                 //n 为偶数时
    {   if (R[n/2].key > R[n].key)              //最后分支结点(编号为 n/2)只有左孩子(编号为 n)
            return 0;
        for (i=n/2-1;i>=1;i--)                  //判断所有双分支结点
            if (R[i].key > R[2 * i].key || R[i].key > R[2 * i+1].key)
                return 0;
    }
    else                                        //n 为奇数时
    {   for (i=n/2;i>=1;i--)                     //所有分支结点均为双分支结点
            if (R[i].key > R[2 * i].key || R[i].key > R[2 * i+1].key)
                return 0;
    }
    return 1;                                    //满足小根堆的定义,返回 1
}
```

9.2 上机实验题 9 及参考答案

9.2.1 上机实验题 9

1. 基础实验题

(1) 设计直接插入排序算法,输出每一趟的排序结果。并用相关数据进行测试。

(2) 设计折半插入排序算法,输出每一趟的排序结果。并用相关数据进行测试。

(3) 设计希尔排序算法,输出每一趟的排序结果。并用相关数据进行测试。

(4) 设计冒泡排序算法,输出每一趟的排序结果。并用相关数据进行测试。

(5) 设计快速排序算法,输出每一趟的排序结果。并用相关数据进行测试。

(6) 设计简单选择排序算法,输出每一趟的排序结果。并用相关数据进行测试。

(7) 设计堆排序算法,输出每一趟的排序结果。并用相关数据进行测试。

(8) 设计二路归并排序算法,输出每一趟的排序结果。并用相关数据进行测试。

(9) 设计基数排序算法,输出每一趟的排序结果。并用相关数据进行测试。

2. 应用实验题

(1) 对于含 n 个整数的无序序列 a,设计一个双向冒泡排序的算法,即在排序过程中交替改变扫描方向。并用相关数据进行测试。

(2) 设计一个奇偶排序算法,第一趟分为两个阶段,第一阶段对所有奇数 i,将 $a[i]$ 和 $a[i+1]$ 进行比较,第二阶段对所有偶数 i,将 $a[i]$ 和 $a[i+1]$ 进行比较,每次比较时若 $a[i] > a[i+1]$,则将两者交换,以后重复上述两趟过程,直到整个数据有序。并用相关数据进行测试。

(3) 有一种简单的排序算法,叫作计数排序。这种排序算法对一个待排序的表(用数组表示)进行排序,并将排序结果存放到另一个新的表中。必须注意的是,表中所有待排序的关键字互不相同,计数排序算法针对表中的每个元素,扫描待排序的表一趟,统计表中有多少个元素的关键字比该元素的关键字小。假设对某一个元素,统计出数值为 c,那么这个元

素在新的有序表中的合适的存放位置即为 c。

① 设计实现计数排序的算法。

② 对于有 n 个元素的表,比较次数是多少?

③ 与简单选择排序相比,这种方法是否更好? 为什么?

(4) 有一个整型数组 $A[0..n-1]$,前 $m(0<m<n)$ 个元素是递增有序的,后 $n-m$ 个元素也是递增有序的,设计满足以下条件的算法使 A 中所有元素均递增有序,并用相关数据进行测试。

① 要求算法的时间复杂度为 $O(n)$,设计相应的算法 Sort1(A,m,n)。

② 要求算法的空间复杂度为 $O(1)$,设计相应的算法 Sort2(A,m,n)。

(5) 在执行快速排序算法时,把栈换为队列对最终排序结果不会产生任何影响。设计将栈换为队列的非递归快速排序算法,并对数据序列 $(21,25,5,17,9,23,30,15,12,18)$ 分析每趟的执行结果。

(6) 设计一个高效算法求含 n 个整数的无序序列 a 的第 $k(1 \leqslant k \leqslant n)$ 小的元素。并用相关数据进行测试。

(7) 对于含若干元素的无序序列,中位数定义为其有序序列中中间位置的元素。设计一个高效算法求含 n 个整数的无序序列 a 的中位数。并用相关数据进行测试。

9.2.2　上机实验题 9 参考答案

1. 基础实验题

(1) **解**: 直接插入排序算法设计原理参见《教程》的第 9.2.1 节。对应的实验程序如下。

```c
#include <stdio.h>
#define MaxSize 100
typedef int KeyType;
typedef char ElemType;
typedef struct
{   KeyType key;                        //存放关键字,KeyType 为关键字类型
    ElemType data;                      //其他数据,ElemType 为其他数据的类型
} SqType;
void dispR(SqType R[], int n, int i)    //输出 R
{   printf("[");
    for (int j=0;j<n;j++)
    {   if (j==i)
            printf("%d] ",R[j].key);
        else
            printf("%d ",R[j].key);
    }
    printf("\n");
}
void InsertSort(SqType R[], int n)      //对 R[0..n-1]按递减有序进行直接插入排序
{   int i,j;
    SqType tmp;
    for (i=1;i<n;i++)                   //直接插入排序是从第二个元素即 R[1]开始的
    {   if (R[i-1].key<R[i].key)
        {   tmp=R[i];                   //取出无序区的第一个元素
```

数据结构简明教程(第2版)学习与上机实验指导

```
        j=i−1;                        //从右向左在有序区 R[0..i−1]中找 R[i]的插入位置
        do
        {   R[j+1]=R[j];               //将关键字大于 tmp.key 的元素后移
            j−−;                       //继续向前比较
        } while (j>=0 && R[j].key < tmp.key);
        R[j+1]=tmp;                    //在 j+1 处插入 R[i]
    }
    printf("   i=%d 的结果:",i); dispR(R,n,i);
    }
}
void main()
{   SqType R[MaxSize];
    KeyType A[]={75,87,68,92,88,61,77,96,80,72};
    int i,n=10;
    for (i=0;i<n;i++) R[i].key=A[i];
    printf("初始序列:   "); dispR(R,n,0);
    printf("排序过程如下:\n");
    InsertSort(R,n);
}
```

上述程序的执行结果如图 9.3 所示([ ]内为有序区)。

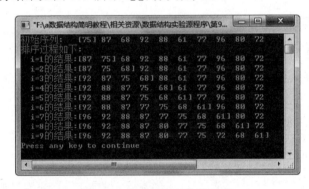

图 9.3   实验程序的执行结果

(2) **解**：折半插入排序算法设计原理参见《教程》的第 9.2.2 节。对应的实验程序如下。

```
#include <stdio.h>
#define MaxSize 100
typedef int KeyType;
typedef char ElemType;
typedef struct
{   KeyType key;                        //存放关键字,KeyType 为关键字类型
    ElemType data;                      //其他数据,ElemType 为其他数据的类型
} SqType;
void dispR(SqType R[],int n,int i)      //输出 R
{   printf("[");
    for (int j=0;j<n;j++)
    {   if (j==i)
            printf("%d] ",R[j].key);
        else
            printf("%d ",R[j].key);
```

```
        }
        printf("\n");
}
void BinInsertSort(SqType R[],int n)              //对 R[0..n-1]按递增有序进行折半插入排序
{    int i,j,low,high,mid;
     SqType tmp;
     for (i=1;i<n;i++)
     {    if (R[i-1].key>R[i].key)
          {    tmp=R[i];                          //将 R[i]保存到 tmp 中
               low=0;high=i-1;
               while (low<=high)                  //在 R[low..high]中折半查找有序插入的位置
               {    mid=(low+high)/2;             //取中间位置
                    if (tmp.key<R[mid].key)
                         high=mid-1;              //插入点在左半区
                    else
                         low=mid+1;               //插入点在右半区
               }
               for (j=i-1;j>=high+1;j--)          //元素后移
                    R[j+1]=R[j];
               R[high+1]=tmp;                     //插入原来的 R[i]
          }
          printf("  i=%d 的结果:",i); dispR(R,n,i);
     }
}
void main()
{    SqType R[MaxSize];
     KeyType A[]={75,87,68,92,88,61,77,96,80,72};
     int i,n=10;
     for (i=0;i<n;i++) R[i].key=A[i];
     printf("初始序列:   "); dispR(R,n,0);
     printf("排序过程如下:\n");
     BinInsertSort(R,n);
}
```

上述程序的执行结果如图 9.3 所示([]内为有序区)。

(3) **解**：希尔排序算法设计原理参见《教程》的第 9.2.3 节。对应的实验程序如下。

```
#include <stdio.h>
#define MaxSize 100
typedef int KeyType;
typedef char ElemType;
typedef struct
{    KeyType key;                                 //存放关键字,KeyType 为关键字类型
     ElemType data;                               //其他数据,ElemType 为其他数据的类型
} SqType;
void dispR(SqType R[],int n)                      //输出 R
{    for (int j=0;j<n;j++)
          printf("%d ",R[j].key);
     printf("\n");
}
void ShellSort(SqType R[],int n)                  //对 R[0..n-1]按递增有序进行希尔排序
```

```
{    int i,j,d;
     SqType tmp;
     d=n/2;                                    //增量置初值
     while (d>0)
     {    for (i=d;i<n;i++)          //对所有相隔d位置的所有元素组采用直接插入排序
          {    tmp=R[i];
               j=i-d;
               while (j>=0 && tmp.key<R[j].key)        //对相隔d位置的元素组进行排序
                {    R[j+d]=R[j];
                     j=j-d;
                }
                R[j+d]=tmp;
          }
          printf(" d=%d 的结果: ",d); dispR(R,n);
          d=d/2;                                //减小增量
     }
}

void main()
{    SqType R[MaxSize];
     KeyType A[]={75,87,68,92,88,61,77,96,80,72};
     int i,n=10;
     for (i=0;i<n;i++) R[i].key=A[i];
     printf("初始序列:    "); dispR(R,n);
     printf("排序过程如下:\n");
     ShellSort(R,n);
}
```

上述程序的执行结果如图 9.4 所示。

图 9.4　实验程序的执行结果

(4) **解**: 冒泡排序算法设计原理参见《教程》的第 9.3.1 节。对应的实验程序如下。

```
#include <stdio.h>
#define MaxSize 100
typedef int KeyType;
typedef char ElemType;
typedef struct
{    KeyType key;                        //存放关键字,KeyType 为关键字类型
     ElemType data;                      //其他数据,ElemType 为其他数据的类型
} SqType;
void dispR(SqType R[],int n,int i)        //输出 R
{    printf("[");
```

```
        if (i==-1) printf("]");
        for (int j=0;j<n;j++)
        {   if (j==i)
                printf("%d] ",R[j].key);
            else
                printf("%d ",R[j].key);
        }
        printf("\n");
}
void BubbleSort(SqType R[],int n)              //冒泡排序
{   int i,j,exchange;
    SqType tmp;
    for (i=0;i<n-1;i++)
    {   exchange=0;                            //本趟排序前置 exchange 为 0
        for (j=n-1;j>i;j--)                    //比较,找出最小关键字的元素
            if (R[j].key<R[j-1].key)
            {   tmp=R[j];                      //R[j]与 R[j-1]进行交换,将最小关键字元素前移
                R[j]=R[j-1]; R[j-1]=tmp;
                exchange=1;                    //本趟排序发生交换置 exchange 为 1
            }
        printf(" i=%d 的结果: ",i);     dispR(R,n,i);
        if (exchange==0)                       //本趟未发生交换时结束算法
            return;
    }
}
void main()
{   SqType R[MaxSize];
    KeyType A[]={75,87,68,92,88,61,77,96,80,72};
    int i,n=10;
    for (i=0;i<n;i++) R[i].key=A[i];
    printf("初始序列: "); dispR(R,n,-1);
    printf("排序过程如下:\n");
    BubbleSort(R,n);
}
```

上述程序的执行结果如图 9.5 所示([]内为有序区)。

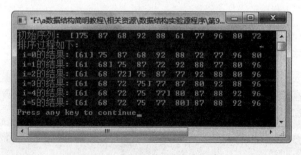

图 9.5 实验程序的执行结果

(5) 解:快速排序算法设计原理参见《教程》的第 9.3.2 节。对应的实验程序如下。

include < stdio. h >
define MaxSize 100

```
typedef int KeyType;
typedef char ElemType;
typedef struct
{   KeyType key;                        //存放关键字,KeyType 为关键字类型
    ElemType data;                      //其他数据,ElemType 为其他数据的类型
} SqType;
int n=10;                               //方便输出,元素个数设置为全局遍历
void dispR(SqType R[],int n)            //输出 R
{   for (int j=0;j<n;j++)
        printf("%d ",R[j].key);
    printf("\n");
}
void QuickSort(SqType R[],int s,int t)  //对 R[s]至 R[t]的元素进行快速排序
{   int i=s,j=t;
    SqType tmp;
    if (s<t)                            //区间内至少存在一个元素的情况
    {   tmp=R[s];                       //用区间的第 1 个元素作为基准
        while (i!=j)                    //从区间两端交替向中间扫描,直至 i=j 为止
        {   while (j>i && R[j].key>=tmp.key)
                j--;                    //从右向左扫描,找第 1 个关键字小于 tmp.key 的 R[j]
            R[i]=R[j];                  //将 R[j]前移到 R[i]的位置
            while (i<j && R[i].key<=tmp.key)
                i++;                    //从左向右扫描,找第 1 个关键字大于 tmp.key 的元素 R[i]
            R[j]=R[i];                  //将 R[i]后移到 R[j]的位置
        }
        R[i]=tmp;
        printf("排序区间: R[%d..%d],归位元素 R[%d]=%d ",s,t,i,tmp);
        printf("结果:"); dispR(R,n);
        QuickSort(R,s,i-1);             //对左区间递归排序
        QuickSort(R,i+1,t);             //对右区间递归排序
    }
}
void main()
{   SqType R[MaxSize];
    KeyType A[]={75,87,68,92,88,61,77,96,80,72};
    for (int i=0;i<n;i++) R[i].key=A[i];
    printf("初始序列: "); dispR(R,n);
    printf("排序过程如下:\n");
    QuickSort(R,0,n-1);
}
```

上述程序的执行结果如图 9.6 所示。

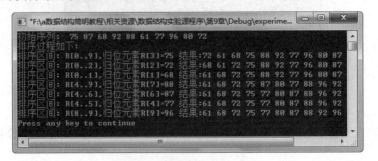

图 9.6 实验程序的执行结果

（6）**解**：简单选择排序算法设计原理参见《教程》的第 9.4.1 节。对应的实验程序如下。

```
# include < stdio.h >
# define MaxSize 100
typedef int KeyType;
typedef char ElemType;
typedef struct
{   KeyType key;                        //存放关键字,KeyType 为关键字类型
    ElemType data;                      //其他数据,ElemType 为其他数据的类型
} SqType;
void dispR(SqType R[],int n,int i)      //输出 R
{   printf("[");
    if (i==-1) printf("]");
    for (int j=0;j<n;j++)
    {   if (j==i)
            printf("%d] ",R[j].key);
        else
            printf("%d ",R[j].key);
    }
    printf("\n");
}
void SelectSort(SqType R[],int n)       //简单选择排序
{   int i,j,k;
    SqType tmp;
    for (i=0;i<n-1;i++)
    {   k=i;
        for (j=i+1;j<n;j++)
            if (R[j].key<R[k].key)
                k=j;                    //用 k 指出每趟在无序区间的最小元素
        if (k!=i)
        {   tmp=R[i];                   //将 R[k]与 R[i]交换
            R[i]=R[k]; R[k]=tmp;
        }
        printf(" i=%d 的结果: ",i); dispR(R,n,i);
    }
}
void main()
{   SqType R[MaxSize];
    KeyType A[]={75,87,68,92,88,61,77,96,80,72};
    int i,n=10;
    for (i=0;i<n;i++) R[i].key=A[i];
    printf("初始序列: "); dispR(R,n,-1);
    printf("排序过程如下:\n");
    SelectSort(R,n);
}
```

上述程序的执行结果如图 9.7 所示（[]内为有序区）。

数据结构简明教程(第 2 版)学习与上机实验指导

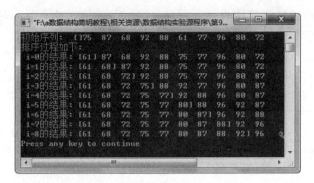

图 9.7 实验程序的执行结果

(7) **解**：堆排序算法设计原理参见《教程》的第 9.4.2 节。对应的实验程序如下。

```
# include < stdio. h >
# define MaxSize 100
typedef int KeyType;
typedef char ElemType;
typedef struct
{    KeyType key;                              //存放关键字,KeyType 为关键字类型
     ElemType data;                            //其他数据,ElemType 为其他数据的类型
} SqType;
void dispR(SqType R[], int n, int i)            //输出 R[1..n]
{    for (int j=1;j<=n;j++)
     {   if (j==i-1)
             printf("%d [",R[j].key);
         else
             printf("%d ",R[j].key);
     }
     if (i==-1) printf("[");
     printf("]\n");
}
void Sift(SqType R[], int low, int high)        //对 R[low..high]进行堆筛选
{    int i=low,j=2*i;                           //R[j]是 R[i]的左孩子
     SqType tmp=R[i];
     while (j<=high)
     {   if (j<high && R[j].key<R[j+1].key)  //若右孩子较大,把 j 指向右孩子
             j++;
         if (tmp.key<R[j].key)
         {   R[i]=R[j];                         //将 R[j]调整到双亲结点位置上
             i=j; j=2*i;                        //修改 i 和 j 值,以便继续向下筛选
         }
         else break;                            //筛选结束
     }
     R[i]=tmp;                                  //被筛选结点的值放入最终位置
}
void HeapSort(SqType R[], int n)                //对 R[1..n]进行递增堆排序
{    int i;
     SqType tmp;
     for (i=n/2;i>=1;i--)                       //循环建立初始堆
```

```
        Sift(R,i,n);
    printf("初始堆:   "); dispR(R,n,-1);
    for (i=n;i>=2;i--)                          //进行 n-1 次循环,完成堆排序
    {   tmp=R[1];                               //将 R[1]和 R[i]交换
        R[1]=R[i]; R[i]=tmp;
        printf("i=%2d 的结果: ",i); dispR(R,n,i);
        Sift(R,1,i-1);                          //筛选
        printf("  筛选结果: "); dispR(R,n,i);
    }
}
void main()
{   SqType R[MaxSize];
    KeyType A[]={75,87,68,92,88,61,77,96,80,72};
    int i,n=10;
    for (i=0;i<n;i++)                           //关键字存放在 R[1..n]中
        R[i+1].key=A[i];
    printf("初始序列:   ");dispR(R,n,-1);
    printf("排序过程如下:\n");
    HeapSort(R,n);
}
```

上述程序的执行结果如图 9.8 所示([ ]内为有序区)。

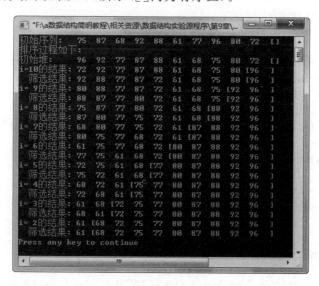

图 9.8 实验程序的执行结果

(8) **解**: 二路归并算法设计原理参见《教程》的第 9.5 节。对应的实验程序如下。

```
#include <stdio.h>
#include <malloc.h>
#define MaxSize 100
typedef int KeyType;
typedef char ElemType;
typedef struct
{   KeyType key;                                //存放关键字,KeyType 为关键字类型
    ElemType data;                              //其他数据,ElemType 为其他数据的类型
```

```
    } SqType;
    void dispR(SqType R[], int n, int length)              //输出 R
    {   printf("[");
        for (int j=0;j<n-1;j++)
        {   if ((j+1)%length==0)
                printf("%d][",R[j].key);
            else
                printf("%d ",R[j].key);
        }
        printf("%d]\n",R[n-1].key);
    }
    void Merge(SqType R[], int low, int mid, int high)
    //将 R[low..mid] 和 R[mid+1..high] 两个相邻的有序表归并为一个有序表 R[low..high]
    {   SqType * R1;
        int i=low,j=mid+1,k=0;                             //k 是 R1 的下标,i,j 分别为第 1、2 子表的下标
        R1=(SqType * )malloc((high-low+1) * sizeof(SqType)); //动态分配空间
        while (i<=mid && j<=high)                          //在第 1 子表和第 2 子表均未扫描完时循环
            if (R[i].key<=R[j].key)                        //将第 1 子表中的元素放入 R1 中
            {   R1[k]=R[i];
                i++;k++;
            }
            else                                          //将第 2 子表中的元素放入 R1 中
            {   R1[k]=R[j];
                j++;k++;
            }
        while (i<=mid)                                     //将第 1 子表余下部分复制到 R1
        {   R1[k]=R[i];
            i++;k++;
        }
        while (j<=high)                                    //将第 2 子表余下部分复制到 R1
        {   R1[k]=R[j];
            j++;k++;
        }
        for (k=0,i=low;i<=high;k++,i++)                    //将 R1 复制回 R 中
            R[i]=R1[k];
        free(R1);
    }
    void MergePass(SqType R[], int length, int n)          //一趟二路归并排序
    {   int i;
        for (i=0;i+2*length-1<n;i=i+2*length)                  //归并 length 长的两相邻子表
            Merge(R,i,i+length-1,i+2*length-1);
        if (i+length-1<n)                                  //余下两个子表,后者长度小于 length
            Merge(R,i,i+length-1,n-1);                     //归并这两个子表
    }
    void MergeSort(SqType R[], int n)                      //二路归并排序算法
    {   int length;
        for (length=1;length<n;length=2*length)
        {   MergePass(R,length,n);
            printf("length=%d 的结果: ",length); dispR(R,n,2*length);
        }
    }
```

```
void main()
{   SqType R[MaxSize];
    KeyType A[]={75,87,68,92,88,61,77,96,80,72};
    int i,n=10;
    for (i=0;i<n;i++) R[i].key=A[i];
    printf("初始序列:  "); dispR(R,n,-1);
    printf("排序过程如下:\n");
    MergeSort(R,n);
}
```

上述程序的执行结果如图 9.9 所示([ ]内为有序区)。

图 9.9 实验程序的执行结果

(9) **解**: 基数排序算法设计原理参见《教程》的第 9.6 节。对应的实验程序如下。

```
#include <stdio.h>
#include <malloc.h>
#include <string.h>
#define MaxSize 100
#define MAXD 10                                 //关键字最多位数
#define MAXR 20                                 //最大的基数
typedef int KeyType;
typedef char ElemType;
typedef struct
{   KeyType key;                                //存放关键字,KeyType 为关键字类型
    ElemType data;                              //其他数据,ElemType 为其他数据的类型
} SqType;
typedef struct rnode
{   char key[MAXD];                             //存放关键字
    ElemType data;                              //存放其他数据
    struct rnode *next;
} RadixNode;                                    //单链表结点类型
void CreateSLink(RadixNode *&h,char *A[],int n) //建立不带头结点的单链表 h
{   int i;
    RadixNode *p,*tc;
    h=(RadixNode *)malloc(sizeof(RadixNode));
    strcpy(h->key,A[0]);
    tc=h;
    for (i=1;i<n;i++)
    {   p=(RadixNode *)malloc(sizeof(RadixNode));
        strcpy(p->key,A[i]);
        tc->next=p;
        tc=p;
```

```
    }
        tc-> next=NULL;
}
void DestroySLink(RadixNode * &h)                    //销毁不带头结点的单链表h
{   RadixNode * pre=h, * p=pre-> next;
    while (p!=NULL)
    {   free(pre);
        pre=p;
        p=p-> next;
    }
    free(pre);
}
void DispLink(RadixNode * h)                          //输出不带头结点的单链表h
{   RadixNode * p=h;
    while (p!=NULL)
    {   printf("%s ",p-> key);
        p=p-> next;
    }
    printf("\n");
}
void RadixSort1(RadixNode * &h,int d,int r)           //最高位优先基数排序算法
//实现基数排序:h为待排序数列单链表指针,r为基数,d为关键字位数
{   RadixNode * head[MAXR];                           //建立链队队头数组
    RadixNode * tail[MAXR];                           //建立链队队尾数组
    RadixNode * p, * tc;
    int i,j,k;
    for (i=d-1;i>=0;i--)                              //从高位到低位循环
    {   for (j=0;j< r;j++)                            //初始化各链队首、尾指针
            head[j]=tail[j]=NULL;
        p=h;
        while (p!=NULL)                               //分配:对于原链表中每个结点循环
        {   k=p-> key[i]-'0';                         //找第k个链队
            if (head[k]==NULL)                        //第k个链队空时,队头队尾均指向p结点
                head[k]=tail[k]=p;
            else
            {   tail[k]-> next=p;                     //第k个链队非空时,p结点入队
                tail[k]=p;
            }
            p=p-> next;                               //取下一个待排序的元素
        }
        h=NULL;                                       //重新用h来收集所有结点
        for (j=0;j< r;j++)                            //收集:对于每一个链队循环
            if (head[j]!=NULL)                        //若第j个链队是第一个非空链队
            {   if (h==NULL)
                {   h=head[j];
                    tc=tail[j];
                }
                else                                  //若第j个链队是其他非空链队
                {   tc-> next=head[j];
                    tc=tail[j];
                }
```

```
        }
        tc->next=NULL;                          //尾结点的 next 域置 NULL
        printf("i=%d 排序结果: ",i); DispLink(h);
    }
}
void main()
{   char *A[]={"751","870","682","921","885","612","773","962","801","723"};
    int n=10;
    RadixNode *h;
    CreateSLink(h,A,n);
    printf("初始序列:   "); DispLink(h);
    RadixSort1(h,3,10);
    printf("排序结果:   "); DispLink(h);
    DestroySLink(h);
}
```

上述程序的执行结果如图 9.10 所示。

图 9.10　实验程序的执行结果

说明：A 是一个字符串数组，$A[0]=$"751"，其个位数字是 $A[0][2]=$"1"，十位数字是 $A[0][1]=$"5"，百位数字是 $A[0][0]=$"7"，如果将"751"看成数字 751，需要采用 $i=2$ 到 $i=0$ 的最高位优先排序（即个位、十位、百位的顺序排序）。

2. 应用实验题

（1）**解**：置 i 的初值为 0，先从后向前从无序区 $a[i..n-i-1]$ 归位一个最小的元素 $a[i]$，再从前向后从无序区 $a[i..n-i-1]$ 归位一个最大的元素。当某趟没有元素交换时，则结束；否则置 $i++$。对应的实验程序如下。

```
# include <stdio.h>
void dispa(int a[],int n)                      //输出 a
{   for (int j=0;j<n-1;j++)
        printf("%3d",a[j]);
    printf("\n");
}
void DBubbleSort(int a[],int n)                //对 a[0..n-1]进行双向冒泡递增排序
{   int i=0,j,tmp;
    int exchange=1;
    while (exchange==1)
    {   exchange=0;
        for (j=n-i-1;j>i;j--)
            if (a[j]<a[j-1])                   //由后向前
            {   exchange=1;
```

```
                tmp=a[j]; a[j]=a[j-1]; a[j-1]=tmp;
            }
        printf("i=%d 的结果:\n",i);
        printf("  由后向前: "); dispa(a,n);
        for (j=i;j<n-i-1;j++)
            if (a[j]>a[j+1])                        //由前向后
            {   exchange=1;
                tmp=a[j]; a[j]=a[j+1]; a[j+1]=tmp;
            }
        printf("  由前向后: "); dispa(a,n);
        i++;
    }
}
void main()
{   int a[]={2,1,9,5,7,6,0,3,8,4};
    int n=sizeof(a)/sizeof(a[0]);
    printf("初始序列:  ");dispa(a,n);
    DBubbleSort(a,n);
}
```

上述程序的执行结果如图 9.11 所示。

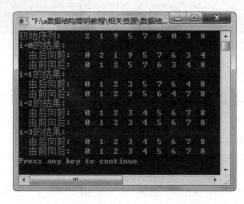

图 9.11 实验程序的执行结果

(2) 解:算法中通过比较 a 中相邻的(奇—偶)位置的元素对,如果该元素对是反序(第一个大于第二个),则交换。下一步重复该操作,但针对所有的(偶—奇)位置的元素对。如此交替进行下去。对应的实验程序如下。

```
# include <stdio.h>
# define MaxSize 100
void dispa(int a[],int n)                          //输出 a
{   for (int j=0;j<n;j++)
        printf("%3d",a[j]);
    printf("\n");
}
void OeSort(int a[],int n)                          //奇偶排序算法
{   int i,tmp,count=0;
    int exchange=1;
    while (exchange==1)
```

```
    {   exchange＝0;
        for (i＝0;i＜n;i+＝2)                          //奇数阶段扫描
            if (a[i]＞a[i+1])
            {   exchange＝1;
                tmp＝a[i];
                a[i]＝a[i+1]; a[i+1]＝tmp;
            }
        printf("第%d 趟的结果:\n",++count);
        printf("   奇数阶段: "); dispa(a,n);
        for (i＝1;i＜n;i+＝2)                          //偶数阶段扫描
            if (a[i]＞a[i+1])
            {   exchange＝1;
                tmp＝a[i];
                a[i]＝a[i+1]; a[i+1]＝tmp;
            }
        printf("   偶数阶段: "); dispa(a,n);
    }
}
void main()
{   int a[]＝{2,1,9,5,7,6,0,3,8,4};
    int n＝sizeof(a)/sizeof(a[0]);
    printf("   初始序列 a: ");dispa(a,n);
    OeSort(a,n);
}
```

上述程序的执行结果如图 9.12 所示。

图 9.12　实验程序的执行结果

(3) 解：① 按照题目要求设计计数排序算法，对应的实验程序如下。

```
#include ＜stdio.h＞
#define MaxSize 100
void dispa(int a[],int n)                             //输出 a
{   for (int j＝0;j＜n;j++)
        printf("%3d",a[j]);
    printf("\n");
}
```

```
void CountSort(int a[],int b[],int n)        //计数排序算法
{   int i,j,count;
    for (i=0;i<n;i++)
    {   count=0;                              //统计 a 中小于 a[i]的元素个数 count
        for (j=0;j<n;j++)
            if (a[j]<a[i])
                count++;
        b[count]=a[i];
    }
}
void main()
{   int a[]={2,1,9,5,7,6,0,3,8,4};
    int n=sizeof(a)/sizeof(a[0]);
    int b[MaxSize];
    printf("初始序列 a:");dispa(a,n);
    CountSort(a,b,n);
    printf("排序结果 b:"); dispa(b,n);
}
```

上述程序的执行结果如图 9.13 所示。

图 9.13　实验程序的执行结果

② 对于有 n 个元素的表,每个元素都要与 n 个元素(含自身)进行比较,关键字比较的总次数是 n^2。

③ 简单选择排序比这种计数排序好,因为对有 n 个元素的数据表进行简单排序只需进行 $1+2+\cdots+(n-1)=n(n-1)/2$ 次比较,且可在原地进行排序。

(4) **解**:Sort1 算法采用二路归并排序思路,Sort2 算法采用直接插入排序思路。对应的实验程序如下。

```
#include <stdio.h>
#include <malloc.h>
void Sort1(int A[],int m,int n)
//将 A[0..m-1]和 A[m..n-1]两个相邻的有序表归并为一个有序表 A[0..n-1]
{   int * A1;
    int i=0,j=m,k=0;
    A1=(int *)malloc(n*sizeof(int));     //动态分配空间
    while (i<=m-1 && j<=n-1)             //在第 1 子表和第 2 子表均未扫描完时循环
        if (A[i]<=A[j])                  //将第 1 子表中的元素放入 A1 中
        {   A1[k]=A[i];
            i++;k++;
        }
        else                            //将第 2 子表中的元素放入 A1 中
        {   A1[k]=A[j];
            j++;k++;
```

```
        }
    while (i<=m-1)                    //将第1子表余下部分复制到A1
    {   A1[k]=A[i];
        i++;k++;
    }
    while (j<=n-1)                    //将第2子表余下部分复制到A1
    {   A1[k]=A[j];
        j++;k++;
    }
    for (i=0;i<n;i++)                 //将A1复制回A中
        A[i]=A1[i];
    free(A1);
}
void Sort2(int A[],int m,int n)       //将A[m..n-1]的元素有序插入前端
{   int i,j;
    int tmp;
    for (i=m;i<n;i++)
    {   if (A[i-1]>A[i])
        {   tmp=A[i];
            j=i-1;                    //从右向左在在有序区A[0..i-1]中找A[i]的插入位置
            do
            {   A[j+1]=A[j];          //将大于tmp的元素后移
                j--;                  //继续向前比较
            } while (j>=0 && A[j]>tmp);
        }
        A[j+1]=tmp;                   //在j+1处插入A[i]
    }
}
void dispa(int A[],int n)             //输出A
{   int i;
    for (i=0;i<n;i++)
        printf("%d ",A[i]);
    printf("\n");
}
void main()
{   int A[]={1,5,7,9,2,3,4,5,8,10,12,15};
    int B[]={1,5,7,9,2,3,4,5,8,10,12,15};
    int n=12,m=4;
    printf("Sort1 算法执行前:"); dispa(A,n);
    printf("m=%d,n=%d\n",m,n);
    Sort1(A,m,n);
    printf("Sort1 的执行结果:"); dispa(A,n);
    printf("Sort2 算法执行前:"); dispa(B,n);
    printf("m=%d,n=%d\n",m,n);
    Sort2(B,m,n);
    printf("Sort2 的执行结果:"); dispa(B,n);
}
```

上述程序的执行结果如图 9.14 所示。

数据结构简明教程(第 2 版)学习与上机实验指导

图 9.14 实验程序的执行结果

（5）**解**：在设计快速排序的非递归算法时，可以把栈改换为队列。因为快速排序中，一次划分将整个区间的排序问题转化为两个独立的子问题，这两个子问题求解的顺序不影响最终排序结果。采用队列实现非递归快速排序算法，对应的实验程序如下。

```c
# include < stdio.h >
# define MaxSize 100
void dispa(int a[], int n)                         //输出 a
{    for (int j=0;j< n;j++)
        printf("%3d",a[j]);
     printf("\n");
}
void QuickSort(int a[], int n)                     //对 a[0..n-1]进行递增快速排序
{    int i,j;
     int low,high;
     int tmp;
     int front=0,rear=0;                           //队头、队尾指针
     struct
     {    int low;                                 //排序区间下界
          int high;                                //排序区间上界
     } Qu[MaxSize];                                //用结构体数组模拟队列
     rear++;                                       //进队
     Qu[rear].low=0;Qu[rear].high=n-1;
     while (front!=rear)                           //队非空,则取出一个排序区间进行划分
     {    front=(front+1)%MaxSize;
          low=Qu[front].low;
          high=Qu[front].high;                     //出队一个排序区间
          i=low;j=high;
          if (low< high)                           //当 a[low..high]中有一个以上的元素时
          {    tmp=a[low];                         //以 tmp 为基准进行划分
               while (i!=j)
               {    while (i< j && a[j]>=tmp)
                        j--;
                    if (i< j)
                    {    a[i]=a[j];
                         i++;
                    }
                    while (i< j && a[i]<=tmp)
                        i++;
                    if (i< j)
                    {    a[j]=a[i];
```

```
                    j－－;
                }
            }
            a[i]＝tmp;                                    //归位基准元素
            printf("排序区间: a[%d..%d],归位元素 a[%d]＝%2d ",low,high,i,tmp);
            printf(" 结果:"); dispa(a,n);
            rear＝(rear＋1)%MaxSize;
            Qu[rear].low＝low;Qu[rear].high＝i－1;       //左子排序区间进队
            rear＝(rear＋1)%MaxSize;
            Qu[rear].low＝i＋1;Qu[rear].high＝high;      //右子排序区间进队
        }
    }
}
void main()
{    int a[]＝{21,25,5,17,9,23,30,15,12,18};
    int n＝sizeof(a)/sizeof(a[0]);
    printf("初始序列:\t\t\t\t");dispa(a,n);
    QuickSort(a,n);

}
```

上述程序的执行结果如图 9.15 所示。

图 9.15　实验程序的执行结果

（6）**解**：采用快速排序将无序序列 a 递增排序后,第 k 小的元素就是 $a[k-1]$。由于一趟划分将基准放在最终位置 i 上,前面的元素小于等于它,后面的元素大于等于它,如果 $k-1==i$,那么这个 $a[i]$ 就是要求的结果;如果 $k-1<i$,在左区间中递归查找,$k-1>i$,在右区间中递归查找。对应的实验程序如下。

```
# include < stdio.h >
# define MaxSize 100
void dispa(int a[],int n)                          //输出 a
{    for (int j＝0;j < n;j++)
        printf("%3d",a[j]);
    printf("\n");
}
int Partition(int a[],int i,int j)                 //对 a[i..j]按元素 a[i]进行划分
{    int tmp＝a[i];                                 //用区间的第 1 个元素作为基准
    while (i!=j)                                    //从区间两端交替向中间扫描,直至 i=j 为止
    {    while (j > i && a[j]>=tmp)
            j－－;                                   //从右向左扫描,找第 1 个小于 tmp 的 a[j]
```

```
            a[i]=a[j];                              //将a[j]前移到a[i]的位置
            while (i<j && a[i]<=tmp)
                i++;                                //从左向右扫描,找第1个大于tmp的a[i]
            a[j]=a[i];                              //将a[i]后移到a[j]的位置
        }
        a[i]=tmp;
        return i;
    }
    int QuickSelect(int a[],int s,int t,int k)      //在a[s..t]序列中找第k小的元素
    {   if (s<t)                                    //区间内至少存在两个元素的情况
        {   int i=Partition(a,s,t);
            if (k-1==i) return a[i];
            else if (k-1<i)
                return QuickSelect(a,s,i-1,k);       //在左区间中递归查找
            else
                return QuickSelect(a,i+1,t,k);       //在右区间中递归查找
        }
        else if (s==t && s==k-1)                     //区间内只有一个元素且为R[k-1]
            return a[k-1];
    }
    void main()
    {   int a[]={2,1,9,5,7,6,0,3,8,4};
        int n=sizeof(a)/sizeof(a[0]);
        printf("序 列:");dispa(a,n);
        printf("求解结果如下:\n");
        for (int k=1;k<=n;k++)
            printf("    第%2d 小的元素: %d\n",k,QuickSelect(a,0,n-1,k));
    }
```

上述程序的执行结果如图 9.16 所示。

图 9.16 实验程序的执行结果

(7) 解:直接利用(6)的求 a 中第 k 小元素的算法,当 k=n/2 时即为所求。对应的实验程序如下。

```
#include <stdio.h>
#define MaxSize 100
void dispa(int a[],int n)                          //输出 a
{   for (int j=0;j<n;j++)
```

```
            printf("%3d",a[j]);
        printf("\n");
}
int Partition(int a[],int i,int j)              //对 a[i..j]按元素 a[i]进行划分
{   int tmp=a[i];                               //用区间的第 1 个元素作为基准
    while (i!=j)                                 //从区间两端交替向中间扫描,直至 i=j 为止
    {   while (j>i && a[j]>=tmp)
            j--;                                 //从右向左扫描,找第 1 个小于 tmp 的 a[j]
        a[i]=a[j];                               //将 a[j]前移到 a[i]的位置
        while (i<j && a[i]<=tmp)
            i++;                                 //从左向右扫描,找第 1 个大于 tmp 的 a[i]
        a[j]=a[i];                               //将 a[i]后移到 a[j]的位置
    }
    a[i]=tmp;
    return i;
}
int QuickSelect(int a[],int s,int t,int k)      //在 a[s..t]序列中找第 k 小的元素
{   if (s<t)                                     //区间内至少存在两个元素的情况
    {   int i=Partition(a,s,t);
        if (k-1==i) return a[i];
        else if (k-1<i)
            return QuickSelect(a,s,i-1,k);       //在左区间中递归查找
        else
            return QuickSelect(a,i+1,t,k);       //在右区间中递归查找
    }
    else if (s==t && s==k-1)                     //区间内只有一个元素且为 R[k-1]
        return a[k-1];
}
int MidElem(int a[],int n)                       //求中位数
{
    return QuickSelect(a,0,n-1,n/2);
}
void main()
{   int a[]={21,25,5,17,9,23,30,15,12,18};
    int n=sizeof(a)/sizeof(a[0]);
    printf("序　列: ");dispa(a,n);
    int mid=MidElem(a,n);
    printf("中位数: %d\n",mid);
}
```

上述程序的执行结果如图 9.17 所示。

图 9.17　实验程序的执行结果

图 书 资 源 支 持

感谢您一直以来对清华版图书的支持和爱护。为了配合本书的使用，本书提供配套的资源，有需求的读者请扫描下方的"书圈"微信公众号二维码，在图书专区下载，也可以拨打电话或发送电子邮件咨询。

如果您在使用本书的过程中遇到了什么问题，或者有相关图书出版计划，也请您发邮件告诉我们，以便我们更好地为您服务。

我们的联系方式：

地　　址：北京海淀区双清路学研大厦 A 座 707

邮　　编：100084

电　　话：010 - 62770175 - 4604

资源下载：http://www.tup.com.cn

电子邮件：weijj@tup.tsinghua.edu.cn

QQ：883604(请写明您的单位和姓名)

用微信扫一扫右边的二维码，即可关注清华大学出版社公众号"书圈"。

资源下载、样书申请

书圈